CONTENTS

- **1910〜1949**
  - 伝説の誕生 — 2
- **50年代** — 8
  - 158／159 — 10
  - 1900 — 12
  - ジュリエッタ — 24
- **60年代** — 50
  - 2000 — 52
  - 2600 — 59
  - ジュリア — 62
  - スパイダー1600デュエット — 80
  - 1750／2000 — 83
  - モントリオール — 88
  - 33コンペティツィオーネ — 94
- **70年代** — 96
  - アルファスッド — 98
  - アルフェッタ — 108
- **80年代** — 118
  - ヌオーヴァ・ジュリエッタ — 120
  - アルファ6 — 128
  - 33 — 134
  - アルファ90 — 142
  - F1 1978〜1985年 — 148
  - 75 — 150
  - 164 — 156
  - SZ／RZ — 164
- **90年代** — 166
  - 155 — 168
  - 145／146 — 176
  - GTV／スパイダー — 182
  - ヌヴォーラ — 186
  - 156 — 188
  - 166 — 200
  - 147 — 206
  - ブレラ — 216
- **代表モデルのテクニカルデータ** — 218

2002年のジュネーヴ・ショーでのこと。イタルデザイン・ブースの目玉は1台のクーペであった。アルファ・ロメオの輝かしい歴史と未来を語るそのショーカーの名はブレラ。伝統的な"ビシオーネ"（大きなヘビ＝アルファ・ロメオの別称）の流れを汲むフォルムと、最先端の技術、スポーティネスとエレガンスの完全なる融合、エネルギッシュで比類のない個性。このクォリティこそが、アルファ・ロメオの遺伝子の中に組み込まれた財産なのである。一時代を画し、絶大なる賞賛を受け、しかし、また時には辛い批評を受けながらも決して見過ごされることのなかった数々のアルファ・ロメオの中でも、このブレラは象徴的な車といえる。すべてのモデルが精鋭のエンジニアの手によるアルファ・ロメオは、レースでは負け知らず、街中ではスタイリッシュなことで常に注目を浴びてきた。

年間生産台数150万台が経営の最低ラインとか、ジョイントベンチャーでなくては成り立たないとか、マーケティングだのプラットフォームや部品のスタンダード化だのと、効率最優先になりがちな現代、"ビシオーネ"は「アルファであること」にこだわり続けている。それは、マーケティングの結果、単に数量を追い求めるマーケット至上主義に陥ることなく、発想力や知力、メカニズムに対する優れた感覚を持つ人間、マーケット至上主義に左右されることなく自由な発想のできる人間が大切にされてきた歴史の中で受け継がれてきた伝統である。90年の時を経て、アルファ・ロメオは今もなお世界中から称賛を集め、その輝きはいまだかつてどんなライバルメーカーによっても弱められたことがない。この本は、アルフィスタが認める"ベッラ・マッキナ（＝美しい車）"を生み出す力とその"多様性"について語ったものである。

マウロ・テデスキーニ
クワトロルオーテ編集長

1910〜1949 伝説の誕生

デビュー
上：作者名エリオとだけサインされている1919年のポスター。この翌年ニコラ・ロメオは、ナポリ南部機械工場（Officine Meccaniche Meridionali di Napoli）を含むいくつかの工場をロメオ&Co.に統合した。

右：ミラノのアルファ最初のモデル、1910年24HP。

　世界にアルファ・ロメオほど名声と伝統を誇れる自動車メーカーは稀である。90年以上の歴史を持つ"ビシオーネ"は、レーシングマシーンから量産車まで、様々な分野でライバルとしのぎを削ってきた。そしていつの時代でもアルファ・ロメオは独自のスタイル、すなわち生まれながらにして備えたスポーツカーへの情熱を確固たるものとして表現してきたのである。

　フランス・ボルドーで様々な事業を展開していた企業家、アレッサンドロ・ダラックが1907年、ミラノに程近いポルテッロの地に設立された工場を引き継いで、1910年、スポーツカーメーカーのアルファは設立された。アルファ（A.L.F.A.）とはAnonima Lombarda Fabbrica Automobili（ロンバルダ自動車製造有限会社）の頭文字である。社長のウーゴ・ステッラは、ピアチェンツァ出身の若きエンジニアで、当時ビアンキで働いていたジュゼッペ・メロージに声を掛け、この新しい企業のために2台のモデルの開発を依頼した。この華々しい才能を持つエンジニアの頭脳から、まもなく4気筒で高性能の12HPと24HPが生まれた。両モデルとも販売面で成功、会社が成長するきっかけとなった。そして1913年には工員と職員合わせて300人を雇用し、約200台が生産されるに至る。

　しかし成功は長くは続かなかった。間近に迫った第一次世界大戦のため販売は激減し、1915年には乗用車生産は軍用車生産のため打ち切られ、当然アルファ社の財政状況は悪化した。戦時中の1915年12月には、ナポリのエンジニアであり企業家であったニコラ・ロメオが率いる金融グループの出資を受け、ニコラ・ロメオがアルファを引き継いだ。

　1918年の終戦後、アルファ社内部で主導権

争いがあり、その結果、1920年以降は"アルファ・ロメオ"を名乗るようになる。技術開発は引き続きメロージに任され、彼は次々にレーシングマシーンを設計した。40-60HPと20-30ES、そしてRLスポルト（RL Sport）で、ムジェッロ、ブレシア、コッパ・デッレ・アルピ、タルガ・フローリオの各レースで成功を収める。その後、当時すでにエンジニアとしての実力を認められていたピエモンテ出身のヴィットリオ・ヤーノがフィアットから引き抜かれ、メロージは道を譲った。

1923年、ヤーノはグランプリ用モノポストの設計を開始し、翌1924年にP2がデビューした。P2はバルブ相互角104度のDOHCヘッドを持つ、前後2ブロックに分かれた直列8気筒エンジンを搭載していた。1924年のアントニ

歴史はここから始まる

上左：カンパーリ／フガッザ組が駆る40-60HP（1920年）。

上右：ミラノ郊外ポルテッロの工場。1910年、ここからアルファの歴史が始まった。

下：タルガ・フローリオに出場した40-60HP（1920年）。ドライバーは左から、カンパーリ、フェラーリ、ランポーニ。

オ・アスカリのモンザにおけるイタリアGPでの勝利、ジュゼッペ・カンパーリのリヨン・ヨーロッパGPでの勝利をはじめ、翌年も快勝を重ねた無敵のマシーンP2は、1925年に第1回ワールドチャンピオンを獲得する。後継モデル、2.6ℓ直列8気筒を搭載したティーポB（P3）は、タツィオ・ヌヴォラーリの操縦で1932年モンザのイタリアGPでデビューした。

このレースでは、"空飛ぶマントヴァ人"の異名を持つヌヴォラーリの独走で初勝利を収めた。これはその後の数え切れない勝利の始まりで、徐々に力をつけてきたドイツ勢を寄せ付けず、1933年まで無敗を誇った。

1934年に排気量は3ℓ近くまで拡大され、さらに翌1935年には3.1ℓ 265psにまでスープアップされた。チーム運営を任されていたスクーデリア・フェラーリは1935年、センセーショナルな大勝利を収める。メルセデスとアウトウニオンの本拠地・ドイツで開催されたドイツGPで、ヌヴォラーリが地元勢をあざ笑うかのごとく1位でフィニッシュを決めたのである。

アルフィスタ羨望のもう1台は8C 2300で、4シーター・スパイダーとして生まれたこの車は、ヘンリー・バーキン卿の操縦による1931年のルマン24時間で優勝した。その後も究極のマシーン、8C 2600モンザは、至るところで勝利を収める。タルガ・フローリオで1931年にヌヴォラーリ、1933年にもアントニオ・ブリーヴィオが勝利したほか、1934年ミッレミリアではヴァルジ/ビニャーミ組、1931年イタリアGPではカンパーリ/ヌヴォラーリ組、1932年モナコGPではヌヴォラーリが、それぞれ優勝を飾っている。

スポーツカー・レースでもアルファ・ロメオは大活躍した。ヤーノの設計で6C 1500が生まれ（6Cとは6気筒のこと）、特に排気量1750ccの6C 1750は、1930年のミッレミリアにヌヴォラーリ/グイドッティ組で優勝するなど、数々のレースで大成功を収めた。

キーパーソン
上：ナポリ出身のエンジニア、ニコラ・ロメオ（Nicola Romeo）。1910年代に彼の名がアルファと結びつく。

下：ピアチェンツァ出身のジュゼッペ・メロージ（Giuseppe Merosi）。突出した技術力を持つ。

右：ピエモンテ出身のエンジニア、ヴィットリオ・ヤーノ（Vittorio Jano）。彼ら3人の創造力により、スポーツカー、アルファ・ロメオの名前は世界に轟いた。

ヨーロッパの女王
上：1925年スパで行なわれた第3回ヨーロッパGPにてジュゼッペ・カンパーリが駆るP2。このときの優勝は、アントニオ・アスカリが運転した別のP2。

モナコではこう攻める

1932年4月17日第4回モナコGPにて。8C 2300のステアリングを握るタツィオ・ヌヴォラーリ。タバコ・コーナーを果敢に攻める。このマントヴァのエースは、平均89.8km/hでモナコの街を駆け抜け、全行程314.5kmのレースに勝利を収めたのだった。

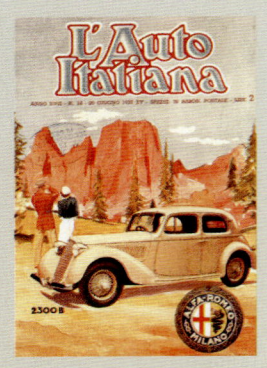

負け知らず

上：1937年アウト・イタリアーナの表紙を飾る6C 2300B。

上部左から：RLトルペードシリーズ2（RL Torpedo 2a Serie／1923年）、1930年ミッレミリアのヌヴォラーリ／グイドッティ組（6C 1750 GS）、1933年のミッレミリアのコンパニョーリ（8C 2300スパイダー・ザガート／8C 2300 Spider Zagato）。

下：8C 2900Bトゥリング（8C 2900B Touring／1937年）

次々とスポーツカーがヒットしたにもかかわらず、経済危機が再びアルファ・ロメオを苦しめる。1933年、苦心の結果出された解決策はウーゴ・ゴッバート主導でのIRI（Istituto per la Ricostruzione Industriale＝産業復興公社）による吸収だった。ゴッバートは工場設備を最新のものと入れ替え、工場や組織を再編する巨大プロジェクトを遂行した。この再編期に6C 2500が生まれる。スイスのオートモビル・レビュー誌はこの車を"イタリアのプライド"と称した。すなわち、最高に美しく、豪奢でお金が掛かっている車ということである。このモデルが第二次世界大戦勃発前の最後のアルファ・ロメオとなった。

1948年になって自動車の製造が再開されると、新しい男たちが現れる。エンジニアのオラツィオ・サッタ・プーリガ、そして彼を支えるのはジュゼッペ・ブッソ、イーヴォ・コルッチ、ジャンパオロ・ガルチェア、イーヴォ・ニコリスといった面々である。彼らの手により1900が生まれ、これをもってアルファの活動が本格的に復活する。そしてこの時、その後の成功の法則となるものが導入される。すなわち"高級車とレーシングマシーンを専門として設計してきたエンジニアのインスピレーションやマインドを、ビジネスチャンスと共存させる"という法則と、連綿と蓄積されてきた唯一無二の、真の意味での遺産、すなわちアルファに関わってきた男たちの価値観、ひいてはこのブランドの誇りを大切にしていくというふたつの法則である。

ヴィラ・デステ、なんという贅沢！
6C 2500の最も贅沢な仕様はスペル・スポルト（Super Sport）と命名され、1939年から1952年にかけて製造される。クーペからカブリオレまで揃った様々なタイプの中でも、その贅沢さが突出しているのが、ミラノのカロッツェリア、トゥーリング（Touring）によってデザインされた、このベルリネッタ。1949年に開催されたヴィラ・デステ・コンクール・デレガンスに出展されてから、ヴィラ・デステ（Villa d'Este）と呼ばれるようになる。

50年代 新時代の幕開け

50 1950年当時、イタリアでは自動車の普及率は209人に1台で、登録台数は8万台を少し下回っていた。それが1950年代終わりには25万台を超えることになる。当時のベストセラー10車は、すべてイタリア車で占められていた（唯一の例外はルノー・ドーフィンだが、これはポルテッロでライセンス生産されていたアルファ・ロメオ・ドーフィンともいうべき車であった）。アルファ・ロメオはジュリエッタの成功で市場シェアを最大にする。人気ナンバーワンのジュリエッタは、手に入れるまで何ヵ月も待たなければならなかった。1956年には"量産"によるモーターリゼーションの転換期が訪れた。というのも、二輪車の販売が初めて減少し、対して自動車の販売は88％も急増したのだ。クワトロルオーテ誌も発刊され、アウトストラーダ建設も着手された。ガソリンの価格は128リラ/ℓで、内91リラが税金であった。

創刊号
上：1956年2月号。当時最も人気だったジュリエッタを特集。アルファ・ロメオは1957年12月号で特集した。クワトロルオーテが国営放送RAIのゴールデンタイムに流そうとしたテレビコマーシャルをRAI側が検閲したとして、論争が起こった。
下：クワトロルオーテ創刊号。現在入手はきわめて困難。

▶ 1950年

自動車登録税を払っている車（イタリアにおける自動車の登録台数）は34万2021台。
フィアットは50周年を迎え、新モデル1400を発表する。最速イタリア車はフェラーリ。ランチア・アウレリアが誕生。
ミラノでは自動車電話回線が敷設され、初めて自動車電話がかけられるようになった。

▶ 1951年

ガソリンの価格が115リラ/ℓから128リラ/ℓに11.3％上昇する。
トリノ・ショーでは、フィアット／アルファ／ランチアが前年に販売開始したスポーツカーを出展。フランクフルト・ショーでは、メルセデス・ベンツが220（W187）と300（W186）を発表。オペルは車の慣らし運転期間をなくしたと発表（当時は、ある定められた走行距離までは高速走行をしてはならず、またこの間にオイルやブレーキの状態を自分でチェックするものだった）。シムカ9アロンド発売。全世界で173車種が生産され、イタリアでは、交差点では警官と信号機のどちらがより効率的かをめぐって論議が巻き起こる。

▶ 1952年

フォードはタウヌス、フィアットは500Cジャルディネッタ・ベルヴェデーレやオフロード用のカンパニョーラと8Vを発表。チシタリア202D、シアタ750、オースティン・セヴンA30、そしてルノー・フレガートの高出力版がデビューする。
ローマでは環状道路の2区間が完成されるが、これはその当時まったく無駄な公共事業とみなされた。

▶ 1953年

イタリアでの自動車登録台数は61万3000台で、自動車の生産高は前年度比25％増。
ランチア・アッピア、フィアット1100/103と1400ディーゼル、BMW501、オペル・オリンピア・レコルト、メルセデス・ベンツ180（W120／121）、MG TF、MGマグネット、スタンダード・エイト、ポルシェ550が登場。
アメリカでは2人に1人が自動車で通勤。
アルベルト・アスカリがフェラーリで、イタリア人最後のF1チャンピオンとなる。

▶ 1954年

フィアットは1100の車種をファミリアーレにまで広げ、また1400と1900のモデルチェンジをし、イタリア初のガスタービン車を完成させた。ランチアはアウレリアのシリーズ2を、フェラーリは250ヨーロッパ、375アメリカ、そして500モンディアルを、イソはイセッタを、メルセデス・ベンツは220（W180）を発表した。特筆すべきは、この年ドリームカーたるジュリエッタ・スプリント（Giulietta Sprint）が誕生し、メルセデス・ベンツは300SL（W198）で機械式インジェクション・エンジンを積んだ初めての量産車を生産、またボディがプラスチックでできた初めてのスポーツカー、シボレー・コーヴェットも登場したこと。

▶ 1955年

第50回を迎えたジュネーヴ・ショーでは、フィアットが600を発表。この車は1日当たり624台が生産され、国民車を目指した。トリノ・ショーの最大の目玉はジュリエッタ・ベルリーナ（Giulietta Berlina）で、続いてプジョー403が目を惹いた。フランクフルト・ショーではフォルクスワーゲン・カルマン、BMW507、メルセデス・ベンツ220カブリオレ（W180）、パリ・サロンではシトロエンDS19、ロンドン・アールズコートではジャガー2400がデビューした。
「アウトストラーダ整備10ヵ年計画」がスタート。ミラノではディアツ広場に世界的にも珍しかった地下駐車場がお目見えした。

▶ 1956年

イタリアでは103万663台、すなわち55人に1台の割合で自動車が、また335万台のバイクが普及していた。フランスでは20.4人に1台、イギリスでは15.9人に1台、ドイツでは33人に1台の割合だった。新車登録台数は20万2000台超で、内4220台は輸入車だった。この年のイタリアでのベストセラーはフィアット600だったが、ヨーロッパで最も普及していた車はドイツのフォルクスワーゲン・ビートルだった。2月にクワトロルオーテ誌創刊。特集記事は後に伝説的存在となったジュリエッタだった。定価300リラで10万部が売れた。

フィアット600ムルティプラ、ルノー・ドーフィンのほか、ランチアのアッピア・シリーズ2と、ピニンファリーナによるデザインの高級車フラミニアが発表された。
車泥棒のお気に入りはフィアットで、イタリアでの盗難車は1100、500、そして600が最多であった。11月のスエズ動乱でガソリンの価格は14リラ/ℓ 上昇。

▶ 1957年

イタリアの道路網が拡張され、国道は全長2万4820km、アウトストラーダは510kmになった。しかしローマでは自動車より自転車のほうが速く移動できたと、クワトロルオーテ4月号では伝えている。アルフォンソ・デ・ポルタゴ、エドモンド・ネルソンと観戦者10人の死者が出る大事故が起こり、ミッレミリアは中止となった。3月にランチアはピニンファリーナ・デザインのアッピア・クーペとヴィニャーレ・デザインのカブリオレを発表。7月にはフィアット・ヌオーヴァ500、9月に500の上級版としてアウトビアンキ・ビアンキーナ、ピアジオは最初で最後の車となるヴェスパ400を発表する。フランクフルト・ショーではオペル・オリンピア・レコルトP1とフォード・タウヌス17M、ゴッゴモビルT600が発表される。DKW1000はアウトウニオン・ブランドを再生させた。

▶ 1958年

カーラジオ付き1300cc以上の自動車には5000リラの加徴税が課された。
ポルシェは356に小変更を施し、メルセデス・ベンツは190D（W121）、220SE（W128）、300d（W189）を発表する。ランチアがトリノ・ショーで発表したフラミニア・クーペ、グラントゥリズモ・スポルトが大人気を博した。

▶ 1959年

フェラーリが250GTスパイダー・カリフォルニアを発表。フィアットはフラッグシップの1800と2100を発表、BMW700クーペ、オースティン・ヒーレー、サンビーム・アルパイン、モーリス・ミニ・マイナー、新メルセデス220（W111）が発表される。この年の目玉は、初の前輪駆動小型車、アレック・イシゴニスのミニだった。ディスクブレーキをオプション採用した初のイタリア車はフラミニアのスポーティ・バージョンだった。フォードは総生産台数5000万台を突破。また、初めてアメリカのモーターショーに日本車が出品された。初めて自動車用盗難警報装置が発売され、話題となる。4月にミラノで無線タクシーが登場。アウトストラーダのローディとソマーリアで初のサービスエリアがオープンする。スピード違反監視カメラのテストが開始され、これが現在のアウトヴェロックス（日本で言うオービス）となる。8月のバケーション・シーズンに初めてアウトストラーダで渋滞が起こる。

挑発的な車

クワトロルオーテ1959年11月号ではメタリック塗装のジュリエッタ・スパイダーを表紙にする。この車の刺激的な魅力は、モデルに起用された当時の新進女優、レディング・スライ（Reding Suly）に引けをとらないくらいだった。現在と未来のドライバーのための月刊クワトロルオーテは、その後、多くのアルファ・ロメオ特集を組んだ。

158/159 F1

F1がスタートした1950年、アルファ・ロメオは7つのグランプリで7回優勝する。翌シーズンも7レース中4レース優勝と善戦し、フェラーリの成績を上回った。初のワールドチャンピオンになったのはニーノ・ファリーナ、次がファン・マヌエル・ファンジオだった。彼らのマシーンはすでに旧態化していたが、それでもなお圧倒的な戦闘力を備えていた。

伝説的存在と言えるアルフェッタ158（Alfetta 158）は、高性能でバランスが非常に良かった。スーパーチャージャーを備えた、長大な直列8気筒（1479cc／350ps）をフロント・ミドシップ、チューブラーフレームの中心近くに搭載し、4段ギアボックスはトランスアクスル方式でリア側に載せられていた（後輪に独立懸架）。また、シートと185ℓの燃料タンクは後輪の上に被さるように配置されていた。この重量配分の適正化と、前後ともトランスバース・リーフスプリングを採用した結果、158は高速コーナーやタイトベンドでの安定性が飛躍的に向上した。

コース上での性能は、1951年の改良モデル159でさらに向上する。スーパーチャージャーの加給圧が2.5から3kg/cm²になったため、馬力が425psから450psへとアップ。油圧ドラムブレーキもより強化され、リアサスペンションはド・ディオン・アクスルを採用することによって改良された。ファンジオは159を次のように評している。「158は操縦性に問題を抱えていたんだよ。後輪がひどいネガティブ・キャンバーで、それは満タンのときにより顕著だったんだが、周回ごとにだんだんお尻の重さが減ってバランスが変わっていくから、それに伴ってコーナーへのアプローチを変えなければならなかった。それに引き換え、159は素晴らしい車だった。サーキットで最も良い車だったよ」

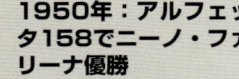

1950年：アルフェッタ158でニーノ・ファリーナ優勝

アルフェッタ158の栄光の瞬間。操縦しているのは、1950年ワールドチャンピオンのイタリア人ドライバー、ニーノ・ファリーナその人。52年にはアルファ・ロメオは量産車生産のため、F1から撤退。しかしプライベティアのスクーデリアではツーリングカー・レースに参戦し、1900や1900T.I.で勝利を収めた。

**1951年：アルフェッタ159で
ファン・マヌエル・ファンジオ優勝**
1951年ワールドチャンピオンになったこのアルゼンチン人ドライバーは、ド・ディオンの採用によって158が抱えていた問題を解決した159のことを、「完璧なレーシングカー」と評した。このマシーンを駆り、ペスカーラのサーキットで1km区間平均310.3km/hを達成した。

1900

"三つ葉グリル"
右：1950年に登場した1900のプロトタイプ。フロントはアメリカ車風。

13ページ左上：翌月公式に発表された1900の生産型。その後アルファ・ロメオの象徴となる、オリジナルの三つ葉グリル（特許取得）を備える。

　戦争で打ちのめされたイタリアだったが、戦後すぐに復興に向かって歩み始めた。ミラノ・ポルテッロのアルファ・ロメオ工場は爆撃で破壊されたが、工場労働者が自らの手で1万5000m³にも及ぶ瓦礫の除去作業を行ない、爆撃を免れた機械を掘り起こした。これらの機械や、地方の倉庫に大量に残っていた部品を使って、戦前生産していた6C 2500トゥリズモ（Turismo）、スポルト（Sport）、スペル・スポルト（Super Sport）の細部に変更を加え、直ちに生産を再開した。これらの6気筒車は、高級かつ高性能（ファストバックのフレッチア・ドーロ——Freccia d'Oro——は特に）だったが、1台1台手作業で生産されたため、製造コストが高く、数百台しか販売されなかった。

　戦後の経済成長が始まるとともに、ポルテッロ工場は効率化され、スペースや人員に余剰が出たため、本格的な量産体制に移行し、より広い層に手の届く、時代に合ったニューモデルの生産が必要になった。この1948年に

勝者

右上：1961年コッパ・ファジオーリの1900T.I.スーパー。イタリア内外250以上のレースで優勝したことから、"サーキットで勝ち続けるファミリーセダン"というあだ名がついた。

下：1900ベルリーナ・スーパー（シリーズ2／1954年〜1958年）。

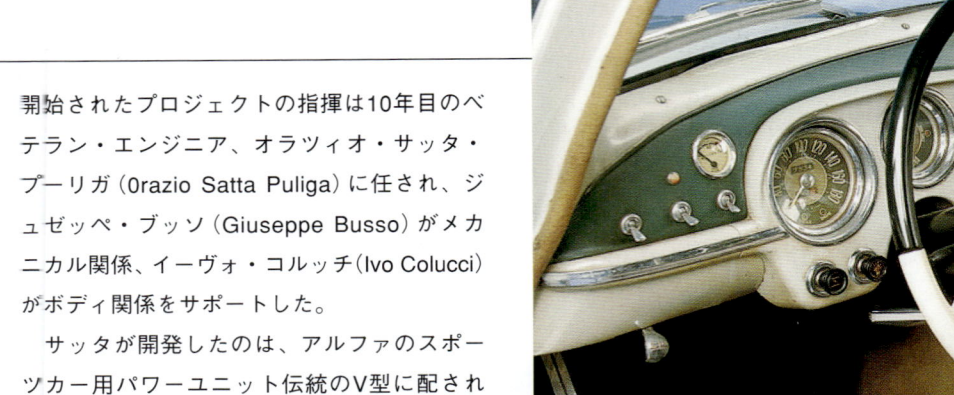

ファミリーセダン
右下：1900のインテリア。あまりに簡素で安っぽいと評された。フロントシートは3座で、コラムシフトを備えるのがファミリーセダンの証。

上：1900スーパーのインストルメントパネル。マイナーチェンジ前に使われていた扇形のシンプルなメーター（写真左下）が、視認性の高い3連メーターに置き換えられた。

　開始されたプロジェクトの指揮は10年目のベテラン・エンジニア、オラツィオ・サッタ・プーリガ（Orazio Satta Puliga）に任され、ジュゼッペ・ブッソ（Giuseppe Busso）がメカニカル関係、イーヴォ・コルッチ（Ivo Colucci）がボディ関係をサポートした。
　サッタが開発したのは、アルファのスポーツカー用パワーユニット伝統のV型に配されたバルブを持ち、半球型燃焼室を備えた4気筒1884cc DOHCエンジンで、戦前の2500の6気筒よりコンパクトでシンプルだったが、馬力と回転特性では上回っていた。強度を保つため、ボアを大きくすることで、ボア・ストローク比を6気筒の0.72に対して0.94とし、ボア・ストローク比が1.0のいわゆるスクエア・エンジンに近い比率を達成したのだった。ピストンの平均速度は15.27m/秒。出力（80ps／4000rpm、1953年以降は90ps／5200rpm）、耐久性、経済性が最優先の課題とされた。バルブが格段に大きくなったことで（吸気38mm／排気34mm）冷却の問題が発生したが、アルファが持っていた航空技術を応用して解決した。すなわち、軽合金アルミヘッドに打ち込まれたステライト（耐熱、耐蝕、耐摩耗性超合金）バルブシートとナトリウム封入式エグゾーストバルブを使用し、熱問題に対処したのだ。シンプルさと経済性が最優先され、エンジンブロックには鋳鉄、オイルパンは板金溶接製のものが使われた。

非常に革新的だったのはボディストラクチャーで、アルファ・ロメオの歴史上、初めてセパレート・フレームではなく、ボディパネルで構成されたモノコックが採用された。モノコックが選ばれた理由は、軽量化することで4気筒でも高い動力性能を可能にしつつ、オートメーション化を図るためであった。

サッタはフロント・サスペンションにダブルウィッシュボーンとコイルの足回りをそのまま流用した。これはスポーツカーとしての正確なフィールを保つのと同時に、当時まだ多く存在した未舗装路を快適に走るために最適であった。いっぽう、リアの独立懸架方式は構造が複雑でしかも重く、コストがかかる

洗練

アルミヘッドが特徴のエンジンのバルブ配置は90度V型で、ナトリウムをバルブステムに封入して冷却効率の向上を図り、ステライトのバルブシートを持つ。鍛造の頑強なクランクシャフトは、銅インジウムでコートされた5ベアリングでサポートされている。

甘美なハンドリング、強力なブレーキ

優れた1900のシャシーで最も際立つのが、4段シンクロ・ギアボックス、ウォーム・ローラーのステアリング・ギアボックスを採用した素晴らしいハンドリング、大径油圧ドラム・ブレーキ、コイルで吊ったダブルウィッシュボーンのフロントサスペンション、横方向の位置決めをする三角形アームが特徴のリア・リジッドアクスルである。

テクニカルデータ
1900

【エンジン】＊形式：水冷直列4気筒／縦置き ＊総排気量：1884cc ＊最高出力：80ps／4800rpm ＊タイミングシステム：DOHC／2バルブ ＊燃料供給：キャブレター／ソレックス33PBICまたはウェーバー36DO5シングルバレル

【駆動系統】＊駆動形式：RWD ＊変速機：前進4段／手動 ＊タイア：165×400

【シャシー／ボディ】＊形式：4ドア・セダン ＊乗車定員：5〜6名 ＊サスペンション（前）：独立＝ダブルウィッシュボーン／コイル, テレスコピックダンパー ＊サスペンション（後）：固定＝トレーリングアーム, トライアングル・センターリアクションメンバー／コイル, テレスコピックダンパー ＊ブレーキ（前）：ドラム ＊ブレーキ（後）：ドラム ＊ステアリング形式：ウォーム・ローラー

【寸法／重量】＊ホイールベース：2630mm ＊全長×全幅×全高：4400×1600×1490mm ＊車重：1100kg

【性能】＊最高速度：150km/h ＊平均燃費：10.5ℓ/100km

50年代のラインナップ
上：1900T.I.と、溌剌としたトリオで一世を風靡したピーター・シスターズ。

下：1952年1900T.I.。当時としては非常にエアロダイナミックなラインを持つスポーツセダン。

右上：ポルテッロ工場に初めて導入された1900のアセンブリーライン。

ため採用されなかった。新たに採用されたリジッドアクスルは、リーディングアーム、コイルスプリング、ダンパー、センター部分の、ちょうどデフのあたりにある三角形をなすアームで構成され、このアームが横方向の動きを規制し、縦方向のみに自由に動作するといった独創的な方式が開発された。このリアサスペンションは好評で、その後20年に亘って、基本的に同一形式のものがアルファ各車に採用されたほどである。

1900ベルリーナ（Berlina）と称される新しいプロトタイプが、1950年5月4日から始まったトリノ・ショーに参考出品された。数ヵ月後、ポルテッロ工場に導入された初の本格的なアメリカ式生産ラインで生産開始。このラインは需要が伸びるに従って拡張された。1900は、1951年までに1219台、翌52年までには約3000台生産され、1954年には7407台にまでなった。

1950年代のイタリアの自動車保有台数は82人に1台の割合で、1900は人々の憧れと情熱に火をつけた。価格は231万リラ、それは工場労働者の賃金で77ヵ月分、サラリーマンの給与で40ヵ月分に相当し、庶民にとっては夢のまた夢だったが、1900はイタリア復興を象徴していた。

　外観は、シンプルさの中にも柔らかさと力強さを併せ持つデザインである。エンジンは少々粗削りだったが、公称最高速度150km/hは、当時としては非常に速い部類だった。アルファ・ロメオのアイデンティティであるスポーティネスとパッションをファミリーセダンで実現した1900は、サーキットよりもデイリーユースでその存在感を発揮し、注目を集めた。ヨーロッパはもとより、アメリカでもすぐに評価され、アメリカの自動車雑誌では、「小さなアルファは素晴らしいハンドリングで、スポーツドライビングをも可能にした。——ウォーム・ローラー式ステアリングの洗練されたハンドリング、強力なブレーキ、よく効くヒーター、高速走行でも10km/ℓは走れる低燃費」と賞賛された。出だしから好評だった1900は瞬く間に成功を確かなものにし、購買層も広がった。

　その後、早くも1951年には小変更を施したホイールベース2.5m（13cm短い）のニューモデル、1900C（Cはcorta＝短い）を発表。出力

1954年は"スーパー"の年

上：1900スーパーは1900に再び栄光をもたらした。

下：スーパーにのみ設定された2トーンカラー。

Quattroruote ● Passione Auto　17

ディスコ・ヴォランテ
センセーションを巻き起こしたコンペティツィオーネのプロトタイプ、1900 C52 "ディスコ・ヴォランテ（Disco Volante＝空飛ぶ円盤）"（1997cc／158ps／220km/h／チューブラー・フレーム）。しかし、実際にこの形でレースに出場することはなかった。

プリマヴェーラ・アルファ
上：1955年アルファ・ロメオは1900スーパーのスペシャル・バージョン、プリマヴェーラ・アルファを出す。この2ドアはクーペらしい、明るいルーフを持つ。281台が生産された。

は100psに向上し、ボディデザインはよりスポーティなものになった。これよりもっと人気を博したのは、カロッツェリア・トゥリング製のクーペボディを纏った1900スプリント"スーパーレッジェラ"（1900 Sprint "Superleggera"）で、最高速度180km/hを誇り、2年間で650台が生産された。同時にポルテッロでは1900T.I.（Turismo Internazionale）、すなわち高出力仕様の生産を開始。1900T.I.はデイリーユースはもちろん、当時人気のあったインターナショナル・ツーリングカー・レースでも活躍した。エンジンはツインバレル・キャブレターで強化され、圧縮比が7.5：1から7.7：1へと高められ、バルブ径も拡大された（吸気41mm／排気36.5mm）結果、出力は100ps／5500rpmに向上し、最高速度は170km/hに達した。1951年ジーロ・ディ・シチリアの1080kmをフェリーチェ・ボネットが逃げ切り、1953年のトゥール・ド・フランス、54年カレラ・パナメリカーナの3000kmで優勝し、1900T.I.は大成功を収め、最終的には612台が生産された。

1900ベルリーナは1954年にシリーズ2、スーパー（Super）に進化する。ボディデザイン

夢のスプリント
下：1900スプリント・クーペ・トゥリングは324万リラもし、まさに限られた人のための車だった。標準モデルの1900スプリントでも231万リラと、当時の水準では充分高かった。

スーパーレッジェラ
戦後、アルファ・ロメオのスポーツ・イメージは、1952年の1900スプリント・トゥリング"スーパーレッジェラ"で復活した。

はマイナーチェンジ程度に留まったが、エンジンはボアを84.5mmに拡大、排気量を2ℓ（1975cc）とし、出力90ps、トルク14.3mkg、最高速度160km/hにまで向上させた。販売が伸びたため1台当たりの生産コストが下がり、価格は195万リラまで低下した。この時期に1900T.I.もT.I.スーパーに進化し、圧縮比8.0：1、ツインバレル・キャブレターで出力115ps／5500rpm、最高速度は180km/hになった。同じく1900スプリントも1900スーパー・スプリント（Super Sprint）になり、パワーユニットは1900T.I.スーパーと同様だが、ギアボックスが5段で、最高速度は190km/hとなった。スプリント・クーペ・トゥリングはよりスリークになり、グリーンハウスとテールにも手直しを受けた。

新シリーズ投入によって1900シリーズは再び販売を伸ばし、1954年に頂点に達したが、その後は下落に転じ、1958年に製造が打ち切られた。この年シリーズ2の1900スーパーは8512台、1900T.I.スーパーは483台、1900スーパー・スプリントは599台生産された。

1900 その他のモデル

あなたのお望みどおりに

1954年のベルリネッタ・ファストバック（上）とガラストップの2シーター1900SSクーペ（右）はともにギアのデザイン。

下：ピニンファリーナの手によるクラシックな4シーター・クーペ、1900SS。

イタリアの名だたるカロッツェリアたちは、戦争で中断されていたカスタマイズボディの伝統を復活させたいと考えていたため、1900を見るや否や、興味と想像力を掻き立てられた。ミラノのカロッツェリア、コッリは唯一1900を"ミニステリアーレ（Ministeriale＝大臣用）"セダンに仕立てた。ホイールベース308cmのスーパーに3ライト・ボディを載せて6〜7座のシート設け、アルファ・ロメオの販売網で95台を販売した。他の有名カロッツェリアの作品は、すべて1900のスポーティな部分を強調したデザインだった。1796台生産されたスプリントや、スーパー・スプリント・トゥリングには販売数では届かないものの、賞賛を集めたのはピニンファリーナの1900カブリオレ（Cabriolet）で、88台販売された。しかしその他数多くのモデルは、"少量生産"と言えるまでの生産台数にも達することはなかった。

トップレスのスーパーレッジェラ

上：1957年、ミラノのトゥリングからは1900スーパー・スプリント・クーペとスパイダーが登場する。この車もまた、トゥリングが特許を取ったスーパーレッジェラ工法が駆使されている。

中：ヴィニャーレの手によるアグレッシブな1900スプリント。

下：超スポーティデザインの2台。ボネスキ・デザインのスパイダー・アストラル（Spyder Astral）と、ピニンファリーナのクーペ。

いつでもレースに出場可能
レーシングマシーンとしてミラノのカロッツェリア、ザガートにより製作された1900スーパー・スプリントは、軽量化のためボディにアルミを使用し、細部に空気力学を駆使した造形が見られる（なだらかなルーフ勾配や、天地の浅いフロントウィンドーにその特徴が表れている）。

1900 M "Matta"(AR/51 AR/52)

"どこでも走る"と広告に謳われたことから"マッタ"(Matta＝狂った、常軌を逸した の意)のニックネームがつき、世界的に知られるようになった1900M (Militare＝軍隊)は、1950年初頭イタリア防衛省が行なった軍や警察車両の入札に向けて開発された。1900Mは、防衛省から51年式偵察用車両(Autovettura da Ricognizione)として採用されたため、その頭文字を取ってAR/51の名称が与えられたが、これがその後、この"マッタ"と、またフィアットが同じ軍用目的で作ったライバル、カンパニョーラの双方を指すようになった。

"マッタ"の登場は世間の注目を集めたが、なかにはスキャンダラスだという声さえあった。というのも、アルファ・ロメオの歴史上初めて、明らかにスポーツカーではない車が作られたからだ。

そんな"マッタ"のパワーユニットには、"サーキットで勝ち続けるファミリーセダン"と言われた1900のDOHCエンジンをデチューンしたものが搭載されていた。箱型断面のラダーフレームに載るシングルバレル・キャブレターの65psユニットは、悪路を脱出するに充分な力を備え、基本的には後輪駆動だが、トランスファーレバーで四輪駆動にもなった。燃費面では扱いやすいフィアット1400のエンジンを積んだカンパニョーラに軍配が上がったが、"マッタ"は1900cc DOHCの実力を発揮するロードレース、すなわち1952年ミッレミリアのスペシャルカテゴリーでそのリベンジを果たす。フィアットとアルファ・ロメオの"AR"が2台ずつ出場し、アントーニオ・コスタ中尉とフランチェスコ・ヴェルガ准尉が操縦する"マッタ"が17時間を切り、フィアットに40分もの差をつけてゴールした。

AR/51は1921台、AR/52の名称では154台製造され、軍では主に牽引車として、民間では消防車、除雪車、農業用動力車や輸送車などとして使われた。

あともうひと押し……
"マッタ"の登坂テストの風景。公称最大120％(50度)の登坂性能を有する。6人乗りで、スペアタイアはフロントシートの後ろかエンジンフード上に積むことができた。

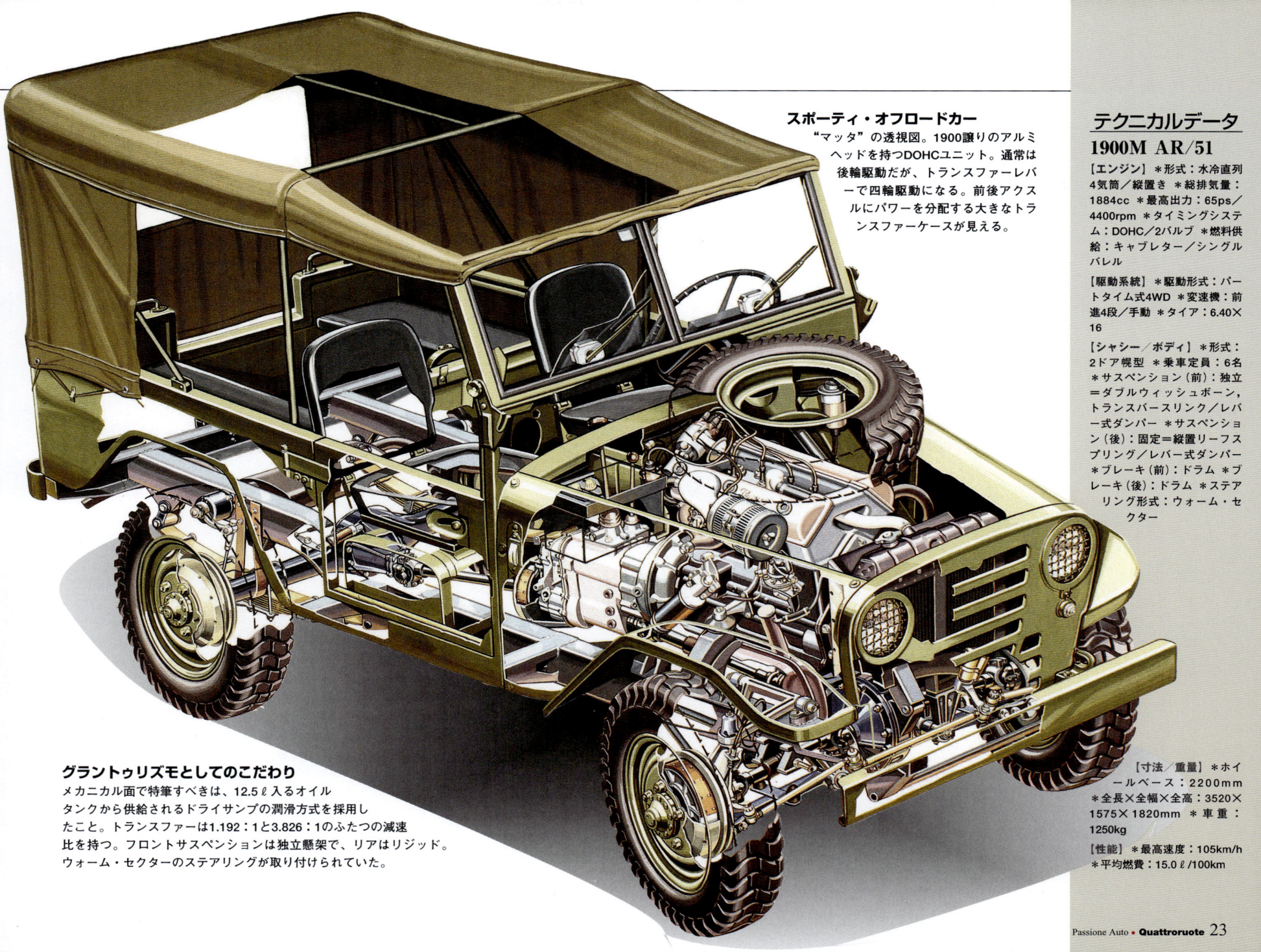

スポーティ・オフロードカー

"マッタ"の透視図。1900譲りのアルミヘッドを持つDOHCユニット。通常は後輪駆動だが、トランスファーレバーで四輪駆動になる。前後アクスルにパワーを分配する大きなトランスファーケースが見える。

グラントゥリズモとしてのこだわり

メカニカル面で特筆すべきは、12.5ℓ入るオイルタンクから供給されるドライサンプの潤滑方式を採用したこと。トランスファーは1.192：1と3.826：1のふたつの減速比を持つ。フロントサスペンションは独立懸架で、リアはリジッド。ウォーム・セクターのステアリングが取り付けられていた。

テクニカルデータ
1900M AR/51

【エンジン】＊形式：水冷直列4気筒／縦置き ＊総排気量：1884cc ＊最高出力：65ps／4400rpm ＊タイミングシステム：DOHC／2バルブ ＊燃料供給：キャブレター／シングルバレル

【駆動系統】＊駆動形式：パートタイム式4WD ＊変速機：前進4段／手動 ＊タイヤ：6.40×16

【シャシー／ボディ】＊形式：2ドア幌型 ＊乗車定員：6名 ＊サスペンション（前）：独立＝ダブルウィッシュボーン，トランスバースリンク／レバー式ダンパー ＊サスペンション（後）：固定＝縦置リーフスプリング／レバー式ダンパー ＊ブレーキ（前）：ドラム ＊ブレーキ（後）：ドラム ＊ステアリング形式：ウォーム・セクター

【寸法／重量】＊ホイールベース：2200mm ＊全長×全幅×全高：3520×1575×1820mm ＊車重：1250kg

【性能】＊最高速度：105km/h ＊平均燃費：15.0ℓ/100km

GIULIETTA シリーズ1

なぜジュリエッタなのか？
公式なものではないが消息筋の話として、このジュリエッタという名前のヒントは、エンジニアであり詩人でもあり、フィンメカニカのデザイン・コンサルタントをしていたレオナルド・シニスガッリ（Leonardo Sinisgalli）氏の妻、デ・クーサンディエール（De Cousandier）のひとことだったという。
パリ・カプシーヌ通りのカフェでの出来事。シニスガッリ氏とアルファ・ロメオの社員たちのいる所に、彼女が近づいてきてこう言った。「あなたたちは8人のロメオなのに、ジュリエッタはひとりもいないのね」 それを聞いて皆は笑いながらも、新しいアルファ・ロメオの車にぴったりの名前だと思うに至ったそうだ。

長い構想期間ののち、アルフィスタ待望の、そして何よりアルファ・ロメオ経営陣の強い願いのもとに、1955年のトリノ・ショーでデビューしたジュリエッタ（Giulietta）は、50年代を象徴する車だった。ジュリエッタ開発にあたっては、スケールメリット（大量生産効果による低コスト化）による利益の追求と、それまで高級車やレーシングマシーンしか造ったことのないエンジニアの意識やメンタリティという、相反する要素を共存させることが最大の課題だった。その結果、ジュリエッタはアルファ・ロメオが40年に亘って蓄積してきた人的資産とブランドへのプライドが凝縮されて生まれた車となった。

かつては利益を生んだこともあったが、幾度にも亘る財政危機に見舞われ、当時アルファ・ロメオはIRI（産業復興公社）の資本参加を受け国有化されていた。したがって、戦後の会社再建に貢献した1900に続くジュリエッタは、ブランド復活を確固たるものにする使命を帯びていたのだった。そして、アルファ・ロメオのそれまでの常識を覆す車作りによって、ジュリエッタは大成功を収めたのだ。

デビュー
1955年トリノ・ショーに出品されたジュリエッタの価格は133万リラだった。

下：ジュリエッタT.I.のカタログ。T.I.はトゥリズモ・インテルナツィオナーレ（ツーリング・インターナショナル）の略。スポーツカーとしての要件も兼ね備えた車である。

マルチファンクション・ステアリング

右：ジュリエッタ・ベルリーナのインストルメントパネル。大径ステアリングホイールの内側はクロムメッキされたホーンリングで、センターはパッシングスイッチ。

下左：ベンチシートのため、フロント3人でも乗車可能だった（ただし法規上は5人乗り）。

下右：T.I.のインストルメントパネル。スピードメーターの左にレブカウンターが見える。

　これほどまでに力が漲っている車が今まであっただろうか。素晴らしいブレーキや広いトランクを持ったジュリエッタは、大衆にも手が届く価格だったので、消費社会の波に乗った。"ジュリエッタ現象"がいかにポルテッロ工場の変容をもたらしたかを読み解くには、生産台数を1900と比較すれば一目瞭然で、1900が9年間で1万9000台生産されたのに対し、ジュリエッタは同じくらいの期間、すなわち1965年までに17万8000台が生産されたのである。スプリントの1年後に登場したベルリーナは、工具出身で突出した才能を持つイーヴォ・コルッチ（Ivo Colucci）率いる社内の車体デザイン部により、無駄を削いだあのラインが描かれた。他に例を見ないボディデザインの特徴はサイドラインにあり、それは地面

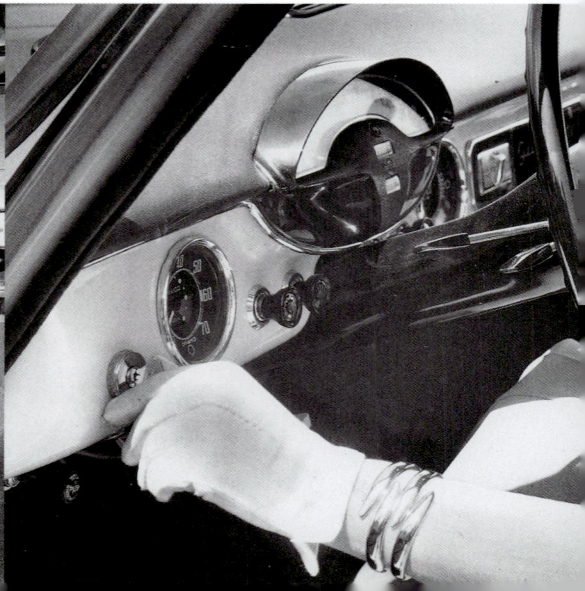

が、完璧とも言えるスタビリティやロードホールディングには何ら影響も与えなかったので、アルフィスタたちはこれを容認した。

1959年まで生産されたシリーズ1に大きな変更はなかったが、1958年1月に出力が50psから53psに向上し、また9月にはポルシェ・シンクロ・ギアボックスが登場して、フロントサスペンションも強化された。

非常に快適
左：走行性能のみならず、車内の居住性も充分。

下：スペアタイアが右側にあるにもかかわらず、トランクは充分広い。

と平行ではなく、車体前部に向かって上げることで、高く見えたリアエンドを視覚的に修正しようとしたのである。しかし、最も注目を浴びたのはエンジンだった。その後30年以上にも亘って製造されることになる、最新技術を駆使して開発された4気筒ユニットは、耐久性が実証済みのオールアルミ製で、燃費は向上し、耐久性においても新基準を作ったのだ。当時のライバルの走行可能距離が5万kmだったのに対し、ジュリエッタはオーバーホールをすることなく8万～10万kmの走行が可能であった。無論、小さな欠点もジュリエッタには存在した。クワトロルオーテ誌創刊号（1956年2月）で行なわれたテストでは、全体的な仕上げが大雑把、板金の結合部の研磨が不完全で水の浸透がみられるとしている。しかし、これらのことは欠点というほどのものではなく、スポーツカーが持つエネルギーの証、ジュリエッタの"きまぐれ"にふさわしいもの程度に捉えられていた。

ジュリエッタを操縦するのは楽しい。コーナーで発生する深いロールにこそ悩まされた

GIULIETTA シリーズ2

きれいにまとまる
右：テールフィンに嵌め込まれたテールランプが特徴の、1959年ジュリエッタ（シリーズ2）のリアビュー。
下：フェイスリフトされ、いちだんと格好良くなった。

1959年9月フランクフルト・ショーでジュリエッタのマイナーチェンジが発表された。メカニカル面では、たびたび起こっていたヴェーパーロックに対処するため、ヘッドの前にあったフィスパの燃料ポンプをシリンダーブロックの下部横、すなわちキャブレター下に移動した。ボディについては、燃料タンクキャップの位置がリアフェンダー右側になり、小さなリッドが設けられた。変更はフロントにも及び、フロントフェンダーの膨らみが大きくなり、小さなサイドマーカーが付けられ、ヘッドライトは新しいリムの奥に嵌め込まれて、ラジエターグリルも水平のメタルバーになった。いっぽう、テールフィンは幅広になり、新しくなったテールランプとリフレクターが付いている。インテリアではメーターパネルに手が加えられ、横長になった。夜運転する人の目に留まるのは、ルームミラーに防

コーナーでのロール
コーナーで発生する深いロールは、リアサスペンション構造に起因する。ステアリング・コントロールで簡単に克服できたため、アルフィスタたちの苦悩でもあり喜びともなった。

下：新しいメータークラスターが備わるシリーズ2のインストルメントパネル。

眩機能がついたことだ。アルファ・ロメオは"要求の多い"人をも満足させられるよう、それまでのブラック、ライトグレー、スイスブルー、ライトブルー、サンドに加えてコバルトブルーをカラーラインナップに加えた。

その2年後、ジュリエッタは再度フェイスリフトを受ける。ボディパネル類を、ドア、フェンダー、ボンネットに至るまですべて一新し、フロントの格子状の盾形グリルは一体成型で、両サイドのグリルの存在感も増した。テールランプがより大きくなったのも斬新だった。エンジンにも手が加えられ、出力は53psから62psへと大幅に増強され、ジュリエッタが引退するとき、そのままジュリア1300にリアアクスルとデフと共に受け継がれた。

GIULIETTA テクノロジー

珠玉のエンジン
上：ジュリエッタのエンジンルーム。
下：シリーズ1の4気筒DOHC。サイレント・チェーンによるカムシャフト駆動に注目。

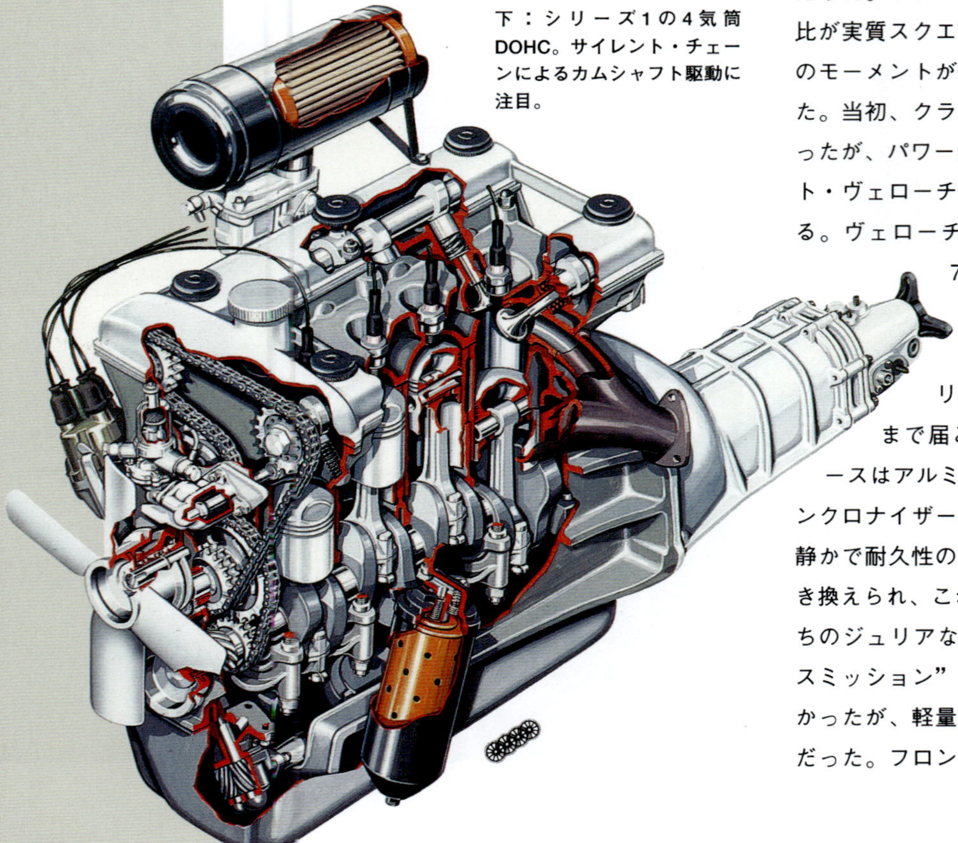

エンジニアのオラツィオ・サッタ・プーリガ率いるアルファ・ロメオのプロジェクトチームは、ジュリエッタの企画を1951年末から始めた。特徴となる直列4気筒は、強い応力にも耐えうるアルミ製で、またシリンダーは特殊合金でできていた。DOHCヘッドを持ち、クランクシャフトは5ベアリング支持という、ライバル車のエンジンとはまったく異なるものだった。ボア・ストローク（74mm×75mm）比が実質スクエアとなったことで、ピストンのモーメントが弱まり、理想的なものになった。当初、クランクシャフトは軽量なものだったが、パワーが向上する1956年のスプリント・ヴェローチェの登場に合わせて強化される。ヴェローチェの出力は標準の65psから79psとなり、シリーズ2では96psに、SS（スプリント・スペチアーレ）やSZ（スプリント・ザガート）では100psにまで届こうとした。ギアボックスケースはアルミ製で、ボルグ・ワーナーのシンクロナイザーが搭載された。その後、より静かで耐久性の高いポルシェ・シンクロに置き換えられ、これをアルフィスタたちは"(のちのジュリアなどと共有できる）共通トランスミッション"と呼んだ。本体のハイトは高かったが、軽量でコンパクトなギアボックスだった。フロントサスペンションは独立懸架で、リアアクスルのほぼ中央に位置する三角形を成すトレーリングリンクがリアサスペンションの特徴となっている。4輪ドラムブレーキは確実な効きをもたらし、さらにフロントドラムには、らせん状のフィンを設け"タービン効果"で冷却を促進した。この4輪ドラムは特注の鋳物製で、中級車としては非常にコストの掛かったものだった。

テクニカルデータ
ジュリエッタ シリーズ1

【エンジン】＊形式：水冷直列4気筒／縦置き ＊総排気量：1290cc ＊最高出力：53ps／5500rpm ＊最大トルク：9.5mkg／3000rpm ＊タイミングシステム：DOHC／2バルブ ＊燃料供給：キャブレター（シングル）／ソレックスC32BICダウンドラフト

【駆動系統】＊駆動形式：RWD ＊変速機：コラムシフト前進4段／手動 ＊タイヤ：155×15

【シャシー／ボディ】＊形式：4ドア・セダン ＊乗車定員：5名 ＊サスペンション（前）：独立＝ダブルウィッシュボーン／コイル，油圧テレスコピックダンパー，スタビライザー ＊サスペンション（後）：固定＝トレーリングアーム トライアングル・センターリアクションメンバー／コイル，ダンパー ＊ブレーキ（前）：ドラム ＊ブレーキ（後）：ドラム ＊ステアリング形式：ウォーム・ローラー

【寸法／重量】＊ホイールベース：2380mm ＊全長×全幅×全高：3990×1550×1400mm ＊車重：870kg

【性能】＊最高速度：136km/h ＊平均燃費：8.0ℓ/100km

透視図
上：1955年ジュリエッタの透視図。
右：1961年T.I.の透視図。

GIULIETTA t.i.

モード

ローマの有名なオートクチュール、フォンターナ製ドレスの女性に挟まれ"ファッションショー"をする1961年ジュリエッタt.i.。左は運転に適した袖広のドレス。右は非常にエレガントなイブニング"ミーゼ"。

ジュリエッタt.i.（Turismo Internazionale＝トゥリズモ・インテルナツィオナーレ／ツーリング・インターナショナル）はジュリエッタに"ビタミン補給した"姉妹版である。1957年9月にモンザのサーキットで発表され、ジュリエッタの快適さに高性能（出力65psは標準モデルより12ps向上）がプラスされたことで、たちまち大人気となった。外見の違いはハブキャップがスプリントと同様のものになったことと、テールランプがボディに埋め込まれたことである。インテリアには、アルフィスタには欠かせないレブカウンターが登場。61年には出力が74psに強化され、最高速度は160km/hまで向上した。

最高の販売台数

32ページ上と33ページ上：ジュリエッタt.i.。t.i.は1900でも使われた略称で、最強のサルーンを表わす。1957年にデビューし、標準モデル以上の販売を達成した。

左下：オプションでフロアシフトも選べた1962年モデル。

右下：1961年t.i.。出力74psの、アルフィスタ好みの車。

GIULIETTA Sprint

自動車の歴史上、スポーティバージョンが先に発売され、その後セダンが発表されることはあまりない。この珍しいケースに当たるのが、1954年のトリノ・ショーに出品されたジュリエッタ・スプリント（Giulietta Sprint）である。本来ならばベルリーナが出品されるはずだったのだが、ノイズの問題が見つかり、対策が間に合わなかったのだ。ブランドの将来が懸かっていたアルファは急いでいた。ここでウィーン出身のエンジニア、ルドルフ・フルシュカ（Rudolf Hruska）が重要な役割を果たす。彼は、アルファ首脳陣にスプリントを先に発表するよう説得した。というのも、

ファースト・プロポーザル
右：ベルトーネが提案したスプリントの最初のプロトタイプ。最終段階でリアには多くの修正が加えられた。
下：初期モデルのインテリア。コラムシフトに注目。

ノイズはスポーツカーでは問題にならないどころか、むしろ歓迎されたからである。もちろんプロトタイプをまず作らなければならなかったが、卓越したデザインチームの全面的なサポートにより短期間のうちに完成した。デザインチームの筆頭は当時ギアにいたフェリーチェ・マリオ・ボアーノ（Felice Mario Boano）で、彼はすぐにこのベルリネッタのアウトラインをデザインした。しかし彼の会社は小さすぎて、台数を最小限に絞ってもアルファ・ロメオが望むような量産体制は整わず、ボアーノはヌッチオ・ベルトーネ（Nuccio Bertone）に支援を仰ぐ。イーヴォ・コルッチ（Ivo Colucci）率いる実験部門により1953年に作られたプロトタイプに、詳細な検討がすぐに加えられた。"みにくいアヒルの子"と命名されたこの車は明るい緑で塗られ、どう見ても不格好な車だったが、ジュリエッタ・スプリントにその後訪れる幸運のためには、なく

てはならない存在であった。ボアーノとベルトーネはその企画を仕上げ、1954年に"水色のプロトタイプ"が完成し、その年のトリノ・ショーに出品された。

この車の大きな特徴はリアハッチだったが、生産型ではコスト高のため不採用になった。次のパリ・サロンでは、スプリントはその完成形として登場する。トランクは小さくあまり物が入らなかったが、それは問題ではなかった。アルフィスタたちがこのスポーツカーを賞賛したのは、1300ccとは思えないほどのパワーを持つエンジンと、それを包み込むボディラインの素晴らしさだった。あまりの車の美しさに、トリノ・ショー開催期間中から予約が殺到したが、これはアルファのみならず、ボディを製造するベルトーネをも重大な危機に陥れた。結果的にトリノのベルトーネは、生産を拡大するための助成を受ける（1959年までは手作業で製造し続け、このとき

プロトタイプから生産型へ
上：開発途上のバージョン（これもプロトタイプ）。特徴的なリアハッチは、製造が難しいことから採用されなかった。
下：1956年ジュリエッタ・スプリント・シリーズ1。

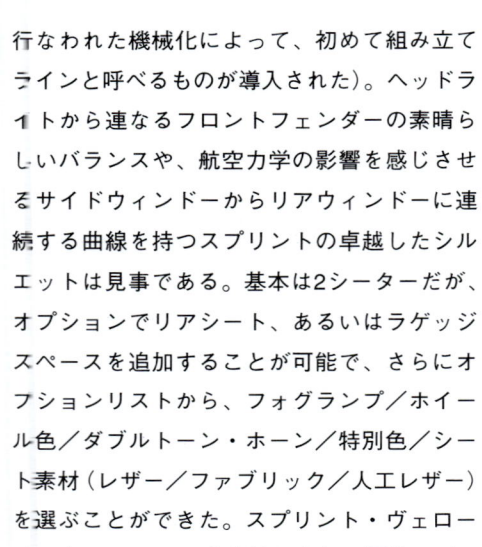

行なわれた機械化によって、初めて組み立てラインと呼べるものが導入された)。ヘッドライトから連なるフロントフェンダーの素晴らしいバランスや、航空力学の影響を感じさせるサイドウィンドーからリアウィンドーに連続する曲線を持つスプリントの卓越したシルエットは見事である。基本は2シーターだが、オプションでリアシート、あるいはラゲッジスペースを追加することが可能で、さらにオプションリストから、フォグランプ／ホイール色／ダブルトーン・ホーン／特別色／シート素材(レザー／ファブリック／人工レザー)を選ぶことができた。スプリント・ヴェローチェ(Sprint Veloce)も追加され、標準モデルとの違いである引き違い式のサイドウィンドーを見ればひと目でそれと判った。ウィンドーレギュレーターをなくすなど軽量化された

スプリント・ヴェローチェのインテリアはシンプルで、アルフィスタの間でアレッジェリータ(alleggerita＝軽量化)と呼ばれ、1958年4月までに600台が生産された。また、標準モデルと変わらない装備を持つ、スプリント・ヴェローチェ"コンフォルテヴォーレ(confortevole)"も並売された。

1958年6月24日、アルファ・ロメオはモンザで1959年仕様を発表する。ボディはマイナーチェンジを受け、その変更は当時、ベルトーネで活躍していたジョルジェット・ジウジアーロ(Giorgietto Giugiaro)が担当した。ヘッドライト回りが新しくなり、格子状になったグリルは量産化のおかげでプレス成型が使えるようになった。スプリントはますます販売数を伸ばすとともに、ベルトーネもますます大きくなり、1960年9月にグルリアスコ(Grugliasco)工場を開いた。

**素晴らしい
ベルトーネのライン**
下：後方斜めからの姿はヌッチオ・ベルトーネの手法で、素晴らしいラインを最も効果的に見せる。
右下：フロアシフトのモデル。
上：当時としては先進的なメカニズム。DOHCエンジンを初めから想定していた。

**時代を先取りした
フェイスリフト**
スプリント・シリーズ2では、フロントデザインが変更された。
上：ベルトーネの工場で塗装を待つボディ。
下：生産されなかったプロトタイプ。

GIULIETTA Spider

変わらない美しさ
下右：ジュリエッタ・スパイダー・シリーズ1の前でポーズを取る美女。
下左：テールライトが特徴の1961年デビューのシリーズ3。インテリアは、シフトレバー手前のライターと灰皿を除いて、シリーズ2からの変更はない。

この最もイタリア的な車、ジュリエッタ・スパイダー（Giulietta Spider）がアメリカ人、マックス・ホフマン（Max Hoffman）のおかげで生まれたという事実は奇妙に感じられるかもしれないが、真実である。1950年代、ホフマンはアルファ・ロメオのアメリカにおける正規インポーターだった。スプリントが登場してまもなく、彼はアルファに600台のコンバーティブルを発注する。

その目的は、彼の言葉で言えば、「カリフォルニアの大地にジュリエッタのふたつのスポーツバージョン、スプリントとスパイダーを上陸させる」というものだった。この注文に、それまでジュリエッタのオープンを作ることなど考えてもいなかったアルファは少々戸惑いを見せた。しかし

経営陣は結局、ホフマンのオーダーに挑戦する決断を下す。このプロジェクトの推進を任されたフランチェスコ・クアローニ（Francesco Quaroni）とルドルフ・フルシュカ（Rudolf Hruska）はボディデザインを、当時最も人気のあったふたつのカロッツェリア、ベルトーネとピニンファリーナに託した。ベルトーネ案は未来志向のデザイン、一方のピニンファリーナ案はランチア・アウレリアB24譲りの、より伝統的なデザインだったが、最終的にピニンファリーナ案に決定した。ピニンファリーナはラインをシンプルかつ流れるようにすることを意図したため、スパイダーはあまり大きくなかった（全長3850mm）。余計な装飾のないフラットなボディサイドは、リアフェンダーの始まりがかすかにキックアップしているのが特徴で、フロントは1900やスプリント

でも使われた伝統的モチーフが再現された。

　スパイダーの成功のため、アルファ・ロメオは経営計画を大幅に変更せざるを得なくなり、イタリアのアルフィスタの注文を断ってまでスパイダーの生産にあたり、またピニンファリーナ自体も生産工場を変更するに至った。クワトロルオーテは1957年8月号でスパイダーの試乗をしたとき、その仕上がり具合を「不完全だった他のジュリエッタに比べ、すべての面でより良くなっている」と評した。ウ

パリ・サロン・デビュー
左：プロトタイプが1955年のパリ・サロンに出品された。丸いオーバーライダーが最初期型の特徴。ヘッドライトトリムが生産型より薄い。

上：生産型のスパイダーではナンバープレートが左に移動した。

Passione Auto • Quattroruote 39

妹バージョン
右：ジュリエッタ・スパイダーを象徴するリアフェンダーの膨らみは、同じピニンファリーナの手によるランチア・アウレリアB24に似た雰囲気を持つ。
下：シリーズ3のインストルメントパネル。バックミラーには防眩機能が付いている。

ェーバーのツインチョーク・キャブレター2基が搭載されたヴェローチェは、最高速度130km/hを記録した。

　1959年初頭、生産を効率化するためにスパイダーに修正が加えられる。ボディに関しては、ホイールベースが50mm長くなったことが最も大きな変更点で、ドアに嵌め殺しの三角窓を設けることで上下するガラス面積を減らし、テールランプ下には新安全基準で義務

1959年モデル（シリーズ2）
スパイダーの透視図。エンジンとギアボックスが1959年から変更された。アルフィン・ドラム・ブレーキは冷却効果に貢献した。

化されたリフレクターが付けられた。インテリアにはさらに手が加えられ、グローブボックスには鍵付きのリッドが備わった。しかし本当の意味で新しくなったのはエンジンフードで隠された部分である。改良されたエンジン、ポルシェ・シンクロ付きのギアボックス、通風の良いところに配置し直された燃料ポンプなどによって、出力は80psに向上し、スパイダーの性能を大幅に高めた。1961年のシリーズ3の登場時には、イタリアの有名なガソリン会社（訳注：アジップ）がスパイダーを広告に起用し話題となる。クアトロルオーテはテストドライバーのコンサルヴォ・サネージに、ローマーミラノ間を走っていた高速列車"セッテベッロ"との競争を依頼し、人気俳優ヴァルテル・キアーリはスパイダーを自分の車に選んだ。このシリーズ3の特徴は、テールランプが大きくなったことで、それ以外の部分はシリーズ2とほぼ同じだった。

GIULIETTA SS

最高出力：100ps

上：ジュリエッタSSと6C 1750GS。どちらも100ps。

中：トリノ・ショーに出品されるプロトタイプ。まだアルファの盾形グリルはない。

下：生産型のスプリント・スペチアーレ。空力特性改善のため、フロントスクリーン直前にプレクシグラスのスポイラーが付いている。

　ツーリングカーのみに限られてはいたものの、レースに刺激され、高性能クーペの開発というアイデアに押されて、アルファ・ロメオはスプリントよりも高性能バージョンの開発をベルトーネに依頼した。ショートホイールベースのスパイダー・シャシーに、きわめて魅力的なフォルムのプロトタイプを作り上げたのは、フランコ・スカリオーネ（Franco Scaglione）だった。このドリームカーの概要は1957年のトリノ・ショーで発表されたが、純粋なスポーツカーとしての用途には適さなかった。非常に丸みを帯びた空力的なフロントスクリーンは、テストの際にやっかいな問題を呈した。雨が降るとウィンドー回りの流速が増すため気圧の低下が起こり、ワイパーが持ち上がってしまうのだ。この問題を解決するために使われたのは、プレクシグラスで作られた小さなシールド、すなわちスポイラーだった。今でもこれを虫除けと間違える人が多い。アグレッシブな車ではあるが、モンザでタイアを鳴らしながら攻めるより、リミニの海岸を優雅に流すほうが似合っていた。しかし第一目標はあくまで高性能化だった。その結果スプリント・スペチアーレ（Sprint Speciale）は100psという高出力を実現すると同時に、優れた空力性能によって200km/hという驚くべき最高速度を記録した。タブーとまで言われた高価格の割には、3年半で販売台数1360台とセールスの面でも成功を収めた。

シリーズ1

上：スプリント・スペチアーレ・シリーズ1のインテリア。ドライバーの左、インストルメントパネル下に備えられたVDOのウィンドーウォッシャー・バッグに注目。その後、エンジンルーム内に移動された。

右：アレーゼのムゼオ・アルファ・ロメオに展示されているスプリント・スペチアーレ。

GIULIETTA SZ

ベルリネッタ・ザガート
右：SZ ははっきりとレースを意識して作られた。軽量ゆえ、かなりのハイパフォーマンスを誇った。

下：長いテールエンドの1961年仕様。アルファ・ロメオのテストセクションの車両にしか使われないリアのスペシャルホイールに注目。

　ジュリエッタSZの誕生は、"事故"がきっかけだった。それは1956年ミッレミリアでのことだ。アルファ・ロメオはなんとしてでも名誉あるこのレースに勝利しようと5台のスプリント・ヴェローチェで参戦、ドーレとカルロのレート・ディ・プリオーロ兄弟がそのうちの1台を駆っていた。ところが不運なことに、ラディコファーニ周辺でアスファルトが滑りやすくなっていたにもかかわらず警告のサインがなかったため、兄弟は小さな橋の架かったコーナーに猛スピードで突っ込んでしまう。車にコントロールを失って欄干に激突し、オンブローネ川にダイブした。カルロはかすり傷で済んだが、ドーレは重傷を負う。その後、

川岸から引き上げられた半壊の車をミラノに運び、アルファに修理を依頼するが、「この状態ではどうすることもできない。廃車にするしかない」とすげなく断られた。だが、諦めきれないドーレとカルロは、エリオ・ザガートのところにこの潰れた車を持っていき、すがったのだ。詳細にチェックしたのち、ザガートはこう言って兄弟を安心させた。「何とかしよう。だがボディは取り替えないと」4ヵ月後ザガートは、テストを重ねて仕上げたチューブラー・フレームを使い、そこに新しいアルミパネルを固定して、見事に車を生き返らせた。復活を遂げたその車の外観は、ファミリアーレのようでもあり、フィアット8VZのような感じでもあった。こうして生まれたベルリネッタ（後にジュリエッタSVZと呼ばれるようになる）はスプリント・ヴェローチェより135kgも軽かったため、その後華々しい活躍をする。

この数奇な運命を持つジュリエッタにことごとく敗北したドライバーたちから、ザガートにボディ変更の注文が次々と舞い込んだ。そして、ついにはアルファ・ロメオ社自体がジョルジーニ通り18番地のザガートにアルミボディをカタログ・モデルとして発注したのだ。こうして生まれたのがジュリエッタSZ、すなわちスプリント・ザガート（Sprint Zagato／1960年）である。レースを念頭に置いて開発されたSZは軽量化が最重要課題だったが、この問題はボディのアルミ化によって見事克服され、ホイールベース2250mmのSSのシャシーが使用されたベルリネッタの車重は785kgに収まった。いっぽう、デザインは見た目には美しかったが、空力学的には完璧ではなく、そのフォルムは、実は空気抵抗の影響を受けやすかった。初期型の生産が終わった後、ザガートはフロントを延長して空力の改善を図るが、それだけでは充分ではなかったので、ジョヴァンニ・ミケロッティ（Giovanni Michelotti）は1957年のスプリント・ヴェローチェのシャシーにゴッチア（Goccia＝しずく）クーペ・ボディを架装した（数台しか作られなかった）。テールが長くなったこの車の空力効果は明らかで、モンツァのストレートで222km/hを記録する。このためザガートもSZのテールエンドを修正し延長、ボディラインこそ少々崩れたが、新しくなったSZは、最高速220km/hが可能となった。

TZの母
フロントの長いジュリエッタSZのデザインは、その数年後、ザガートによってデザインされたジュリア・トゥボラーレ・ザガート（Giulia TZ）に使われることになるデザインの原型。SZのデザインはザガートと若手デザイナー、エルコーレ・スパーダ（Ercole Spada）とのコラボレーションによる。

GIULIETTA その他のモデル

美しいテールフィン
下：ヌッチオ・ベルトーネがジュリエッタ・スパイダーのためにデザインした車。興味深い反面、量産は非常に困難だった。

右上：1961年トリノ・ショーに出品されたピニンファリーナのプロトタイプ。デュエットのデザインを予見させる。

右下：ミケロッティのゴッチア（Goccia）。

イタリアのカロッツェリアにとって、ジュリエッタは格好のテーマ素材であった。ほとんどすべてのデザイナーがジュリエッタをモチーフにデザインを試み、ワンオフ・モデルとまではいかなくても、独自のボディ、装飾、修正を加えたスペシャルを作った。皆が、いつの日かアルファ・ロメオから仕事を受注することを願いながら、独自のジュリエッタをデザインしたのだ。しかし、実際に動いたのはアルファ・ロメオ自身で、1957年、新しいバージョンを出すと発表したが、どのタイプかは明言しなかった。おそらくジャルディネッタ（Giardinetta＝ステーションワゴン）だったのだろう。コッリとボネスキのふたりのデザイナーがすぐにデザインを提案した。しかしコッリのプロミスクア（Promiscua）も、ボネスキのウィークエンディーナ（Weekendina）も大きなヒットにならず、どちらも非公式バージョンとして少量生産されるに留まった。スポーツバージョンもたくさん生まれたが、なかでも注目を集めたのは、パルマのアルファ・ディーラー、セルジオ・アグッツォーリ（Sergio Aguzzoli）の依頼で作られたコンドール（Condor）で、ミドシップだった。

ゴーゴー、プロトタイプ！
上左から：コッリのファミリアーレ・プロミスクア。カタログモデルにはならず、少量生産された。コンドール・アグッツォーリは、ミドエンジンとスペースフレームが特徴。ベルトーネが手掛けたベルリーナ・スペチアーレ。
下：最高に美しい車、アバルト・アルファ・ロメオ1000。実際はジュリエッタの1300チューンドユニットが積まれていた。

GIULIETTA レース活動

最初のスペシャル

1957年3月31日のサリータ・デッレ・トッリチェッレで撮られたジュリエッタ・スプリント・ヴェローチェ。エリオ・ザガートのボディを纏う。ドライバーはマッシモ・レート・ディ・プリオーロ。ザガートにより手を加えられたこの車からスプリントのモディファイが始まり、その後SZの生産化への道筋となる。

ジュリエッタのレースデビューは1955年3月6日、最後の栄光は60年代半ばだった。これほどまでに長い期間に亘って勝ち続けることができた事実は、この車の優秀さを証明している。数多くのドライバーがジュリエッタでデビューし、その後も才能をジュリエッタのステアリングで磨いた。なかでも著名なドライバーとして、フィッティパルディ兄弟、ジャンカルロ・バゲッティ、アルトゥーロ・メルツァリオ、ヨッヘン・リント、イグナツィオ・ギュンティ、ヨアキム・ボニエなどの名前を挙げることができる。またジェントルマン・ドライバーやアマチュア・レーサーとして最高の才能を持っていた人たちには、カルロ・マリオ・アバーテ、セルジオ・ペドレッティ（"キム"）、レート・ディ・プリオーロ兄弟、ジャン・ローランドなどがいた。

　デビューの日、1955年3月6日に戻ろう。ローマ郊外のカステルフサーノで行なわれた1300スポーツ・クラス決勝戦の初日、ルチアーノ・チョルフィが運転したスプリントは、他を圧倒して勝利した。その後の4月3日、スプリントはグラントゥリズモ・クラスでもホモロゲーションを得る。しかし、スプリントは最初のシーズンこそ最速のポルシェ356やフィアット1100を前に多くの敗北を喫したが、翌年にスプリント・ヴェローチェやスパイダー・ヴェローチェが登場すると、アルファ・ロメオは多くのレースで優勝するようになった。抜群の動力性能、最高のロードホールディング、比類ないブレーキ性能など、レース界に挑戦しようとする者にとって、ジュリエッタはまさに「これ以外ありえない」車であった。1300トゥリズモとグラントゥリズモ・クラスはアルファ・ロメオがトロフィーを独占するようになるが、車の性能が同じであるため、レースはいつも激しい争いになった。

数々の優勝

上左から：1962年マラトーナ・アルジェンティーナに出場するベルリーナ。ドライバーはルイス・ブラーヴァ。1957年ミラノーサンレモでのスプリント・ヴェローチェ。1963年モンザ1300トゥリズモ・クラス、ロッシが優勝。

中：1958年、コッパ・チッタ・ディ・キエーテで、SVZを駆るカルロ・マリオ・アバーテ。

下左：1957年、ボローニャーラティコーサ間でSSを駆るマッツォッティ。

下右：1960年インターヨーロッパ・カップでのバーチェ。

60年代 甘い生活

60

60年代は、人口も増加し、経済も順調で自動車業界も好景気に沸いた10年であった。イタリアの自動車の保有台数は、1960年には26人に1台だったが（フランスとイギリスは9人に1台、ドイツは12人に1台）、1966年には8.5人に1台となり、自動車の年間新規登録台数が初めて100万の大台を超える。このうち80％がイタリア車で、しかも4台に3台がフィアットだった。また、アウトストラーダも新規区間が計画され、次々に開通した10年だった。フィアット500を筆頭に小型車の全盛時代であったと同時に、ジュリエッタをはじめ、数多くのスティーレ・イタリアーノ（イタリアン・デザイン）が生まれた時代でもあった。しかし政府にとっては、ドライバーは尽きることのない税源でしかなかった。

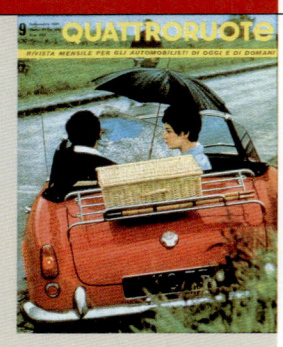

ジュリエッタなど
クワトロルオーテは、60年代も多くの特集ページをアルファ・ロメオに割いた。

▶ 1960年

イタリアの新車登録台数が38万台を超え、ベストセラーは引き続きフィアット600だった。フィアット600D、600Dムルティプラ、フィアットのフラッグシップ、1800と2100、ランチア・アッピア・シリーズ3、プジョー404が登場。ジュネーヴ・ショーでは、アウトビアンキ・ビアンキーナからランチア・フラミニアまでオープンモデルのオンパレードで、年末までにフィアット1500スパイダーとイノチェンティ950も登場する。NSUは世界初のロータリー、ヴァンケル・エンジン搭載車を発表。

▶ 1961年

新車登録台数が49万1196台、うち輸入車は3万4000台弱、フィアット600はなおもベストセラーの座をキープ。
ジュネーヴ・ショーで伝説のジャガーEタイプが登場。またイタリア車初の前輪駆動車、ランチア・フラヴィアも登場、シトロエン・アミ6、ルノー4、イノチェンティA40、シムカ1000、フィアット2300Sクーペ、ジャガーMk.Xが登場した。
クワトロルオーテ誌は、ジュリエッタと高速特急"セッテベッロ"とのレースを企画し（ジュリエッタが勝利）、また、シートベルト普及のために読者にシートベルト購入割引クーポンを配布した。

▶ 1962年

年頭の自動車登録台数は約250万台で、前年比約25％の増加。12月には、イタリア人の80人にひとりは新車を購入。最も人気があったのはフィアット600D、1300／1500とヌオーヴァ500、輸入車ではフォルクスワーゲン・ビートル、フォード・アングリアとシムカ1000だった。ステーションワゴンは全体の9％を占めていた。新登場はアウトビアンキ・ビアンキーナ4シーターとパノラミカ、メルセデス300SEクーペとカブリオ（W112）、ヴィニャーレのランチア・フラヴィア・コンバーティブルとスポルト・ザガート、イソ・リヴォルタ、NSUプリンツ、MG B、トライアンフ・スピットファイアー、ASA1000（フェラーリ・ユニット搭載）、フィアット1100D。
ヨーロッパ経済共同体の国々で生産された車でも、イタリアで登録するには大変な手続き（27の書類／73の承認印／105のサイン）が必要だった。

▶ 1963年

販売台数は91万6300台に迫る（前年比44.5％増）。トップは依然フィアットの600とヌオーヴァ500。登録台数は300万台で、1台当たりの交通事故件数はアメリカの4倍。
フォード初の前輪駆動車タウヌス12M、フィアット1100Dファミリアーレ、ランチア・フルヴィア、オペル・カデット、メルセデス230SL（W113）、シムカ1300／1500、イノチェンティIM3（モーリスのライセンス）、ポルシェ911が登場。オフロードカーが人気を集め始める。

▶ 1964年

販売台数は79万2120台で、13.6％減。政府は

自動車取得税を導入、ガソリン価格も上昇。フィアット600は、販売台数トップの座をヌオーヴァ500に譲る。
新登場は、ランチア・フラヴィア1800、ランボルギーニ350GT、マセラーティ・デュエポスティ・スパイダー3500（ミストラル・スパイダー）、イソ・グリフォ・スパイダー、フィアット850と600ファミリアーレ（ムルティプラの後継）、トライアンフ2000、シムカ1500ブレーク、アウトビアンキ・プリムラ、イノチェンティI4。スチュードベーカーが自動車界からフェードアウトした。
アウトストラーダA1がミラノからナポリまで全区間開通。イタリア–スイス間のグラン・サン・ベルナルド・トンネルが開通。

▶ 1965年

新車登録台数は前年度を上回る88万2433台。人気はフィアット500、600と850。フィアットは1500を製造中止にし、850にクーペとスパイダーを追加した。プジョー204、ルノー16、ランチア・フラヴィア・クーペ、フラヴィア・スポルト・ザガート、ポルシェ912も登場。フェラーリとフィアットが共同で、ディーノをプロトティーポ166Pとして発表。フォルクスワーゲンはビートルの排気量を1300ccに。アウディが復活、イノチェンティはミニ・マイナー850の製造開始、ロールス・ロイスは待望のニューモデル、シルヴァー・シャドウを発売。

▶ 1966年

新規登録車のうち74%がフィアット。多いほうから順に、500／850／124／1100。輸入車では、オペル・カデット、シムカ1000、ルノー4。日本勢の躍進が始まる。イタリア人が2台目の購入を考え始めた時期でもあった。ニューカマーは、オペル・カデット、ランボルギーニ・ミウラ、プジョー204クーペとカブリオレ。フィアットは1100を1100Rに、また124ベルリーナ、124スパイダー、ディーノ・スパイダーを発売。フェラーリもディーノ206GTをリリース。バッティスタ・ピニンファリーナ死去。パナールが消える。

▶ 1967年

約115万8000台の車が販売される（前年比14.5%増）。
ロータスがヨーロッパ（ルノー16のエンジン搭載）を発売。イソ・リヴォルタがS4に、フィアットは124クーペとディーノのクーペに加え、125をリリース。シムカ1100が前輪駆動に。ランボルギーニは未来志向のプロトティーポ、マルツァルを発表。フェラーリは330GTに代わる365GT2+2を出す。伝説のシトロエン2CVの後継、ディアーヌとシュコダ1100MBがイタリア上陸。
東京モーターショーでは日本車が強い存在感を示した。イギリス・フォードが都市型電気自動車のプロトタイプを研究する。フィアットの歴史の中心的人物、ヴィットリオ・ヴァッレッタ死去。

▶ 1968年

新車販売台数は微増。アウトビアンキはプリムラのラインナップを刷新。フィアットは124スポルト・スパイダーとクーペを小変更、500L、125スペシャルを発表、ランボルギーニはエスパーダを、フォードはエスコートを発表。ニューヨーク・モーターショーではシアタ・スプリングが、ロンドン・モーターショーではジャガーXJ6が発表される。フェラーリ・デイトナとルノー6が登場。フォルクスワーゲン411が同社初のモノコックボディ車としてそれぞれデビュー。

▶ 1969年

新規登録台数は121万7929台で、内24万6692台が輸入車（その4年前からの輸入車増加傾向が確実なものとなる）。
アウディ100の投入でラインナップ拡大。フォードはカプリ、フィアットは130と128、シトロエンはアミ8、プジョーは504クーペとカブリオレ、フォルクスワーゲンとポルシェは共同で914を、BMWは2500と2800をリリース。ランチア・フラヴィア・クーペが再登場。アウトビアンキはプリムラの後継A111を、10月にはA112を発表。
アメリカでヘッドレストの装着が義務付けられた。また現在のエアバッグにあたる装置の開発が始まった。

美女と飛行機
クワトロルオーテの表紙を飾るのは、時にはエレガントなモデル、時には気さくで身近な女の子、ジェット機や遊覧飛行機。そしてもちろんアルファ・ロメオ。クワトロルオーテ表紙登場回数第1位。

2000 Berlina

ニュースタイル

1957年のトリノ・ショーに出品された2000ベルリーナ。かつては栄光の、しかしすでに輝きが失われていた1900の後継車。そのスタイルは、アルファの伝統的な考え方からは、デザイン面においてもコンセプト面においてもかけ離れたもので、これまでにない快適さと居住性の向上を目指しているのがはっきりと見てとれる。

　ジュリエッタの生産台数が1955年に2846台、56年9477台、57年1万4864台、58年2万4020台と、アルファ・ロメオがかつて経験したことがないほどの急増を見せた一方、上級モデルの1900は55年2982台、56年2245台、57年1809台、58年にはわずか172台と激減した。アルファの経営陣はただ手をこまねいて見ていたのではなく、1957年には早くも翳りの見えた1900の後継車を準備し、11月のトリノ・ショーで2000ベルリーナ（Berlina）を発表した。加えて、ベルリーナのホイールベース（2.72m）より22cm短いシャシーに、ミラノのカロッツェリア、トゥリング製の2シーター・ボディを纏ったスリークな2000スパイダーも同時発表された。メカニズムは1900スーパーのものがキャリーオーバーされ、エンジンは同じ1975cc、出力は圧縮比を8.25：1に高めることで90psから105psにまで増強され、ダウンドラフト・ツインバレル・キャブレターを採用。ギアボックスも5段のものは1900スーパー・スプリントから流用し、コラムシフトだった。サスペンションもフロントにアンチロールバーが加えられたことを除いては1900と同一、タイヤも165×400、ブレーキとステアリング（ギア比が落とされた）に若干の変更が加えられたのみだった。いっぽう、目新しいのはボディデザインだ。1900ベルリーナに比べ、ホイールベースは9cm延長され、トレッドはフロント8cm、リアは5cm広くなった結果、2000は全長27cm、全幅10cm、全高で1.5cm拡大され、居住性が向上し、前後に6人が乗車できた。しかし、その分重量は260kg増加した。デザイン面では、スタイリ

アグレッシブ？

前方にせり出した盾形グリルの両側を低くしたエンジンフードのため、真正面からはアグレッシブに見えるが、実際のボディは重厚でボクシーだ。長いホイールベース、ダルなステアリングと増加した車重が、1900と同じタイヤにのしかかり、新生アルファ2000ベルリーナのパフォーマンスを損なう結果となった。

アメリカナイズ

クロムメッキが多用されたトランクの両端に突き出した大型のテールフィンは、当時のアメリカ車の派手さを彷彿とさせた。
注目すべきは、ピラミッド型のリア・コンビネーションランプ下のテールパイプがリアバンパーと一体になっていること。

ッシュだった1900やジュリエッタとは異なってボクシーになり、グラスエリアが拡大されて室内は明るくなった。存在感あるアルファの盾形グリルと両脇のグリルは、幅広の背の低い水平基調でデザインされており、リアトランク両端にテールフィンが聳(そび)え立つ。またクロムメッキがリアのホイールハウスに至るまで随所に使われているのも特徴的だ。

2000ベルリーナで特筆すべき点は、当時としては珍しくオーバードライブを備えていたことで、大排気量のV8に毒されたアメリカの専門誌の評価は興味深い。「エンジンは驚くほど静かだ。高回転時のみ、アルファ独特のサウンドが聞こえる。――車全体が効果的に遮音されており、ノイズから高速走行中と気づ

快適なインテリア

2000は6人乗りで、当時としては快適装備が満載だった。例えば、スライドやリクライニング可能なフロントシート、フロントとリアのセンターアームレスト、大きく開くドア、リアヒーター・アウトレット、リアウィンドー・デフロスターなどだ。

くことはなく、スピードメーターに目をやって初めてその速度に驚くのである。——サスペンションはソフトだが、コーナーでのロールは抑えられている」 クワトロルオーテ誌の評も、言葉は控えめだが、論旨は同じだった。「路上での2000には1900ほどの個性はない。しかし、ギアのステップアップ比は確実に良くなり、サスペンションも快適、エンジンノイズは抑えられている。——ハンドリングはアンダーステアに躾けられ、極端なステアリング操作をしたときだけ、テールスライドが誘発される。ロールはわずかだ」 ところがイタリアのドライバーたちは2000ベルリーナをあまり評価しなかった。新生アルファ・ロメオからはもっと別のもの、外観がよりシンプルでスポーティでパーソナルな車、そして何より高性能なものを期待していたのだ。パワーは増強されたものの、最高速度は1900スーパーと同じでしかなかったし、重量増のため加速が悪化し、荷重移動する時に重さを伴った。全長の増加やステアリングの変更で、操縦性はよりダルになってしまっていたのである。2000を名乗るからには1900以上のものを期待させてしかるべきで、1900より劣っていてはならなかった。事実、この240万リラで販売されたアルファ2000ベルリーナの販売は不調で、生産された5年間の販売台数は2893台に留まった。

クワトロルオーテ・ロードテスト

1959年、クワトロルオーテ誌はアルファ・ロメオ2000ベルリーナのフルロードテスト結果を発表した。

- ロンバルディアとピエモンテの市街地と郊外の道1000kmでテスト。
- アルファ・ロメオ公表値では最高速度160km/hだが、実際には5速155km/hまでしか到達しなかった。
- 4速以下では、エンジンをレブリミットまで回すと各ギアのメーカー公表値まで達した。それぞれ1速42km/h、2速70km/h、3速100km/h、4速140km/hである。
- エンジンはかなりフレキシブルで、3000rpmあたりのレスポンスが良い。しかし、連続高速走行ではスパークプラグの熱価が適正でなかった。
- ガソリン消費量は、平均約12ℓ/100km（8.5km/ℓ）。航続距離は約500km。
- ブレーキは強力で耐久性もあるが、高速からの強い制動の繰り返しでフェード気味になった。

テクニカルデータ
2000ベルリーナ

【エンジン】＊形式：水冷直列4気筒／縦置き ＊総排気量：1975cc ＊最高出力：105ps／5800rpm ＊最大トルク：15.0mkg／3600rpm ＊タイミングシステム：DOHC／2バルブ ＊燃料供給：キャブレター（シングル）／ダウンドラフト・ツインバレル

【駆動系統】＊駆動形式：RWD ＊変速機：前進5段／手動 ＊タイア：165×400

【シャシー／ボディ】＊形式：4ドア・セダン ＊乗車定員：6名 ＊サスペンション（前）：独立＝ダブルウィッシュボーン／コイル，油圧テレスコピックダンパー，スタビライザー ＊サスペンション（後）：固定＝トレーリングアーム，トライアングル・センターリアクションメンバー／コイル，ダンパー ＊ブレーキ（前）：ドラム ＊ブレーキ（後）：ドラム ＊ステアリング形式：ウォーム・ローラー

【寸法／重量】＊ホイールベース：2720mm ＊全長×全幅×全高：4715×1700×1505mm ＊車重：1400kg

【性能】＊最高速度：160km/h ＊平均燃費：11.2ℓ／100km

2000 スパイダー／スプリント

シンプルでスポーティなアルファらしい2000スパイダー（Spider）は、ベルリーナに比べて人気があった。パワーユニットはサイドドラフト・ツインチョーク・キャブレター2基によって115psまで増強され、最高速度は171km/hに向上した。重量もベルリーナに比べて140kg軽量化され、ホイールベースも短くなったため、加速が良くなり、ステアリング操作に対する応答性が飛躍的に改善された。加えてスポーティな5段フロアシフトはドライバーを大いに喜ばせた。その証拠に、通常ニッチ・バージョンであるはずのスパイダーが、ベルリーナの販売台数を大幅に上回り（価格

うれしい発見
2000ベルリーナと同時に発表されたスパイダー。トウリングによるこの車は大ヒットし、販売も好調だった。力強くスピーディで、軽快なデザインはクラシカルだ。フロントもいかにもアルファ・ロメオ的である。

真のスポーツカー
アルミのスリースポーク・ステアリングホイールとショートストロークのフロアシフトが、2000スパイダーのスポーティ・イメージを完全なものにしている。キャンバストップは折りたたむと完全に格納され、サイドウィンドーはドアのレベルまで下げることができるため、ロードスターともいえる。オプションで大きなウィンドーを持つハードトップも設定された。

はベルリーナより若干高い250万リラだった）、1957年から61年までのわずか4年間に3459台も生産された。

　1959年末、アルファ・ロメオは2000スプリント（Sprint）を世に送ったが、この車はのちにアルファの歴史上重要な存在となる。販売面での成功も大きかったが（販売価格290万リラで、1962年までに700台が特に輸出市場で売れた）、なにより、その後ベルトーネによって作られることになるグラントゥリズモやスポーツカーの特徴となる、美しく調和のとれたデザインの先駆けとなったからである。2000スプリントは、ヌッチオ・ベルトーネのもとで働き始めたばかりのジョルジェット・ジウジアーロのデビュー作でもあった。若き日のジウジアーロはスプリントによってその天才ぶりを発揮し、その後のイタリアのモダーンデザインにその名を轟かせるひとりとなるのである。ホイールベースはベルリーナ（2.72m）とスパイダー（2.5m）の中間の長さの2.58mで、パワーユニットはスパイダーのそれを受け継ぎ、エンジンは1975cc、出力115psでツインチョーク・キャブレター2基を備え、ギアボックスは5段フロアシフトだった。この美しいプロポーションを持つ2ドア・4シーター・クーペは、ピラーが細く明るい室内を持ち、大きなトランクを備えるが、リアデザインは比較的おとなしい。対照的に独創的なのがフロントで、4つのヘッドライトがグリルに組み込まれ、エンジンフードからバンパーへと一体感を出している。このデザイン手法はその後今日に至るまで、アルファだけでなく、ほぼすべての車に使われるようになるのである。

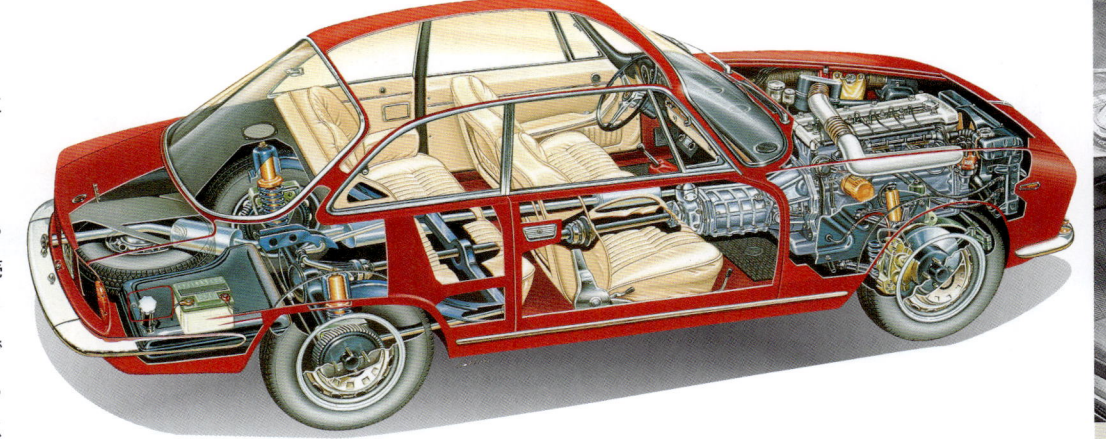

先駆者

2000スプリントは、高額だったため（スパイダーより40万リラ高い）、よりニッチ・モデル的存在だった。3年間の生産台数は700台。しかしそのデザインは、アルファのグラントゥリズモ時代の先駆けをなすものとして評価された。

Passione Auto • Quattroruote 57

2000 その他のモデル

2000ベルリーナのデビューの1年後、2ドア・モデルが流行し、多くのカロッツェリアは、遅かれ早かれアルファ・ロメオがスポーツモデルの生産を開始すると予想していた。

1958年のトリノ・ショーでピニンファリーナは、"セストリエーレ (Sestrière)" を出品する。これはキャディラック・ジャクリーンのデザインを先取りしたクーペで、珍しいスライドドアを持つ。ベルトーネもジウジアーロのデザインした2000スプリントのルーフをカットしたスパイダーを出品した。またベルトーネは1959年 "ソーレ (Sole)" を発表。これはフロントのデザインが量産型の2000とは異なっていた。興味を引いたのは、ロドルフォ・ボネットがデザインし、カロッツェリア・ボネスキが作ったクーペとスパイダーだったが、参考出品で終わってしまった。

ピニンとその他のカロッツェリア
下:1958年のピニンファリーナ・デザインのクーペ "セストリエーレ"。ドアがスライド式で、目を惹くのはサイドウィンドーのピラーをなくしてルーフを軽量化したこと。
上:1959年のベルトーネのクーペ "ソーレ"(シリーズ2)。
中左:ジョルジェット・ジウジアーロのカブリオ。
中右:ボネスキのためにロドルフォ・ボネットがデザインしたモデル。

2600

　1962年ジュネーヴ・ショーで、2000にカンフル剤を打つべく兄弟モデルの2600がデビューする。ミラノのエンジニアはこの車をフラッグシップとしてより望ましいものにするため、新しい6気筒エンジンを開発した。しかしデータによると、1968年までに販売された台数はわずか2050台あまりと販売面では成功しなかった。2600は当時のアメリカン・モダーンデザインのヨーロッパ的な解釈に基づいて、フロントとリアがより高く角ばり、クロムメッキが減らされ、ヘッドライトは大型化している。新しく開発された2584cc直列6気筒ショートストローク・ユニットは、最高出力130ps／5900rpmで、かなりの高速走行が可能となり、メーカーが公表した173km/hという最高速度もあながち夢ではなかった。その一方、2600のスポーティバージョンのスプリ

シンプルデザイン

上：リデザインされたフロントを持ってしても、販売は伸び悩んだ。

右：2000に装着されていた、クロムメッキされたマフラーのテールパイプがなくなった。

左：室内空間の広さをアピールするふたりのモデル。

テクニカルデータ
2600ベルリーナ

【エンジン】＊形式：水冷直列6気筒／縦置き ＊総排気量：2584cc ＊最高出力：130ps／5900rpm ＊最大トルク：21.2mkg／3400rpm ＊タイミングシステム：DOHC／2バルブ ＊燃料供給：キャブレター（シングル）／ソレックス32PAIA4ダウンドラフト

【駆動系統】＊駆動形式：RWD ＊変速機：前進5段／手動 ＊タイア：165×400

【シャシー／ボディ】＊形式：4ドア・セダン ＊乗車定員：6名 ＊サスペンション（前）：独立＝ダブルウィッシュボーン／コイル，油圧テレスコピックダンパー，スタビライザー ＊サスペンション（後）：固定＝トレーリングアーム，トライアングル・センターリアクションメンバー／コイル，ダンパー ＊ブレーキ（前）：ディスク ＊ブレーキ（後）：ドラム（1964年からディスク）＊ステアリング形式：ウォーム・ローラー

【寸法／重量】＊ホイールベース：2720mm ＊全長×全幅×全高：4700×1700×1480mm ＊車重：1420kg

【性能】＊最高速度：173km/h ＊平均燃費：16.9ℓ/100km

スプリントのヒット

145psに増強された6気筒（最高速度200km/h）を持つ2600スプリントは、高級グラントゥリズモとして世界で賞賛され、1966年までに6999台が生産された。

ントとスパイダーは逆に人気を呼んだ。ヌッチオ・ベルトーネによる2600スプリントは2000から変更はなかったが、唯一違ったのはエンジンフードのエアスクープだった。トゥーリングのビアンキ・アンデルローニ（Bianchi Anderloni）がデザインしたスパイダーは、2000に比べボディサイドがシンプルになり、それまでの存在感あるグリルとは違って、シンプルなクロムメッキの桟があるだけである。

スペシャルティ中のスペシャルティ

2600初のスペシャルティは、1963年ピニンファリーナによって作られた。丸みを帯びたエッジとコンシールド・ヘッドライトが特徴。

ファミリーの一員

フル装備の2600ベルリーナのインストルメントパネルは、人気のあったジュリアやジュリエッタを彷彿とさせる。

特徴的な目！

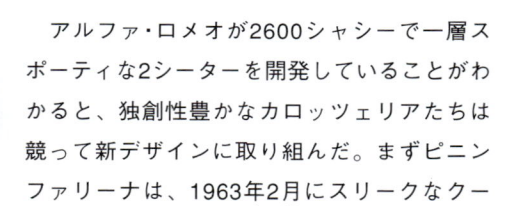

ヌッチオ・ベルトーネの2600HSは20年後に164で使われることとなるモチーフを示唆している。しかし、この車そのものはプロトタイプで終わってしまう。

アルファ・ロメオが2600シャシーで一層スポーティな2シーターを開発していることがわかると、独創性豊かなカロッツェリアたちは競って新デザインに取り組んだ。まずピニンファリーナは、1963年2月にスリークなクーペ、ジュリエッタSS "オッソ・ディ・セッピア（Osso di seppia＝イカの甲）"を発表した。スペチアーレと名づけられたこの車は、コンシールド・ヘッドライトが特徴的だった。ベルトーネ2600HSも同じくらい独創的で、

何年も後になって採用されることになる、下方に長く伸びた盾形グリルを持った164のようなスラントノーズを採用し、時代を先取りした。最も好評だったのはザガートのもので、エルコーレ・スパーダのデザインで1963年トリノ・ショーにプロトタイプを出品、その後修正が加えられ、2600SZとして少量が販売された。これは価格が高かった（397万リラ）にもかかわらず105台が生産された。最後の2600スペシャルは1965年のもので、OSI（カロッツェリア・オージ）のためにジョヴァンニ・ミケロッティがデザインした6ライト・サルーンが作られた。デラックスと呼ばれたこの車は2年で54台が生産された。

偉大なデザイナーたちの作品

上：ザガートのために1963年に作られたエルコーレ・スパーダのプロトタイプ。1965年に2600SZとして生産化される。

下：トゥリングの2600スパイダー、2257台生産された。

左上：2600をベースにボネスキも製作。

左中：OSIのデラックス。

GIULIA TI／Super／1300／Nuova Super

1962年にデビューしたジュリアTIの内外の評価は当初、概ね批判的であった。クワトロルオーテ誌もこう書いている。「デザインに調和がなく、説得力がない。リアデザインは煩雑で、テールエンドの窪みが仰々しい。仕上げも、このクラスのこの価格の車のレベルではない」外国の雑誌にも賞賛の言葉はあまりなかったが、しかしそれは性急な評価だったとして、その後すぐに批判が覆される。こんなことが起こったのは、この車が最初で最後だろう。特にデザインに関しては、トリノ工科大学（ポリテクニコ）の風洞で多くの実験が重ねられた結果から得られた、空気力学に基づくデザインだったのだ。尖った角がなく、フロントは低くサイドはフラットで、当時、量産車でここまでスラントしたフロントスクリーンはなかった。サイドのプレスモールは長く延びており、後ろへ向けての勢いを生みだし、リアウィンドーはほぼ垂直に立っている。これこそ60年代初頭の空気力学が生み出

プロトタイプ
上：1960年春に発表されたジュリアのプロトタイプ。アルファ・ロメオが最終調整のため行なったロードテストで、フィアット600を追い抜いていく。

下：長いジュリアの歴史の中で最初から1968年まで生産されたジュリアTI。当初ドラムブレーキを搭載していたが、1964年のシャシーナンバーAR423501から、サーボ付き4輪ディスクブレーキが採用された。

**ジュリアか
ジュリエッタか**

下：リアに間違った車名
"ジュリエッタ1600"と入
った珍しい写真。1962年に
ジュリアが売り出されたと
きの価格は150万リラを超
えていた。

スーパーの登場

右：1965年のジュリア・スーパーのインストルメントパネル。完全に新設計で、ステアリングホイールは3スポークのベークライト製、インストルメントパネルにはウッドが貼られた。メーター類、シフトレバー、スイッチもニューデザインになり、あたかも別の車のようだが、外観は何も変わっていない。

下：ジュリアTIの広い空間。

したデザインだったのだ。

　全長4.14mと空力的に不利なはずのジュリアは、当時Mira（イギリス自動車研究所）が行なったランキングの空力部門でトップ5に入っていた。1962年の広告で謳っているように"ジュリアは風がデザインした車"なのだ。しかも"アルファ・ロメオは安全性にも長けている車"でもあった。パッシブセーフティの考え方ですらまだ生まれたばかりのこの時代に、他に先駆けて、事故の際できるだけ効果的に乗員を守ることを第一に目指したボディを誇っていたのである。パセンジャー・セルは頑丈だが、ストラクチャーは柔軟で、衝突の際にアコーディオンのように縮むことにより、運動エネルギーを吸収するようになっていた。

もちろん6人でもOK

ジュリアTIシリーズ1の特徴はその居住性にある。アルファ・ロメオによると6人乗車が可能だ。しかし現実的にはフロントシートのドライバーとパセンジャーの間には、写真にあるとおり、子どもしか座れない。長いベンチシートも独特で（写真左下）、バックレストはふたつに分かれており、水平に寝かせるとリアシートに連続する。フロアシフトの導入時に、フロントはセパレートシートになったが（写真上）、シートの間には隙間がなく快適だった。

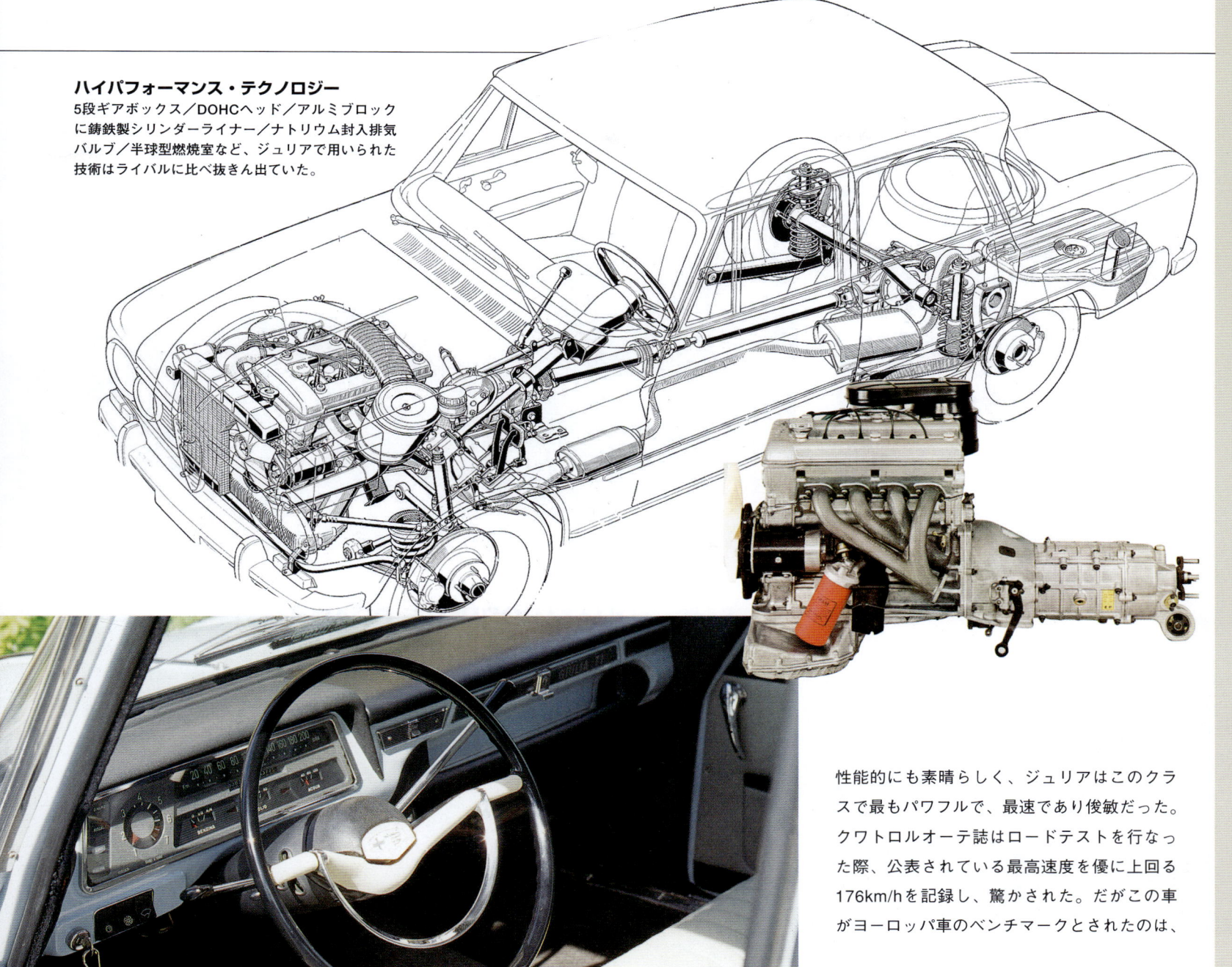

ハイパフォーマンス・テクノロジー

5段ギアボックス／DOHCヘッド／アルミブロックに鋳鉄製シリンダーライナー／ナトリウム封入排気バルブ／半球型燃焼室など、ジュリアで用いられた技術はライバルに比べ抜きん出ていた。

テクニカルデータ
ジュリア1600TI

【エンジン】＊形式：水冷直列4気筒／縦置き ＊総排気量：1570cc ＊最高出力：90ps／6000rpm ＊最大トルク：12.1mkg／4400rpm ＊タイミングシステム：DOHC／2バルブ ＊カムシャフト駆動：チェーン ＊燃料供給：キャブレター（シングル）／ソレックス32PAIA7ダウンドラフト

【駆動系統】＊駆動形式：RWD ＊変速機：前進5段／手動 ＊タイヤ：155-15

【シャシー／ボディ】＊形式：4ドア・セダン ＊乗車定員：6名 ＊サスペンション（前）：独立＝ダブルウィッシュボーン／コイル, 油圧テレスコピックダンパー, スタビライザー ＊サスペンション（後）：固定＝トレーリングアーム, Tセンターリアクションメンバー／コイル, 油圧テレスコピックダンパー ＊ブレーキ（前）：ドラム（1964年からサーボ付ディスク）＊ブレーキ（後）：ドラム ＊ステアリング形式：ウォーム・ローラー

【寸法／重量】＊ホイールベース：2510mm ＊全長×全幅×全高：4140×1560×1430mm ＊車重：1060kg

【性能】＊最高速度：169km/h ＊平均燃費：10.4ℓ/100km

性能的にも素晴らしく、ジュリアはこのクラスで最もパワフルで、最速であり俊敏だった。クワトロルオーテ誌はロードテストを行なった際、公表されている最高速度を優に上回る176km/hを記録し、驚かされた。だがこの車がヨーロッパ車のベンチマークとされたのは、

1300登場
下：ピッコロ・ジュリアのデビューは1964年のモンザ。ふたつしかないヘッドライトとクロムメッキが少ないことが、ジュリアTIとの違い。1300は先輩のジュリエッタから80psの1300ccユニットと4段ギアボックスを受け継いだ。

その速さだけではない。ジュリアが革新的な車であるということを理解するには、そのメカニズムに目を向ければ一目瞭然で、この時代、ナトリウム封入エグゾーストバルブを使用しているセダンなど存在しなかった。バルブステムに封入されたナトリウムは冷却を促進するため、熱ダレしにくいのである。また当然のようにDOHCヘッド、半球型燃焼室、5段ギアボックスを備える。ブレーキは当初はドラムだったが、すぐに（2万2000台が製造された後）4輪ディスクになり、サーボも付けら

QUATTRORUOTE ROAD TEST

最高速度	
5速使用時	175.98

燃費 (5速コンスタント)	
速度 (km/h)	km/ℓ
40	14.7
60	13.9
90	11.9
110	10.4
130	8.6
150	6.9
160	6.2

追越加速 (5速使用時)	
速度 (km/h)	時間 (秒)
30−100	28.0
30−120	37.6

発進加速	
速度 (km/h)	時間 (秒)
0−40	2.9
0−60	5.6
0−80	9.1
0−100	13.7
0−120	20.3
0−140	30.7

制動力	
初速 (km/h)	制動距離 (m)
40	10.5
60	20.1
80	37.0
120	82.0
140	112.5

れた。ロードホールディングは最も注目すべき点である。「ジュリアは深くロールすることはあっても、決して地面から離れることはない。リアサスペンション形式に起因するリアスライドが誘発されやすい現象も、ロードホールディングやスタビリティには影響を及ぼさないように思われる」とクワトロルオーテ・ロードテストに記されている。

ジュリアの時代はまた、増大する生産量に追いつかなくなったポルテッロ工場から、近代設備を整えたアレーゼ工場へ生産が移行した時期でもあった。ジュリアはたちまち旋風

レース仕様
左：1963年のジュリアTIスーパーはクアドリフォリオとあだ名がついた。最高出力は112psで最高速度は約190km/h、2年間でわずか501台しか生産されなかった。
上：ロードテスト中のジュリアTI。クワトロルオーテ1962年10月号に掲載。

デ・ジャ・ヴ！

透視図を見れば、1300がいかに多くのメカニカル・コンポーネンツをジュリエッタから受け継いだかがわかる。4段ギアボックスも受け継いだものだが、これが後にこのシリーズの最大の欠点であることが判明する。1965年には出力を85psに向上、ギアボックスも5段になり、最高速度は170km/h近くまで伸びて、TIに肩を並べるほどになった。

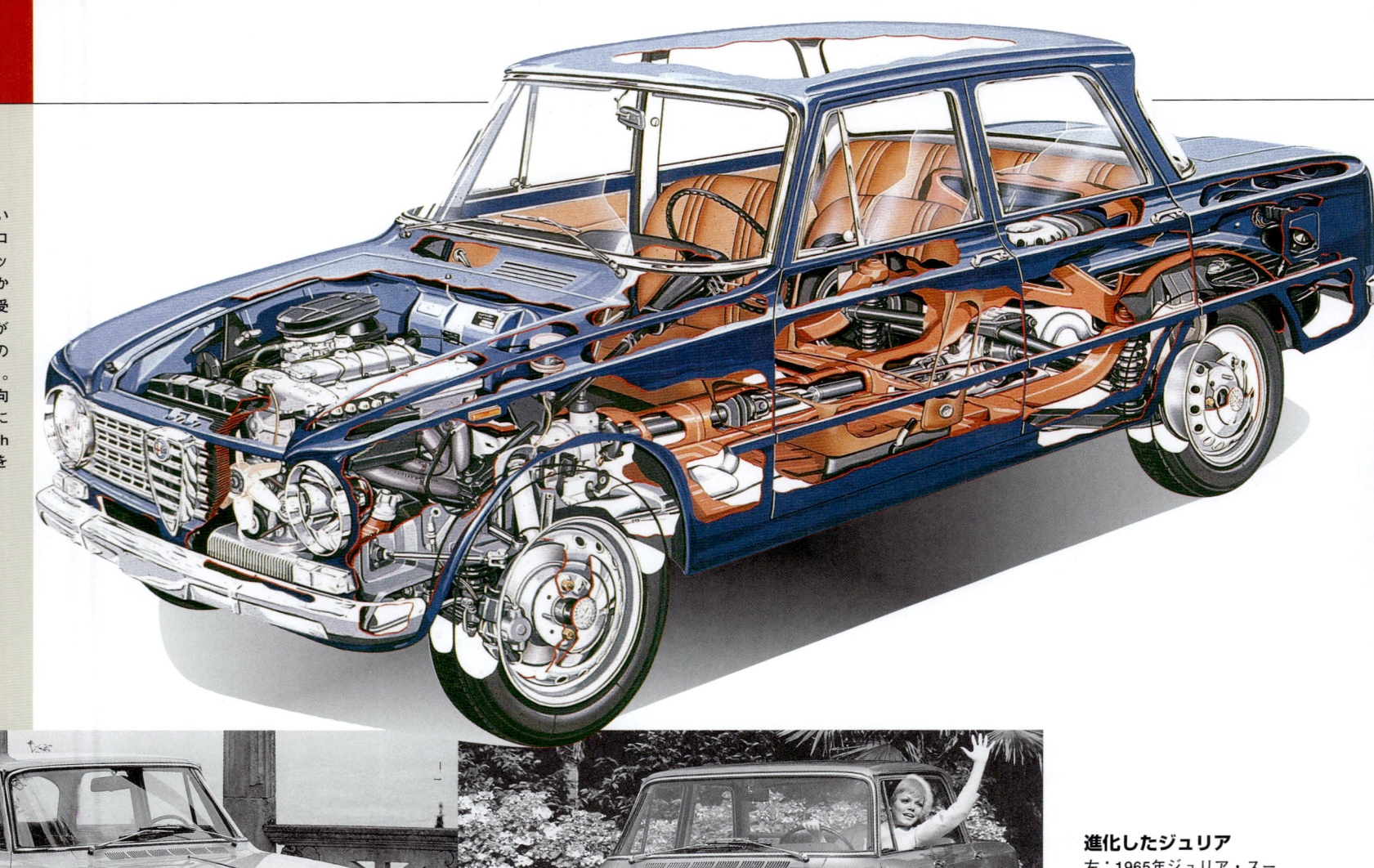

進化したジュリア

左：1965年ジュリア・スーパー

右：1967年モデルはフェイスリフトを受けた。グリルの奥が黒くなり、5本のクロムメッキバーが添えられる。オプションでメタリック塗装や、テックス・アルファと呼ばれる、手入れが簡単なシート生地も選べた。

エピローグ

1974年のジュリア・ヌオーヴァ・スーパーの登場が、最後のマイナーチェンジとなった。フロントは、プラスチックグリルと内外同径のヘッドライトでリニューアルされた。

下：インストルメントパネルは2000の影響が大きい。1977年に生産中止された。

を巻き起こす。1977年までの15年の間に数え切れないバリエーションが出現し、総計57万2626台が生産された。この中で特筆すべきは、高性能化が目的だったジュリアTIスーパー（Giulia TI Super）で、モンツァにおいて1963年4月に発表される。クアドリフォリオの異名を持つこの車は、2基のウェーバー・キャブレターを搭載し、なんと112ps／6500rpmを発揮、ザガートの手により内装も簡素化、軽量化され、標準モデルのジュリアに比べて100kg軽くなっていた。501台が生産され、ほぼ全数がレースに出場、そのハイパフォーマンスぶりを強く印象づけた。1964年、廉価版の1300が登場し、また70年代にはアルファの名に相応しくない落ちぶれたディーゼル仕様も発売される。F12トラックですでに使われていた1.7ℓパーキンス・ユニットが搭載されたもので、最高速度は133km/hにまで落ち込んだが、燃費は8ℓ/100kmと効率的だった。

GIULIA Sprint GT

ジウジアーロの出世作
当時はベルトーネで活躍していた若いジョルジェット・ジウジアーロの手により、1963年に生まれたジュリア・スプリントGTは、ジュリア・ベルリーナから譲り受けたエンジン（1.6ℓ、106ps／6000rpm）で、最高速度180km/hを可能にした。
下：1971年2000GTヴェローチェ（Veloce）のインテリア。

1963年フランクフルト・ショーのアルファ・ロメオ・ブース前は、大変な人だかりで騒然としていた。やがて新しいクーペ、ジュリア・スプリントGT（Giulia Sprint GT）に掛けられていたカバーが剥ぎ取られたとき、観客たちは目を見張った。ベルトーネはまたも世間にその存在感を示したが、それ以上にこの車のデザイナー、24歳のジョルジェット・ジウジアーロ（Giorgetto Giugiaro）が注目を浴びた。このジュリエッタ・スプリントの後継車は、たちまちアルフィスタたちの"見果てぬ夢"的存在となる。コンパクトで、どの方向から見てもシンプルで洗練されたボディは、今でも充分に美しく、フロント3/4からの視点が、おそらくそのスリークで絶妙なプロポーションを最も美しく感じさせる角度だろう。ジュリエッタのようなテールフィンは姿を消していた。

ジュリア・スプリントGTは、どんな条件下でも常に速く走ることを求められた。完璧なステアリング・ポジションとハンドリング、

ヴェローチェ

リア3/4から見ると、ジュリアGTのコンパクトさが目立つ。シリーズ1は1966年までに2万2671台が生産され、発表時は219万5000リラだった。

下左：1965年ジュリア・スプリントGTヴェローチェ。110psで最高速度182km/h。

下右：1971年2000GTヴェローチェ。131psで最高速度200km/h。

スーパー・スポーツ

下：1963年ジュリア・シリーズにTZ(Tubolare Zagato——トゥボラーレ・ザガート)が加わる。カルロ・キティ(Carlo Chiti)の指揮の下、アンブロジーニ(Ambrosini)製のチューブラーフレーム、ザガート(Zagato)のアルミボディに、アウトデルタ(Autodelta)・チューンのTIスーパーのメカニカル・コンポーネンツが組み合わされた。

右：クアトロルオーテ1963年11月号に掲載されたジュリアGT1600のロードテスト。

QUATTRORUOTE ROAD TEST

最高速度

5速使用時	181.93

燃費 (5速コンスタント)

速度(km/h)	km/ℓ
60	16.9
80	14.7
100	12.6
120	10.6
140	8.3
160	6.5
180	5.6

追越加速 (5速使用時)

速度(km/h)	時間(秒)
40—60	10.1
40—120	37.3

発進加速

速度(km/h)	時間(秒)
0—40	2.7
0—60	5.1
0—100	12.5
0—140	26.0
0—150	31.3

制動力

初速(km/h)	制動距離(m)
60	24.3
80	40.5
100	61.5
120	86.1
140	122.0
150	161.0

生粋のレーシングカー
生粋のレーシングカーとして少量しか作られなかった1965年TZ2。シリンダーヘッドをツイン・プラグとし、ドライサンプ化されたエンジンをはじめ、TIスーパーのメカニカル・コンポーネンツを使用して、最高出力170ps、推定最高速度260km/hを発揮した。ガラス繊維強化樹脂でできたザガート製ボディがチューブラーフレームに載せられており、車重はたったの620kgにすぎない。

小気味良いシフトタッチ、正確なクラッチとそのフィーリングの良さは、ドライバーを走りへと誘った。アウトストラーダやどこまでも続くストレートでの快適な走行に加え、そのロードホールディングの優秀性は、特に緩急の入り混じったワインディングロードにおいて発揮された。フレキシブルな4気筒ユニットのおかげで、5速60km/hでも、このクーペは少しも嫌な素振りを見せない。スプリントGTは、メカニカル・コンポーネンツの違いで1750から2000へと徐々に進化していくが、なかでも多くのアルフィスタが愛着を抱いたのは小さな1300ジュニアで、1976年まで様々なバリエーションが計9万2053台生産された。

1600のジュリエッタ

ジュリアが発表され、ジュリエッタは早晩リタイアすることになっていたが、スポーティ・バージョンのスプリントとスパイダーは例外だった。メカニカル・コンポーネンツと名称を新生ベルリーナに引き継いでしまったので、ジュリエッタとほとんど変わらないボディのまま、ジュリア・スプリントとジュリア・スパイダー（写真）と名称を変えた。ジュリア・スプリントはサイドとリアの"1600"のエンブレムが唯一の相違点で、1964年までに7107台が生産され、最後の約100台にはディスクブレーキが備わっていた。1965年までに9250台が生産されたジュリア・スパイダーは、エンジンフード前方にダミーのエアスクープが付けられ、ステアリングホイールを3スポークに変更。1964年には最高出力112ps／6500rpm、最高速度180km/hを誇るジュリア・スパイダー・ヴェローチェが登場し、1091台生産された。

GIULIA その他のモデルとスペシャルバージョン

お望みどおりに

右：1966年に、クワトロルオーテ誌を創刊したジャンニ・マッツォッキの企画から生まれた、グラン・スポルト・クワトロルオーテ。

下左：1966年OSIスカラベオ。ジュリアをベースにして作られた車の中で、最も個性的なもの。

下右：1969年1300ジュニアZと1963年コッリのジュリアTIジャルディネッタ。

60年代後半、ステーションワゴン、クーペ、レトロなスパイダー、カブリオレなど、ジュリアをベースに多くのバリエーション・モデルがつくられた。コッリ（Colli）のジャルディネッタ（Giardinetta＝ステーションワゴン）は、人気はさほど高くはなかったが、交通警察に採用された。1964年のトリノ・ショーで、ベルトーネはチューブラー・フレームに載せられたジュリアTIスーパーのメカニカル・コンポーネンツに美しいボディを纏ったクーペを出品した。これがカングーロ（Canguro）で、その曲線美は今日でも高い人気を誇るが、残

逃したチャンス
ボディラインに完璧に溶け込んだウィンドーが流麗なカングーロ・プロトタイプ。1964年のベルトーネ・デザインは現代でも通用する。
下：1965年ジュリアGTC。ミラノのカロッツェリア、トゥーリング製。

念ながらプロトタイプのままで終わってしまった。オープンモデルの開発が急務だったアルファ・ロメオは、1965年のジュネーヴ・ショーで発表したジュリアGTCを直ちに量産化する。アレーゼからカロッツェリア・トゥーリング（Carrozzeria Touring）に送られたスプリントGTのホワイトボディからルーフを取り払い、剛性を補うために補強材を追加したのが唯一の変更点で、1966年までに約500台が生産された。いっぽう、レトロなスパイダーは、クワトロルオーテ誌を創刊したジャンニ・マッツォッキのアイデアによりザガートでデザインされたグラン・スポルト・クワトロルオーテで、1966年に93台だけが生産されたが、その外観は伝説の6C 1750を強く意識したものだった。またザガートは、1969年のトリノ・ショーで発表した1300ジュニアZ（Junior Z）と1972年発表の1600ジュニアZを開発する。特徴である短くカットされたテールエンドが人気を呼び、1300は1108台、1600は402台生産された。スカラベオ（Scarabeo）は大胆なウェッジシェイプ・デザインの車で、1966年に3台作られたが、全長3.72m、車高は1.02mしかなかった。エンジンはジュリアGTAのもので、少しスラントさせて横置きミッドシップに搭載された。

GIULIA GTA

アルフィスタの間で伝説となっているイニシャルがある。それがジュリアGTA（AはA leggerita、軽量化の意）だ。アムステルダム・モーターショーで1965年にデビューするや否や、GTレース界で注目の的となる。外観の特徴は少なく、その美しいディテールは見過ごされがちだが、ホイールはハブキャップが省略されたカンパニョーロ製に代わり、センターの盾形グリルとヘッドライトを囲むグリルはクロムメッキのメッシュに変更され、バンパーの真上に平行して小さなふたつのエア・インレットが備わった。最も目を惹くのは、ジュリアTIスーパーにあった、かの有名なクアドリフォリオが復活したことだ。標準モデルに比べ200kg以上も軽量化できたのは、外装の板金にペラルマン25（アルミ／マグネシウム／マンガン／銅／亜鉛の合金）を使ったことと、防音材を省いたことによるところが大きい。さらに大きな変更が、1600ccの4気筒DOHCエンジンとそのヘッドに施された。バルブ挟み角を90度から80度に変更する一方、バルブ径を吸気は40.5mmに、排気は36.5mmに拡大し、さらにダブル・イグニッションの気筒あたり2本のプラグが鋭角に、14mmの間隔で燃焼室に挿入された。これに合わせてキャブレターもより大口径のウェーバー45DCOE14に換装され、最高出力115ps/6000rpmを発揮した。最高速度（メーカー公表値185km/h）は向上したものの、その違いはわずかで、むしろ軽量化されたことにより、加速面でかなりの向上が見られた。299万5000リラもしたGTAは、ベース・マシーンとして開発されたがゆえに、レーシング・モデルはアウトデルタのカルロ・キティにより徹底したチューニングが施された。ピストンをさらに軽量化し、ヘッドを薄くして圧縮比を高め、カムプロファイルを変更、オイルクーラーやZFのリミテッド・スリップ・デフを追加し、5段ギアボックスのギア比に変更が加えられた結果、ツーリングカー・レースでは無敵の存在となった。このスポーツカーはアルファ・ロメオとアルフィスタにこの上ない満足を与えるようになるのである。グラントゥリズモ・クラス用として1968年に登場したGTA1300ジュニアも、1300cc 96psユニットがレース用では160psまで増強され、同じサクセスストーリーを辿った。

アレッジェリータ
下：1968年のGTA1300ジュニア（Junior）。価格はデビュー当時219万5000リラ。1975年までに493台生産された。アルフィスタのお気に入りは、赤のボディに白いクアドリフォリオ、サイドの太いライン、エンジンフード上のビシオーネ（ヘビ）の組み合わせだ。

ウェーバー・キャブレター×2

GTA1300ジュニアの透視図。リアアクスルの横方向の揺れを規制するCRBBが装着されたリアサスペンションと、吸気効率の良いファンネルの付いた2機のウェーバー・キャブレターが見える。

アウト・イタリアーナのロードテスト

下：クワトロルオーテの姉妹誌、アウト・イタリアーナ1966年2月号に掲載されたテスト風景とその結果。ISAM（アルファ・ロメオの部品供給会社）によって行なわれた。

AUTO ITALIANA ROAD TEST

最高速度	
5速使用時	190.17

燃費（5速コンスタント）	
速度（km/h）	km/ℓ
60	15.9
80	13.8
100	11.2
120	8.9
140	7.3
160	6.3
180	6.0

追越加速（5速使用時）	
速度（km/h）	時間（秒）
40−60	7.2
40−140	33.5

発進加速	
速度（km/h）	時間（秒）
0−60	3.7
0−100	8.8
0−140	17.2
0−160	24.5

制動力	
速度（km/h）	制動距離（m）
60	23.0
80	39.5
100	63.0
120	92.5
140	125.5
160	158.5
180	198.5

GIULIA レース活動

**レースの
クアドリフォリオ**
右：少々のクラッシュもマゾエロ／モーリンのコンビにはなんのその。1963年トゥール・ド・フランスで優勝したジュリアTIスーパー・クアドリフォリオ。

勝利への第一歩
左：初の公式戦（1964年ラリー・デイ・フィオーリ）で大勝したTIスーパー。カステルヌオーヴォからガルファニャーナ間を駆るアンドレア・デ・アダミッチ。

テールスライド
右：ハイスピードを保ったままで、完璧なテールスライドを見せるジュリアGTA。ローマのヴァレルンガ・サーキットで。

クアドリフォリオと呼ばれた1600TIスーパーを手始めに、15年以上に亘り様々なジュリアのスポーツバージョンがライバルをリードしてきた。最初にレースの歴史に大きく名を刻んだのはTZ1とTZ2で、いつもトップリストに名を残す真のレーシングマシーンと言える存在だった。この2台が制したレースで代表的なものを挙げると、コッパ・デル・アルピ（アルペン・ラリー、1964年、ローランド／アウジャス組）、メルボルン6時間耐久（1965年、ロベルト・ブッシネロ）、ジョリーホテルズ・ジーロ・ディタリア（1965年、デ・アダミッチ／リーニ組）のほか、ルマン24時間、タルガ・フローリオ、セブリング12時間、ニュルブルクリング1000km、モンザ1000km、トゥール・ド・フランスなどで圧倒的な強さを見せた。

ジュリアTIスーパーは、1964年ラリー・デイ・フィオーリのデビュー戦で優勝、デ・アダミッチとスカランボーネのコンビに敵はいなかった。ジュリアTIスーパーはツーリングカー・レースのプロダクション・カテゴリーで、勝ち目がないと思われたフォード・コルティナ・ロータス（この車の開発にはかのジム・クラークも加わった）と戦わなければならなかったが、圧巻はチャレンジの年を締め括るモンザのヨーロッパ・カップだった。ジャンカルロ・バゲッティの運転する4台のクアドリ

スペインでのチャレンジ

左：1972年、2台のGTAジュニアがハラマにおいてテール・トゥ・ノーズで競う。ゼッケン33がヘゼマンズ／ヴァン・レネップ、34がピッキ／ファチェッティ。ヘゼマンズ／ヴァン・レネップのコンビが競り勝ち、アルファはヨーロッパ・カップを手にする。

中：ジェキ・ルッソが1966年セブリング12時間で圧勝したTZ2。

下：ジュネーヴ・ラリーでのローランド／アウジャス・コンビのTZ1。

フォリオのうちの1台が、サー・ジョン・ウィットモアのコルティナを5位に押しのけて、見事1位でチェッカーを受けたのだ。

その後クアドリフォリオから主役を譲り受けたGTAは、絶大なる安定感を見せつけ、長距離耐久などの非常に厳しいレースでたびたび勝利し、1966年と67年の両年には、ヨーロッパ・チャレンジ（グループ2）でシリーズ優勝を飾る。GTAの派生モデルのスペシャルとしてはGTA-SA（スーパーチャージャー）が挙げられるが、これは1967年から68年の2年間に10台が作られ、外国人ドライバーを起用して数々の栄光に輝いている。アウトデルタがGTA1600に施したモディファイは、ツーリングカー・レースに出場するGTA1300ジュニアにも応用された。GTA1300ジュニアの絶頂は1972年で、ピッキ、ファチェッティ、ヘゼマンズ、ヴァン・レネップらの卓越したドライビング・テクニックにより、ヨーロッパ・ツーリングカー選手権でシリーズ・チャンピオンになるとともに、9つすべてのレースで勝利を収めた。これを可能にしたのはGTAジュニアの圧倒的な運動性能であり、モンザにおいて平均速度183km/h以上で周回することができた。

SPIDER 1600 Duetto

複数の名前を持つ車

デュエット、オッソ・ディ・セッピア、コーダ・トンダ、これらすべてが、1966年にジュリエッタ・スパイダーの後継として発表されたスパイダー1600を指す愛称である。

下右：スパイダー1600のインテリア。

下左：ハードトップ（オプション）を付けた姿。

右上から順に：スパイダー1300ジュニア（1968年）、1600"コーダ・トロンカ"（1969年）、2000ヴェローチェ。

バッティスタ・ピニンファリーナ（Battista Pininfarina）によって最後に"承認"されたのはジュリエッタ・スパイダーの後継車で、ジュリアのメカニカル・コンポーネンツを流用し、1962年に登場したスパイダーだった。このトリノの偉大なカロッツェリアは、1961年に自らの手で編み出した空力学的デザイン手法、すなわち丸みを帯びたフロントとリアのスタイルを、このスパイダーでほぼ全面的に具現化した。正式名称はスパイダー1600だが、アルファが公募で選んだデュエット（Duetto）の愛称で親しまれる。アルファとしては1年限りの愛称にするつもりだったが、皆このデュエットの名を使い続けた。アルフィスタたちの間では、他にも呼び名がいくつかあり、その丸みを帯びたフォルムから"オッソ・ディ・セッピア（osso di seppia＝イカの甲）"と呼ばれたり、25年間の生産期間にピリンファリーナが唯一大きく手を加えたリアフォルムから付けられた"コーダ・トンダ（coda tonda＝ラウンドテール）"などと呼ばれた。1966年のジュネーヴ・ショーに出品されたシリーズ1は、1968年までに6325台が生産され、外観が大きく変わることなく1750ヴェローチェや1300ジュニアへと進化していく。テールを切り落としたのは1969年のトリノ・ショーで、"コーダ・トロンカ（coda tronca＝切り落とされたテール）"と呼ばれるシリーズが誕生した。アルファのスパイダーは、その後ジュリア・クーペに合わせてメカニズムが進化する。1750の次には2000が加わり、1600も再登場した。1300は特にイタリア市場で好まれた。

1973年、F1ワールドチャンピオンのエマーソン・フィッティパルディは、2000スパイダー・ヴェローチェのクアトロルオーテ・ロードテストでこの車を絶賛した。「エンジンは2000ccにまで拡大されたにもかかわらず、その特質を失っていないどころか、フレキシビリティと静粛性が向上したようで、レブリミットに至ってもまだパワーが出るほどだ。私はこの車に欠点を見つけることはできなかった。6100rpmまで回した時、スピードメーターは210km/hを示していたから、間違いなく

コーナーだ、エル・ラート！

上左：1973年8月号で、エマーソン-エル・ラート-フィッティパルディは、2000スパイダー・ヴェローチェのクアトロルオーテ・ロードテストを行なった。

上右：1983年に採用されたものの、アルフィスタたちからは不評を買った、サイドまで回りこんだバンパーとウレタン製のリアスポイラー。

下：スパイダー1600。パースペックスのヘッドライトカバーが特徴。ジュニアと北米仕様には付いていない。

シンプル・ビューティー
1990年、ピニンファリーナは余分な装飾を取り除いた。デザインは再び非常にシンプルなものに戻り、美しいまとまりを見せる。1.6ユニットは、最後のキャブレター仕様のアルファ・ロメオとなった。オプションでエアコンディショナーやレザーシートも選べる。

最高速度は200km/h近く出ていたはずだ」
　スパイダーの大掛かりなフェイスリフトは1983年春に実施され、サイドまで巻き込むバンパーが採用された。コーダ・トロンカには、トランクリッドの端を包み込むような形の柔らかいウレタン製スポイラーが付けられた。しかしピニンファリーナは余分なものを付けてしまったようで、この変更は1986年以降のモデルに付けられたサイドシルスカートと同様、あまり評判が良くなかった。結局、1990年のファイナルシリーズではオリジナルの形に戻し、スパイダーを鈍重にしていたすべてのエアロパーツを外した。このマイナーチェンジでスパイダーは若返り、一段と魅力的になった。このシリーズは94年まで、キャブレター1.6、インジェクション2.0とキャタライザー付2.0の3仕様が販売され、計1万8456台が生産された。

1750／2000

アルファ・ロメオにとって1750とは、思い出と感動に満ちたマジックナンバーだ。特に熱狂的なアルフィスタにとっては、1930年代の第1回目から11回目までの過酷なミッレミリアで優勝した伝説のスポーツカーのことを示す。ジュリアよりひと回り大きい新しいセダンに、この1750という名前を付けようとした経営陣の意図は、こうしたサクセス・ストーリーにちなんだものだった。1968年ブリュッセル・モーターショーに出品されたベルトーネ・デザインの1750は、合理化を進めるべくジュリアのシャシーを使用したため、多くの制約が課せられた。ヌッチオ・ベルトーネは後にこのように説明している。「我々のグルリアスコ工場で1750のプロトタイプが完成した時、私は何とかしてオラツィオ・サッタを説得して、フロントスクリーンからリアウィンドーを含めたグリーンハウス全体のデザインを変えようとした。だがアルファ・ロメオのエンジニアたちは、ジュリアのフロントスクリーンの曲率を強く（通常の2倍に）したために、生産立ち上げに苦労した苦い経験を繰り返すのは避けたいと言い、それは叶わなかった」1750はジュリアほど攻撃的でも個性的でもなかったが、フロントデザインにベルトーネは自らの作品、2600スプリントから得たインスピレーションを簡素化して登用することによって、かなり洗練されたものになった。

また、バンパー上に置かれたターンシグナルが特徴的で、ヘッドライトの印象を強調している。クワトロルオーテ・ロードテストでは「車のキャラクターや価格から言って、仕上がりは可もなく不可もなし」と記している。インストルメントパネルには必要なものは揃っており、サブメーターはシフトレバー上部のセンターコンソールに据えられている。1750は4人なら快適だが、センタートンネルの張り出しが大きく、5人目用であるリアシートの真ん中はあまり居心地が良くない。ドライビングポジションは、ペダル類のレイアウト、適度に腕を伸ばして運転できるアップライトな

ベルトーネ・デザイン
上：1750の洗練されたサイドビュー。

下：1968年のクワトロルオーテ・ロードテストの風景。

4人が快適
1750は4人乗りとしては快適だが、リアシート形状とフロアトンネルのため、5人目は少し乗り心地が悪かった。シートの張り地は、ファブリックと人工皮革が選択可能だった。

ステアリングホイール、身体を適切な位置でホールドするシート、完璧な操作性のシフトなど、アルファ・ロメオの伝統であるスポーティな味付けで、アルフィスタを間違いなく夢中にさせるものだった。

1750のパワーユニットは、ジュリエッタ、そしてジュリアですでに実績を積んできた、伝統の直列4気筒DOHCを改良して搭載し、その排気量を1779cc（ボア80mm／ストローク88.5mm）まで増やし、2機のウェーバー・ツインチョーク・キャブレターによって最高出力を114ps／5000rpmまで向上させた。メカニズム面では、特に油圧制御クラッチと、リザーバータンク付きの与圧式クーリングシステムが新しい。1750は高性能でパワフルなエ

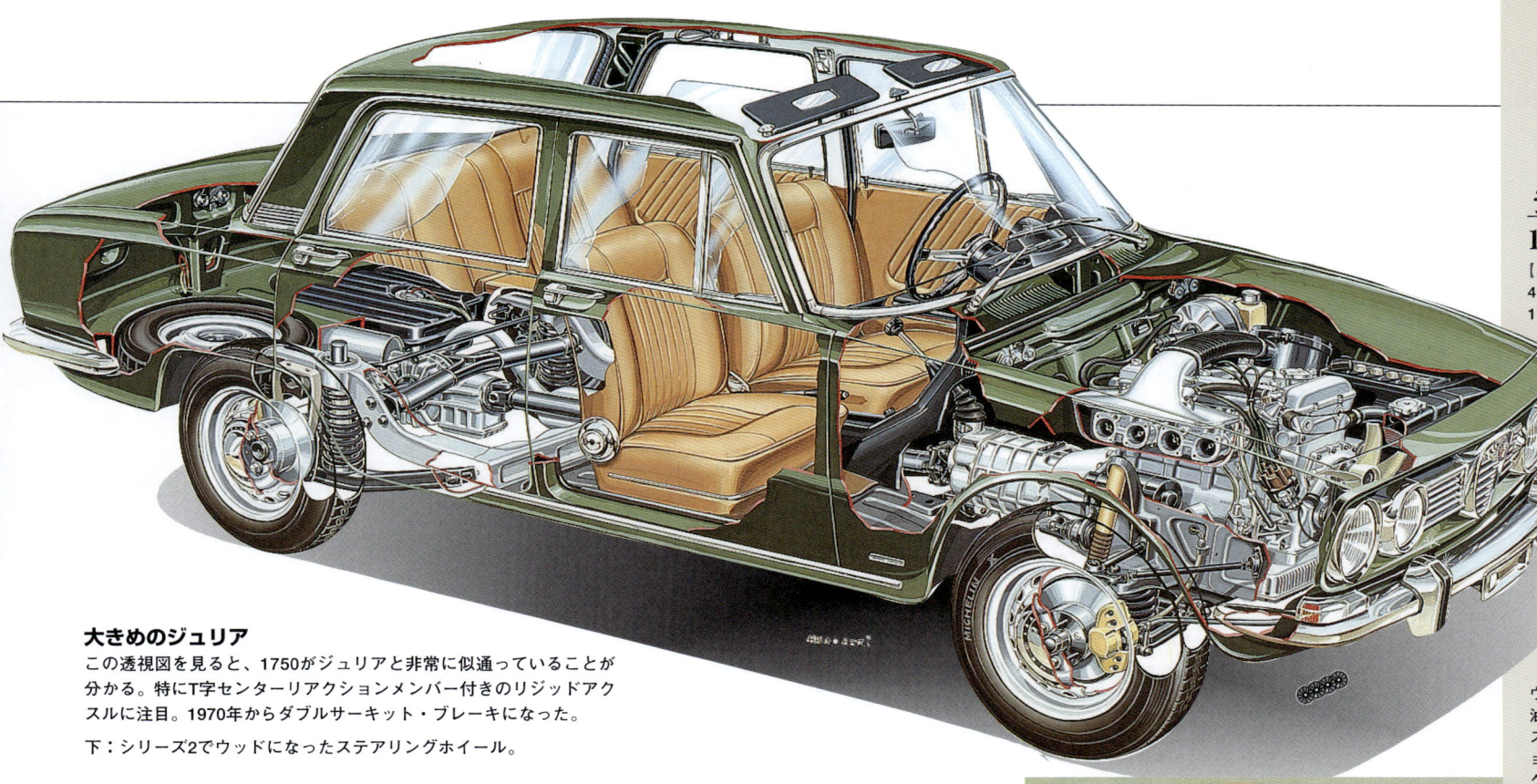

テクニカルデータ
1750

【エンジン】＊形式：水冷直列4気筒／縦置き ＊総排気量：1779cc ＊最高出力：114ps／5000rpm ＊最大トルク：17.4mkg／3000rpm ＊タイミングシステム：DOHC／2バルブ ＊燃料供給：キャブレター（ツイン）／ウェーバー40DCOE32サイドドラフト

【駆動系統】＊駆動形式：RWD ＊変速機：前進5段／手動 ＊タイア：165-14

【シャシー／ボディ】＊形式：4ドア・セダン ＊乗車定員：5名 ＊サスペンション（前）：独立＝ダブルウィッシュボーン／コイル，油圧テレスコピックダンパー，スタビライザー ＊サスペンション（後）：固定＝トレーリングアーム，Tセンターリアクションメンバー／コイル，油圧テレスコピックダンパー ＊ブレーキ（前）：ディスク（サーボ） ＊ブレーキ（後）：ディスク（サーボ） ＊ステアリング形式：ウォーム・ローラー（1970年からボール循環式）

【寸法／重量】＊ホイールベース：2570mm ＊全長×全幅×全高：4390×1570×1420mm ＊車重：1110kg

【性能】＊最高速度：180km/h ＊平均燃費：13.2ℓ/100km

大きめのジュリア

この透視図を見ると、1750がジュリアと非常に似通っていることが分かる。特にT字センターリアクションメンバー付きのリジッドアクスルに注目。1970年からダブルサーキット・ブレーキになった。
下：シリーズ2でウッドになったステアリングホイール。

ンジンで最高速度は180km/h以上、加速もクラス平均をずっと上回っていたし、ロードホールディングもどんなコンディション下でも良好だった。燃費もアルファにしては不思議なことに良い。いや、この性能の割にはガソリンを"食わない"と言ったほうがいいかもしれない。納車はすぐにでも可能だった。というのも、この車は発表される前から生産が開始されていたからである。1970年のトリノ・ショーに展示された1750は、ブレーキのダブルサーキット化、吊り下げ式のブレーキ／クラッチペダル、ヨウ素ヘッドライト、アームを下げたワイパー、ウッド・ステアリングホイールなど、様々な改良が加えられた。ちなみに北米仕様にはスピカのインジェクションが用意されていた。

1750にもボディ・バリエーションとして、GTヴェローチェ・クーペとスパイダー・ヴェ

コーチェが用意され、さらにアルファの経営陣はステーションワゴンのジャルディネッタ・ヴェローチェ（Giardinetta Veloce）の開発も進めた。ミラノのカロッツェリア、パヴェージ（Pavesi）の協力で、1969年に完成したジャルディネッタ・ヴェローチェは、ベルリーナのルーフを延長し、ボディサイズを拡大することなく広いカーゴスペースを確保した。特徴的なリアハッチにはフットライトが装着され、インテリアにはスライディングルーフやパワーウィンドーを装備するなど、豪華に仕上げられたにもかかわらず、結局この車は生産化に至らずに終わる。

最速マシーン
1971年、2000は2ℓクラスのライバル、ランチアとBMWの挑戦を受けて立った。

下：1750との違いはフロントにあり、4つのヘッドライトが同径。俊足の2000の最高速度は190km/hを超える。

まだ1750の需要が高く、累計10万台以上が作られていた1971年、アルファ・ロメオは2000ccクラスの市場をランチアやBMWから取り戻すべく、より強力な車を作ることになり、2000が誕生した。1750との外見上の違いは少なかった。例を挙げれば、少し幅広になったアルファの盾形グリル、一本だけクロムメッキの線が入った黒いラジエターグリル、4つすべて同径になったヘッドライト、フロントフェンダーに小さなサイドマーカーが新設され、新デザインのテールライトに変更された。ホイールカバーが省略され、よりスポーティになったが、オプションでモントリオールと同じデザインのクロモドラの軽合金ホイールを選択することも可能だった。インテリ

ーの名に恥じないドライビングプレジャーを堪能できる。2000の生産後期に相当する1974年末には、リアシートにもヘッドレストが付くなど小さな改良がなされ、人々を魅了した2000は、1976年までに約9万台を世に送り出し、その生産を終えた。

フラッグシップ
アルファ・ロメオのセダンの頂点を極めるモデル、2000には充分な装備が揃っていた。モントリオールにも採用された、ピクトグラムによるスイッチ。オプションリストにはボルレッティのエアコンやパワーウィンドーも設定された。

アで目新しいのはインストルメントパネルで、メーター類の文字盤がゴールドになり、サブメーターがインストルメントパネルの中心に移動した。またフロントシートにヘッドレストが付き、クーラーがオプション設定された。ボアを80mmから84mmにしたことで排気量は1962ccになり、出力は131ps／5500rpmにまで向上した。今でもしっかりメインテナンスされた2000は、最高速度190km/h、0－190km/hは30秒あまりというハイパフォーマンスぶりを発揮するはずだ。なかでも特筆すべきはこの車のドライバビリティで、25％のLSD（オプション）のおかげでタイトベンドの出口や滑りやすい路面で起きやすいテールスライドをコントロールしやすく、スポーツカ

MONTREAL

万博の花形
右：ベルトーネのモントリオール・プロトタイプは67年、カナダのモントリオール万博に出品された。4年後プロダクションモデルが登場する。

下：クワトロルオーテ1972年8月号ロードテスト時のモントリオール。

1967年、カナダ・モントリオール万博の自動車展示ブースに「人類の最大の望みが具現化された車」と称する、ベルトーネ設計のアルファ・ロメオ新型クーペのプロトタイプが出品された。マルチェロ・ガンディーニが担当したスポーツカーは、ランボルギーニ・ミウラに類似した数多くのディテールがはっきりと見てとれた。適切なボリューム配分、力強い流れるようなフォルム、上方へと跳ね上がるようなサイドウィンドーなどは、1964年にジュリア・スポルト・スペシャルのプロトタイプでベルトーネがすでに見せたデザイン手法だ。2台製造されたモントリオール（Montreal）のプロトタイプは、ジュリア・スプリントGTのシャシー上に造られたが、エンジンだけは例外でジュリアTI用が使われた。この2台は狭い展示スペースに、2台のモーターサイクルと数台のジェットスキーとともに展示されていたにもかかわらず、半年という会期を通じて高い人気を維持し、非常に大き

な宣伝となった。
　アルファ・ロメオはこのまま量産しても成功すると確信し、カナダでの万博に敬意を表して生産車もモントリオールと名づけた。プロトタイプがイタリアへ戻るや否や、ベルトーネは生産化に向けてボディの最終的な修正作業に取り掛かり、並行してアレーゼではメカニカル・コンポーネンツの最終的な開発が進められた。2台のプロトタイプは初期テストのためにアルファのエンジニアの手に渡る。こ

なんとパワフル！
攻撃的で魅力的なフォルムの下にはティーポ33コンペティツィオーネから拝借したV8パワーユニットが搭載されている。モントリオールは今もなお、アルフィスタたちがこぞって欲しがる車である。カンパニョーロの細いフィンスポーク・アルミホイール"ミッレリーゲ"は標準だった。

閃光のような速さ
ISAMのアニャーニによってロードテストが行なわれた時、モントリオールは公称最高速度の220km/hを優に超えた。

QUATTRORUOTE ROAD TEST

最高速度	
5速	224.07
燃費（5速コンスタント）	
速度（km/h）	km/ℓ
60	9.87
80	9.53
100	8.92
120	7.94
140	6.74
160	5.70
180	4.14
追越加速（5速使用時）	
速度（km/h）	時間（秒）
40—100	15.6
40—140	26.3
40—160	32.2
発進加速	
速度（km/h）	時間（秒）
0—60	3.2
0—100	7.1
0—120	9.6
0—140	12.9
0—160	17.5
0—180	23.0
制動力	
初速（km/h）	制動距離（m）
60	18.4
100	51.1
120	73.8
140	100.2
160	131.1
180	167.1

イタリア半島最南端レッジオ・ディ・カラブリアからドイツ北部のリューベックまで一日で

レッジオ・ディ・カラブリアからバルト海までノンストップで行くとは、まさに狂気の沙汰である。1972年にクワトロルオーテ誌が行なった、モントリオールで極限に挑戦するスペシャル・ロードテストでは、アウトストラーダA1をボローニャまで約200km/hで走り、パドヴァを抜けてブレンネロ・トンネルからオーストリアに入り、インスブルックからミュンヘン、ニュルンブルグ、ゲンティンゲン、リューベックに至るトータル2574kmの道程を、20時間（給油と軽食のための停止時間を含む）、平均130km/hで走り抜いた。燃費は5.6km/ℓ。今日では公共の道路でこのような暴挙を冒すことは厳に禁じられている。

のうち1台が実験車となり、もう1台がオリジナルのまま、現在もアレーゼのムゼオ・アルファ・ロメオ（アルファ・ロメオ博物館）に保存されている。その後、このトリノとミラノの共同開発は、ティーポ33コンペティツィオーネ用の90度V8エンジンを量産車に搭載するための調整に終始した。このエンジンが選ばれたのは、アルファがどうしてもこのモデルに、ラインナップの中で最もスポーティなイメージと実力を持たせたかったためだ。量産車では車高が若干高くなり、インジェクションポンプとエアクリーナーを収めるために、プロトタイプにはなかったダミーのNACAダクト付のパワーバルジがエンジンフードに設置されたが、ベルトーネは極力オリジナルデザインに忠実に完成させたかったので、それを良しとしなかったという。

モントリオールのプロダクションモデルは1970年のジュネーヴ・ショーで発表されたが、この開発には時間が掛かりすぎたようだ。クワトロルオーテ誌は「重量配分は最適であるものの、ボディはすでに時の流れを感じさせる」と書いている。居住性はスポーツカーそのもので、リアシートが備わってはいるものの実用には適さず、子供ふたりでも窮屈だった。その代わりエンジンはアルファの伝統に相応しく最高の出来であった。このV8はオ

スポーティなシート

モントリオールのシートは非常に快適なドライブを提供してくれる（ただし背が極端に高くなければだが）。目を惹くのは、ドライバーの正面に集められたメーター類。

左：ヘッドレストの付いた、包み込むようなシート形状はスポーツマインドを刺激する。

レーシングユニット

モントリオールのV8ユニットはティーポ33コンペティツィオーネ用を量産向きに改造したもので、200ps／6500rpm。4カム・ヘッドにはバルブがV字に配されている。

デザインの見直し

大きいエンジンを搭載するため、ジュリアTIのパワーユニットを載せていた1967年のプロトタイプのフロント回りをベルトーネは全面的に見直さなければならなかった。ディスクブレーキはベンチレーテッド。

ールアルミ・ユニットで、4カムのヘッドとスピカ機械式インジェクションを備え、最高出力200ps、公称最高速度は220km/hだったが、クワトロルーテ・ロードテストではこれをいともたやすく超えて224km/hを達成した。ZFの5段ギアボックスで瞬く間に加速し、最高速度に非常に短時間で到達する。クワトロルオーテ誌は次のようにも記した。「モントリオールはハイスピード・コーナリングでも絶対的な安心感がある。コーナーでははっきりとしたアンダーステアに躾けられているが、もし、オーバースピードでコーナーに侵入してしまったなら、まずスロットルペダルから足を放し、軽くカウンターを当て、そして思い描くラインに戻るために再びスロットルを踏むだけである」他の追随を許さない性能はまさしく生粋のスポーツカーであった。570万リラのプライスタグを下げ、パワーウィンドー（10万リラ）、メタリック塗装（14万リラ）、エアコンディショナー（29万リラ）がオプション設定された。70年代初頭のオイルショックによる不況の割には販売はおおむね堅調で、モントリオールは1977年までに3925台が生産された。

ヒルクライム
ローマ近郊、フラスカーティとトゥスコロ間の山岳コースを行くモントリオール。このハードな区間でも素晴らしいタイムで、このアレーゼのクーペはその強さを見せつけた。

テクニカルデータ
モントリオール

【エンジン】＊形式：水冷90度V型8気筒、縦置き ＊総排気量：2593cc ＊最高出力：200ps／6500rpm ＊最大トルク：27.5mkg／4750rpm ＊タイミングシステム：DOHC、2バルブ ＊燃料供給：メカニカルインジェクション／スピカ・マルチポイント

【駆動系統】＊駆動形式：RWD ＊変速機：ZF前進5段／手動 ＊タイヤ：195/70VR14

【シャシー／ボディ】＊形式：2ドア・クーペ ＊乗車定員：2＋2名 ＊サスペンション（前）：独立＝ダブルウィッシュボーン／コイル、油圧テレスコピックダンパー、スタビライザー ＊サスペンション（後）：固定＝トレーリングアーム、Tセンターリアクションメンバー／コイル、油圧テレスコピックダンパー ＊ブレーキ（前後）：ベンチレーテッド・ディスク ＊ステアリング形式：ボール循環式

【寸法／重量】＊ホイールベース：2350mm ＊全長×全幅×全高：4220×1672×1205mm ＊車重：1330kg

【性能】＊最高速度：220km/h ＊平均燃費：13.7ℓ／100km

33 Competizione

レーシングマシーンとして開発されたティーポ33コンペティツィオーネ（Competizione）には、ロードゴーイング・バージョンであるフランコ・スカリオーネ・デザインのストラダーレ（Stradale）も18台が製作された。多くのモデルが当初ツーリングカーとして作られ、その後レーシングマシーンへと改造される順序とは、まったく逆のパターンである。当時社長だったジュゼッペ・ルラーギは、TZの後継でスポーツカー・レースでポルシェと渡り合えるモデル、プロジェクト105.33（ここから33の名称が付いた）の開発を強く望んだ。しかし1967年1月7日土曜日、モンザ・ジュニア・サーキットでのデビューは不運に見舞われ、失敗に終わる。アルファの首脳陣と大勢

世界チャンピオン
右：1967年、ベルギー・フレロンでデビューする33/2。テオドーロ・ゼッコリが優勝を飾る。
下左：1967年のストラダーレ。ワイパーは上部に支点を持ち、ヘッドライトは4灯。
下右：ベルとペスカローロが駆り、1975年ツェルトヴェグ1000kmでリードするTT12。この年、アルファはメイクス・ワールドチャンピオンを手にする。

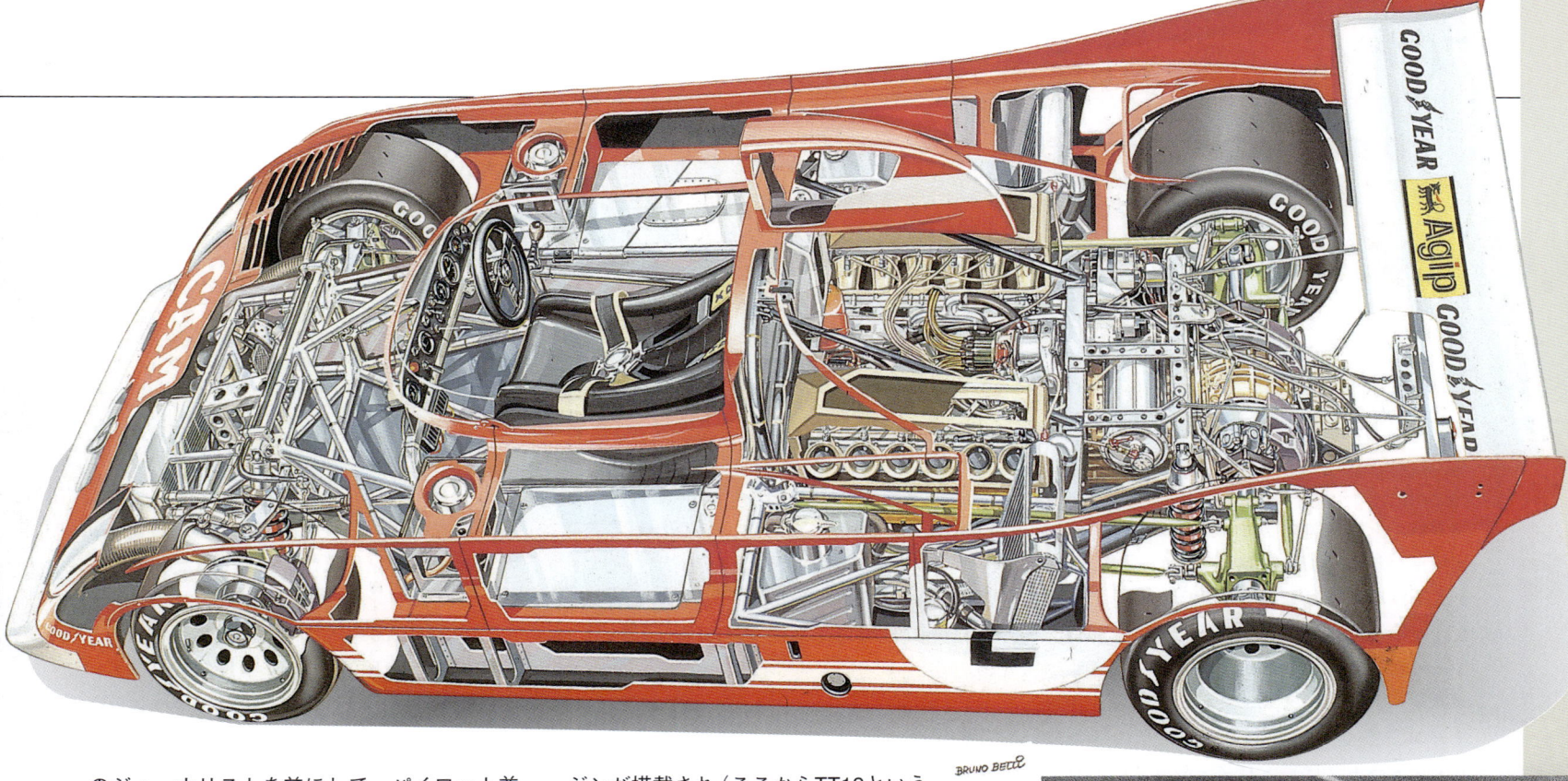

ボックス・フレーム
左：1976年33SC12。エンジンは33と同じものだが、シャシーがチューブラーフレームからアルミ・ボックスフレームに変更された。

下：デ・アダミッチとペスカローロの乗った33/3。1971年のブランズハッチ1000kmで余裕の1位獲得。

のジャーナリストを前にして、パイロット兼テストドライバーであったテオドーロ・ゼコリは、片輪をコースの端の氷に引っ掛けた。彼はそのまま真っ直ぐ進み、そして完全に宙返りし、車から投げ出されてしまった。ドライバーのケガは大したことはなかったが、33はほぼ完全に燃え尽き、これ以上悪いデビューはなかったと言えよう。

最初のコンペティツィオーネは、2ℓV8エンジンに6段ギアボックスが搭載され、その後2.5ℓ、3ℓまで拡大された。1973年からはチューブラーフレームに12気筒ボクサー・エンジンが搭載され（ここからTT12という名が付く——TTはチューブラーフレームのイタリア語、トラリッチオ・ディ・トゥービ＝Traliccio di Tubiのイニシャル）、1975年には500ps近くにまでに増強される。1976年にはアルミボックス・フレームのSC12になり、ファイナルバージョンではエンジンは2.1ℓに縮小され、ターボが試された（640ps）。33の数ある勝利の中で最も重要なものは、タルガ・フローリオ、ワトキンスグレン6時間、1971年のブランズハッチなどで、75年と77年にはメイクス・ワールドチャンピオンを獲得した。

70年代 省エネルギーへの転換期

70 この不安定な10年間、ヨーロッパの自動車生産はアメリカを上回り、イタリアはヨーロッパ市場でドイツ、フランス、イギリスに続く第4の生産国だった。日本が世界第3位の生産国となる（しかし、日本で自動車を所有するには車庫証明が必要だ）。石油危機によって、設計・生産方法、車両保有方法、すべての面において車を取り巻く環境は激変し、販売は激減、ガソリン価格は急騰した。幸いなことに、この激動期は長くは続かず、しばらくの質素倹約の時代を経ると景気は再び上昇に転じた。新型車の排気量は増加したが、燃費は向上し、ディーゼルの比率が増え始める。しかし2度目の石油ショックが近づいてきていた。

進化するアルファ・ロメオ
クアトロルオーテ誌はアルファ・ロメオの変遷をいつも追い続けた。アルファ・ロメオはたびたび表紙を飾る。

▶ 1970年

シトロエンとマセラーティとの共同開発でヨーロッパ最強の前輪駆動車、SMがデビュー。新登場はルノー12、日本車のヨーロッパ・デビューの先駆けとなったホンダN360、革新的な技術満載の小型車シトロエンGS、後輪駆動のフォード・タウヌス、ピッコロ・ランボルギーニたるウラッコ。ベルトーネのランチア・ストラトスは、トリノ・ショーのドリームカーだった。クアトロルオーテ誌は初めて東欧の車（シュコダS100L）と東洋の車（ニッサン・ダットサン1200）のロードテストを行なう。
ローマのグランデ・ラッコルド（大環状線）が完成。ミラノでは初の排気ガス規制が実行された。

▶ 1971年

スポーツカー豊作の年で、フィアット130クーペ、128ラリーと128クーペ、フェラーリ365GTC4、マセラーティ・ボーラ、デ・トマゾ・パンテーラ、ルノー・アルピーヌA110、ランボルギーニ・ハラマ、そしてランチア2000、モーリス・マリーナ、オペル・アスコナがデビューした。
自動車保険加入が義務化。イタリアの全税収に占める自動車関連税の割合は12.7％に達した。

▶ 1972年

この年は、ドイツ車初の前輪駆動で水冷のフォルクスワーゲンK70、フィアット127 3ドア、フィアット600の後継126、待望のX1/9、フォード・コンサルとグラナダ、アウディ80、ルノー5、ホンダ・シビック、プジョー104、ランチア・ベータ（古代ローマの街道名から再びギリシャ文字に戻った）、マセラーティ・カムシンが登場した。ブリティッシュ・レイランドがイノチェンティを吸収。
安全面ではエアバッグとシートベルトが登場。ピニンファリーナがイタリア初の風洞を作る。総売上税（IGE）に代わって付加価値税（IVA／VAT）が導入される。

▶ 1973年

フォルクスワーゲン・パサートが登場し、ボクシーデザインの時代が到来する。ランボルギーニ・カウンタック、フェラーリ・ディーノ308GT4の発表。ランチアはベータ・クーペを試作。シムカとマートラは共同でバゲーラを開発。オペルはレコルトでディーゼル市場に参入し（イタリアでのディーゼル市場は年間約1万1000台）、カデットをモデルチェンジした。
フランスでは保険会社が「事故防止友の会」を発足させ、イタリアではボローニャ／フィレンツェ／ミラノ／ローマで初めて歩行者天国が導入される。産油国は原油価格を引き上げたが、ヨーロッパ諸国は省エネで対抗。

▶ 1974年

前半は省エネムードに覆われ、"日曜は歩こう"キャンペーンや制限速度を守る運動が行なわれる。燃費に最大の関心が払われるようになり、フィアットが132を低燃費仕様に小変更

する。さらにカンパニョーラの価格を、原材料の高騰やストの影響を理由に40％引き上げた。フォード・カプリもマイナーチェンジ。メルセデスの新しいフラッグシップ、450SE（W116）がヨーロッパ・カー・オブ・ザ・イヤーに選ばれる。6月にフォルクスワーゲン・ゴルフが、7月にはロータス・エリートがデビュー。8月にメルセデスの量産車最速のディーゼル、240D 3.0（W115）が登場。9月にシトロエンDSの後継で、エンジンを受け継いだCXが発表される。ボルボ200シリーズ、フィアット131、新型イノチェンティ・ミニも登場。スピード違反監視カメラが実用化される。4年ごとの車検制度導入の検討開始。イタリアではヨーロピアン・スタンダードに準じた新ナンバープレート登場。

▶ 1975年

新車登録台数が100万台を切り、前年度比17.4％の下落。ブリティシュ・レイランド初のスポーツカー、トライアンフTR7登場。新エスコートは、ボディは変わったがメカニズムは不変。ランチアのベータ・モンテカルロとベータHPEは世間をあっと驚かせた。フォルクスワーゲン・ポロ、フィアット128 3ドア、BMW3シリーズ（E21）、ポルシェ924、ルノー20が登場する。フィアット500の生産中止。フランスでPSAグループが誕生し、イタリアではイソとカロッツェリア・ヴィニャーレが消滅、ランボルギーニの株式95％をスイスの株主が取得。
政府は新規アウトストラーダの建設を凍結。

▶ 1976年

自動車市場が底入れする。35％が輸入車。メルセデス200〜300D（W123）、ボルボ343、ランチア・ガンマ、ルノー14、アウディ100、フォルクスワーゲン・ゴルフのGTIとディーゼル、シロッコGTIがデビュー。フォード・フィエスタ、フィアット131ファミリアーレ、3代目マセラーティ・クワトロポルテが登場する。イノチェンティが経営危機に陥る。ディーゼル車の税金引き上げ。第1回ボローニャ・モーターショー開催。

▶ 1977年

イタリアの自動車保有台数は3.4人に1台、アメリカは1.6人に1台、ガーナでは100人に1台、中国は1188人に1台、統計的には全人類4人に1人が自動車を保有。この年イタリアで122万8175台（前年度比3.4％増）が新車登録された。ランチア・ガンマ、マートラ・シムカ・ランチョ、フィアットからは132/2000、ヌオーヴァ127と、650ccの126、ポルシェ928、ミニ・デ・トマゾ、BMW 7シリーズ（E23）、待望のルノーR5アルピーヌ、フェラーリ308GTS、ノッチバックのフォルクスワーゲン・ダービー、クライスラー・シムカ・オリゾン、プジョー305がデビューした。
イタリアのガソリン価格はヨーロッパで最も高かったが、その原因はガソリン精製のコストではなく、税金であった。イタリア初のディーゼル・エンジンがIRI（産業復興公社）傘下のVMで製造された。排気量別の速度制限が実施される。

▶ 1978年

フィアット131、X1/9シリーズ2、リトモ、ルノー18、フォード・グラナダ・ディーゼル、ランチア・ベータ・シリーズ2、シトロエン・ヴィザ、ルノー5ターボがデビュー。
東京モーターショーでは日本メーカーが大躍進する一方、韓国からジウジアーロ・デザインのヒュンダイ・ポニーがワールドデビュー。マツダはヴァンケル・エンジンを搭載したRX-7で業績を回復。
ターボ、ディーゼル、エアコンの全盛期。ABSの登場。プジョー、シトロエン、ヨーロピアン・クライスラーの合併により、ヨーロッパ最大級の自動車会社が誕生。

▶ 1979年

この年のデビューは、フォルクスワーゲン・ゴルフ・カブリオ、プジョー604Dターボ、ボルボ244GLS D6、ランチア・デルタ、フィアット・パンダ、イタリア市場で初めて販売された4WD乗用車のスバルL 1600SW 4WD。
新車には、フロントシートベルト装備が義務付けられた。第二次オイルショックが目前に。

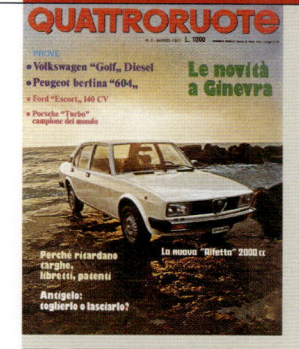

表紙に登場するクアドリフォリオ

10年の間、多くの表紙を飾った数々のアルファ。クワトロルオーテ誌は増え続ける読者へ最もホットな車を紹介するショーウィンドーであり続けた。

ALFASUD

早産
アルファ・ロメオは、ポミリアーノ・ダルコの新工場での生産体制がまだ整っていなかったにもかかわらず、1971年トリノ・ショーで、アルファスッド1.2の4ドア（写真右）と2ドア（写真下）を発表する。

ナポリ近郊、ポミリアーノ・ダルコ新工場計画は、社会的要請と野心というふたつの理由で1967年に建設が決まった。すなわち、ルドルフ・フルシュカを代表取締役兼ジェネラル・マネジャーに擁した国営のアルファスッド社の設立は、南部の工業化という政治課題に応えるものであると同時に、過熱していた中小型車クラスに競争力のあるモデルを投入し、ミラノブランドをより広く売り込もうという経営戦略に基づくものでもあった。4年後、ヴェズヴィオ山近郊にこの工場は完成し、革新的なアルファスッド（Alfasud）が1971年のトリノ・ショーで発表される。しかし、そこに至るには多くの紆余曲折があった。まず、労働組合が地元の労働者をこの工場で雇用するよう主張したため、生産開始が大幅に遅れた。当然、左官工や大工を、特殊技能が必要な機械工に早変わりさせるのは容易ではなく、完成車の生産に至るまでには、1972年夏を待たねばならなかった。

しかし、ビシオーネの新しい小型車たる"ピッコロ"は驚きのカタマリと言えた。アルファ・ロメオ初の前輪駆動車で、水平対向4気筒ボクサーエンジンを搭載、排気量1186ccユニットは、まるでフォルクスワーゲン・ビートル1200（まだ現役だった）のエンジンのようだった。違いといえば、ビートルが最高出力41.5psだったのに対し、アルファスッドは63psだったことである。最も目を惹いたのは、ボディデザインが当時のアルファの路線から大きく外れていたことだろう。リアウィンドーが大きく、クーペのようにテールの短い、4ドア5シーターの2ボックス・セダンとして登場したのである。そのデザインはパッションあふれる企業、イタルデザインを率いるジョルジェット・ジウジアーロが自ら手掛けたもの。ボクサーエンジンのおかげで、ジウジアーロは驚くほど低くて薄いエンジンフードにすることができ、またサイドいっぱいに引かれたキャラクターラインがその低い印象をより際立たせている。こうして広いフロントスクリーンを取ることが可能になり、全高は137cmと、フィアット128（142cm）と比べて

素晴らしく快活な1台
アルファスッド4ドア・シリーズ1は（写真下は極限状態でのテスト）、1973年当時このクラスでは最も高額の142万リラで売り出され、「ついにアルファ・ロメオが大衆に手が届く車を作るのでは」と期待を抱いていた人たちをがっかりさせた。

も低かったにもかかわらず、車内は広く明るかった。

クワトロルオーテ誌は第一印象として「ドライバーズシートに座ると、まるでバルコニーにいるかのようだ」と書いている。技術とスタイルにおいて、アルファスッドには、盾形グリルとラジエターグリルの細いラインを除いて、アルファらしい点がほとんどないが、ひとたび車を走らせるとこの先入観は覆される。フルシュカ率いるエンジニアたちは、すべてのコンポーネンツが新設計であるにもかかわらず、この車の動的性能にアルファ・ロメオの伝統を継承させたのである。絶対的な速度は高くないものの、ステアリングやスロットルおよびブレーキのクイックな動きやレスポンスの良さ、ドライバビリティにスポーツ

広々とした車内

アルファスッドの特徴は車内が広いことで、同クラスのどのライバルよりも広かった。その割に装備は貧弱（101ページ写真上）だったため、1977年のシリーズ2、アルファスッド・スーパー（101ページ写真下）で充実が図られた。1975年1.2ジャルディネッタ（写真右）が発売されたが、3年間で3799台しか売れなかった。

カーの気性を見出すことができる。そして、まさにこれらの資質こそが、アルファスッドがライバルたちと一線を画すところなのである。低重心のボクサーエンジンを採用することでロールを抑えたり、重量配分が5人乗車時に理想的になるよう（フロント51.2％）設計されていたり、前後オーバーハングが極力切り詰められ（約70cm）、回転モーメントを低減させるなど、この車には技術的な方向性がしっかりと定められていた。

サスペンション形状の違いから、ハンドリングはこれまで体験したことがないほど官能的で、かつ正確であった。エンジンは非常に良く回り、すぐにもレブリミットに達する。パワーウェイト・レシオは人気のライバル、

1.2ti 2ドア：パワーも価格もアップ

アルファスッド1.2 2ドアは、長い経済危機が始まった1973年に登場した。インフレによる値上げをカムフラージュするため、アルファ・ロメオは経済性ではなく、スポーティさを前面に打ち出すことにした。出力は63psから68psに増強され、タイアは太くなり、5段ギアボックス、ツインヘッドライト、リアスポイラーを装備し、トゥリズモ・インテルナツィオナーレこと ti と名付けられた。最高速度161km/h、価格は187万4500リラで、77年までに8万8727台を販売し、1972年〜75年に17万9444台が販売された4ドアと比較しても、ヒットと言ってよい台数を達成した。

フィアット128の12.7kg/psに対して11.3kg/ps（SAE）と優秀で、クラス相応の納得できる加速が得られた。さらに、このクラスとしては唯一、スポーティドライブに最適なポジション調節機能付きのステアリングと、ワインディングロードにも耐えうる、耐久性と制動力を兼ね備えた全輪ディスクブレーキを備えていたので、たちまち高い評価を得た。クワトロルオーテ誌は、「テスト時の最高速度は154.44km/hで、他の同排気量車より速かった。——低速ギアでのリミットはそれぞれ、1速50km/h／2速90km/h／3速125km/hだった」とリポートしている。スイスのオートモビル・レビュー誌によると、「エンジンが活き活きとしている。——コーナーでのパフォーマンス

ヴェズヴィオ産アルファ
ヴェズヴィオ山を背景に、上空から撮影されたアルファスッドの大工場。ポミリアーノ・ダルコに作られたこの工場は、完成車テスト用のサーキットも備えていた。1972年から1984年の13年間にこの工場で90万6000台のアルファスッドが生産された。

アグレッシブ

アルファスッドに搭載された水平対向4気筒ショートストローク・ボクサーユニットは、年を追うごとにその秘めた才能を実証していった。最初の排気量は1186ccで、その後ベルリーナ用として1286cc／1351cc／1490cc、そしてスプリント用には1712ccのバリエーションが生まれ、最高出力も63psから114psにまで増強されて、リッター当たり52psから70psに引き上げられた。

右：クワトロルオーテ誌が実施したアルファスッドの10年間の変遷を確認する比較テスト。1972年10月号のアルファスッド1.2と、1983年3月号の1.5tiクアドリフォリオ・ヴェルデの比較。

QUATTRORUOTE ROAD TEST

	1.2	1.5QV
最高速度		
5速使用時	154.44	176.93
燃費*（5速コンスタント）		
速度 (km/h)		km/ℓ
60	19.0	18.2
80	16.3	16.6
100	13.8	14.0
120	11.1	11.8
140	8.7	9.7
150	7.7	—
追越加速（5速使用時）		
速度 (km/h)		時間（秒）
30－100	32.4	9.3**
30－120	45.1	16.7***
発進加速		
速度 (km/h)		時間（秒）
0－60	5.6	4.2
0－80	8.8	6.4
0－100	13.6	9.5
0－120	20.6	13.5
制動力		
初速 (km/h)		制動距離 (m)
60	19.9	18.0
80	33.6	32.0
100	50.3	50.0
120	71.5	72.1
140	97.7	98.2

*1.2は4速使用時、1.5は5速使用時。　**70－100km/h　***70－120km/h

リアのスタビリティ

左：ストラットとパナールロッドを備えたリジッドのリアサスペンションは、リアに絶大なるスタビリティを与えた。

上：長い吸気ポートに注目。オーバークールによる結露問題の原因になった。

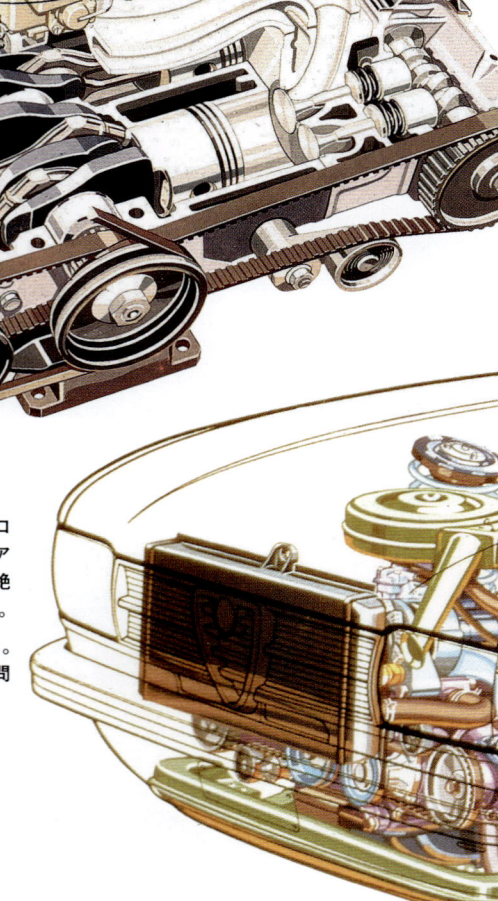

生粋のアルフィスタを面食らわせた、従来とはまったく"異なる"テクノロジー

アルファスッドは、アルファ・ロメオ初の前輪駆動というだけではなく、使用されているひとつひとつのテクノロジーも従来のものと異なる。まずサスペンションについて言えば、フロントはいわゆるマクファーソン・ストラットで独自の改良が加えられており、リアはリジッド。初の水冷ボクサーユニットは、パワフルでバランスが良く、静かであり、かつ非常に洗練されている。燃焼室はヘッドがフラットでピストンが抉られており、そのヘッドに水平に配置されたバルブはバンクあたり1本ずつのカムで作動し、タペット調整がネジで簡単にできる。調節可能なステアリングは、安全のためステアリングコラムが2ヵ所で固定されている。

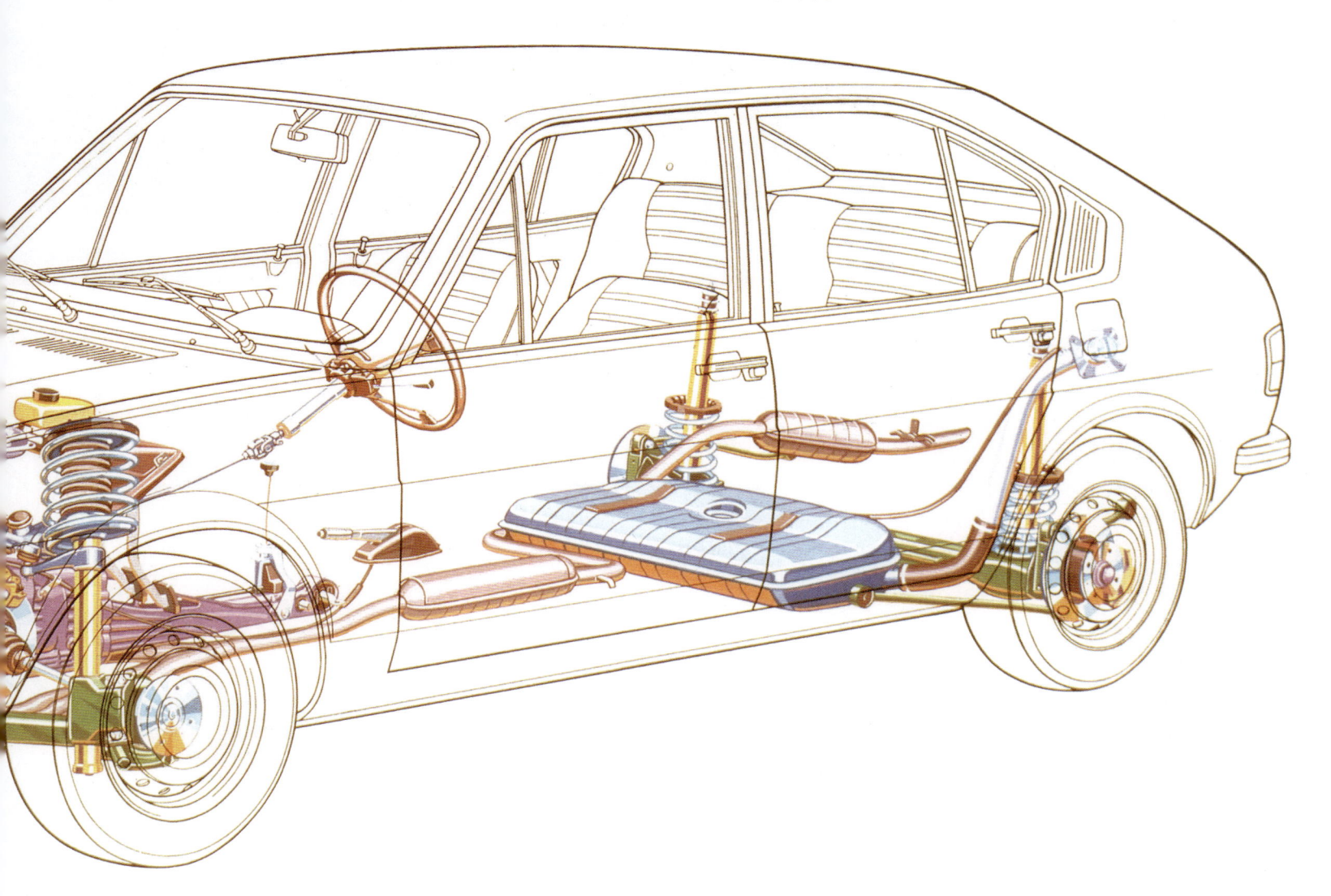

テクニカルデータ
アルファスッド 1.2 4ドア

【エンジン】＊形式：水冷水平対向4気筒／縦置き ＊総排気量：1186cc ＊最高出力：63ps／6000rpm ＊タイミングシステム：SOHC／2バルブ ＊燃料供給：キャブレター（シングル）／ソレックスC32DISA／21ダウンドラフト・シングルバレル

【駆動系統】＊駆動形式：FWD ＊変速機：前進4段／手動 ＊タイア：145SR13または165/70SR13

【シャシー／ボディ】＊形式：4ドア・セダン ＊乗車定員：5名 ＊サスペンション（前）：独立＝マクファーソン・ストラット／コイル，油圧テレスコピックダンパー，スタビライザー ＊サスペンション（後）：固定＝ワッツリンク バナールロッド／コイル，油圧テレスコピックダンパー ＊ブレーキ（前）：インボード・ディスク ＊ブレーキ（後）：ディスク（オプションでサーボ付，73年5月より標準）＊ステアリング形式：ラック・ピニオン

【寸法／重量】＊ホイールベース：2455mm ＊全長×全幅×全高：3890×1590×1370mm ＊車重：830kg

【性能】＊最高速度：152km/h ＊平均燃費：7.6ℓ/100km

いくつもの派生車種

アルファスッド・シリーズは13年間に新機能を採用したり、内外装を変更したりと、様々なバリエーションに彩られた。年を追うごとのふた桁インフレのため、車両価格も上昇し、アルファスッドは新バージョンが出るたびに価格が改定された。1972年ベルリーナ1.2は142万リラ、その10年後に登場した4ドアの1.2ジュニアは、'72年1.2より下のグレードだったにもかかわらず、810万8000リラと約6倍の値段だった。

は良いが、濡れたコーナーではアンダーステアを起こすことがある。――サスペンションにスポーティで硬めだ」。フランスのオートモビル誌は、「静粛性には驚くばかりで、エンジンはバイブレーションを起こすことなく回転を上げる。――緩いコーナーを高速で抜けるときも安定している。タイトコーナーではより高いスキルが必要である」と評価し、ドイツのシュテルン誌は、「扱いやすい車。コンパクトだが車内の広さも理想的。素直なハンドリングと最高のロードホールディング」と評している。

1971　アルファスッド・シリーズ1

1973　アルファスッドti シリーズ1

1975　アルファスッドN

1975　アルファスッドL

1975　アルファスッド・ステーションワゴン

1976　アルファスッド 5段

1977　アルファスッド・スーパー

アルボレートがモンザで駆る

アルファスッド・ベルリーナでスポーティ度の頂点を極めたのは、1982年1.5tiクアドリフォリオ・ヴェルデ（Quadrifoglio Verde）2ドアだった。エンジンは1490cc、出力105psの4気筒ボクサーで、最高速度は183km/h。その冬、クワトロルオーテ誌はF1パイロットのミケーレ・アルボレートの手により、フォルクスワーゲン・ゴルフGTIとの比較テストをモンザで行なった（写真左）。フォルクスワーゲンは出力／加速／速度では勝っていたが、ドライバビリティとロードホールディングに関して、アルボレートは、「アルファスッドの勝利だ、しかも大きく水をあけての。この車のサスペンションはまさにスポーティのひと言に尽きる。ロールも最小限に抑えられている。特筆すべきこの安定した走りっぷりは、フロントとリアのサスペンションの絶妙なバランスと、エンジンパワーとボディの素晴らしいバランスの上に成り立っている」と絶賛した。

技術革新

アルファスッドの技術とクォリティの向上の中で、特に重要なものを列記する。

1973年：2ドアtiに5段ギアボックス設定、全モデルのブレーキサーボ標準化。
1976年：多くのグレードに5段ギアボックスが設定される。 1977年：防錆亜鉛メッキ採用、スーパー1.3登場。 1978年：1.5登場。
1980年：tiに2基のツインチョーク・キャブレターを、各気筒独立型インテーク・マニフォールドと組み合わせて採用した仕様が登場。
1981年〜82年：リア・クロスメンバーが強化されたニューボディの3ドアと5ドアが登場。

1978 アルファスッドti
1978 アルファスッド1.5 ti 
1980 アルファスッド マイナーチェンジ後 
1981 アルファスッド 3ドア 
1977 アルファスッド・ジュニア 
1982 アルファスッド・クアドリフォリオ・オロ 
1982 アルファスッド・クアドリフォリオ・ヴェルデ

ALFASUD Sprint

ルドルフ・フルシュカのチームは当初から他にはないスポーツモデルを、アルファスッド・ベルリーナと並行して設計していた。大量生産によるコスト削減のためシャシーを共用した2ドア4シーター(後席は少々手狭)のクーペ、アルファスッド・スプリント(Alfasud Sprint)はオリジナリティに溢れていた。ホイールベースとトレッドはベルリーナと同一だが、スプリントは全長が12cm長く、車高は6.5cm低く、全幅は3cm広くなっている。そのため、まさにスポーツカーに相応しいすっきりとしたラインを持ち、かつ強力なロードホールディングも得ることができた。フレームが細く、リアに大きくスラントして設けられたハッチゲートで、トランクへのアクセシ

粋な内装
すっきりとしたラインのアルファスッド・スプリントにはスポーティな内装がよく似合う(写真下左)。クーペとしては珍しく、リア・クォーターウィンドーは開閉可能。

下中:シリーズ1のインストルメントパネル。

右:マイナーチェンジ後の1978年仕様。シリーズ1の1976年当時の価格は528万リラ、生産台数は1万8356台。

サーキット向きの足回り

アルファスッド・スプリントは、スポーツ・サスペンションを装備したことでロールとアンダーステアをほぼ完全に解消した（写真左、コーナーでイン側のタイアが浮いている）。1982年にはレース用に特別仕様のスプリント・トロフェオ（Sprint Trofeo）も用意された。1987－89年の最終型スプリント1.7クアドリフォリオ・ヴェルデ（写真下）は最高速度200km/h以上をマークしている。価格1868.8万リラ、生産台数4921台。アルファスッド・スプリント・シリーズの生産台数は12万1184台に達した。

ビリティも向上している。しかし、剛性を高め、装備も充実させたため、車重はベルリーナ・シリーズ1（830kg）より60kg重くなった。

1976年に整った生産ラインで最初にデビューしたスプリント1.3は、1289cc／76psボクサー・エンジンで最高速度165km/hだった。その後、派生車として、スプリント1.5（1490cc／84ps／170km/h）、スプリント1.3ヴェローチェ（86ps／170km/h）、スプリント1.5ヴェローチェ（95ps／175km/h）と続き、1987－89年のスプリント1.7クアドリフォリオ・ヴェルデ（1712cc／114ps／202km/h）が最終型となった。

ALFETTA

1972年、プロジェクト116がアルフェッタ（Alfetta）の名で発表される準備が整った。フロントがやや絞り込まれていてリアにボリュームがあるラインは、アルファ・ロメオ・チェントロ・スティーレによるデザインで、スポーツカー的要素と広い室内空間という相反するニーズを同時に満たしているが、ジュリアの丸みがかったラインとは明らかに異なる。むしろアルフェッタの方が、1750が目指したジュリアの後継という方向性により近く、ユーザーからの人気も高かった。

いつもながらメカニズムには最高のものが奢られており、そのメカニズムの素晴らしさゆえにライバルとは明確に一線を画していた。ある意味で、アルフェッタは戦後アルファ・ロメオが生産したシリーズの中で最も革新的なものと言える。エンジンをフロントに、クラッチ以降デフまでが一体となったギアボックスをリアに配置した、いわゆるトランスアクスルのため、見事な重量配分が実現されていることも重要な要素のひとつとして数えられるだろう。その高性能リアサスペンション形式はド・ディオンで、ギアボックス／デフの横にインボード・ディスクブレーキを配置することで、バネ下重量を徹底的に軽減した。このリアサスペンション形式は、1950年代に

アルフェッタが戻ってくる

"アルフェッタ、ワールドチャンピオンが戻ってくる"というキャッチフレーズで、1972年アルファの新型セダンがデビューした。

右：なかでもカンパニョーロの細いスポーク・アルミホイールが人気だった。発売時の価格は225万リラ。

テスト合格

クワトロルオーテ・ロードテスト（1972年7月号）で、アルフェッタはスポーツカーとしての素質を見せつけ、公称最高速度180km/hをやすやすと超えた（184km/h以上をマーク）。クワトロルオーテ誌は「エンジンはさらなる高回転に充分耐えうるポテンシャルがある」と記している。「このクラスの車にしては非常に高い安心感があり、静粛性にも優れている」と完璧な重量配分も高く評価した。

QUATTRORUOTE ROAD TEST

最高速度

5速使用時	184.270

燃費（5速コンスタント）

速度 (km/h)	km/ℓ
60	18.3
80	15.2
100	12.2
120	9.4
140	7.1
160	6.8
180	5.8

追越加速（5速使用時）

速度 (km/h)	時間 (秒)
30−60	3.6
30−80	15.8
30−140	38.0

発進加速

速度 (km/h)	時間 (秒)
0−60	4.3
0−100	9.8
0−140	19.6
0−160	28.4

制動力

初速 (km/h)	制動距離 (m)
60	19.0
80	34.9
100	54.4
120	77.0
140	104.5
160	139.8

最初のマイナーチェンジ
下：アルフェッタのインストルメントパネル。1975年春にはシリーズ2が発売された（写真右）。主な変更点は、盾が大きくなったことと、バンパーのオーバーライダーにクロムメッキの縁取りがなくなり、サイドシルがボディと同色になったこと。

ワールドチャンピオンに輝いたモノポスト、ティーポ159と技術的に似ている。まさにこうした類似性ゆえに、同じアルフェッタの名前を付けることを首脳陣は許したのである。トーションバー・スプリングのフロントサスペンションも、アルファ・ロメオにとっては新たな挑戦だった。ラック・ピニオン・ステアリングを搭載し、ステアリングコラムも高さ調整が可能だった。1779cc 4気筒DOHCユニットは、1750のそれと基本的に同じだが、再設計されたオイルパン、エンジンから独立して機能する電動冷却ファン、およびエグゾースト・マニフォールドが異なっている。

1975年春、廉価版のアルフェッタ1.6の発売直後に、1.8ℓのアルフェッタにマイナーチェンジが施される。マイナーチェンジ後のモデルは、グリルに走る3本のクロムメッキのトリムが省略され、アルファの盾形グリルが幅広になったためひと目でそれと判る。さらにバンパーのオーバーライダー4ヵ所全部がゴム製となり、トランクにアルフェッタ1.8のエンブレムが取り付けられた。ワイパーアームも黒に変更された。インテリアでは、エンジンフード・オープナーとヒューズボックスの形が変わり、インストルメントパネルに刻まれていたイタリックのアルフェッタのエンブレムが消滅。空調パネルの夜間照明はパーキングランプで点灯するようになった。興味深い変化が見られたのは、4気筒1779ccユニットの最高出力で、マイナーチェンジ後には132ps SAE（118DIN）／5300rpmに低下している。

1977年2月、2000の発売直後に、1.6と1.8は装備を統一する。スピードメーターとレブカウンターの位置が入れ替わり、後部座席にシートベルトのアンカーが装備できるようになった。そのほか、埋め込まれたドアハンドル、フロントシートベルト、ハザードランプ・スイッチ、シフトノブ、グローブボックスといった細部が、1979年末に生産開始されたこの両モデルを特徴づけている。1.8の最高出力は、140ps SAE（122ps DIN）で最高速度が若干落ち（180km/hが179km/hに低下）、燃費向上のため2速／3速／4速がハイギアード化された。

一体構造のリアサスペンション

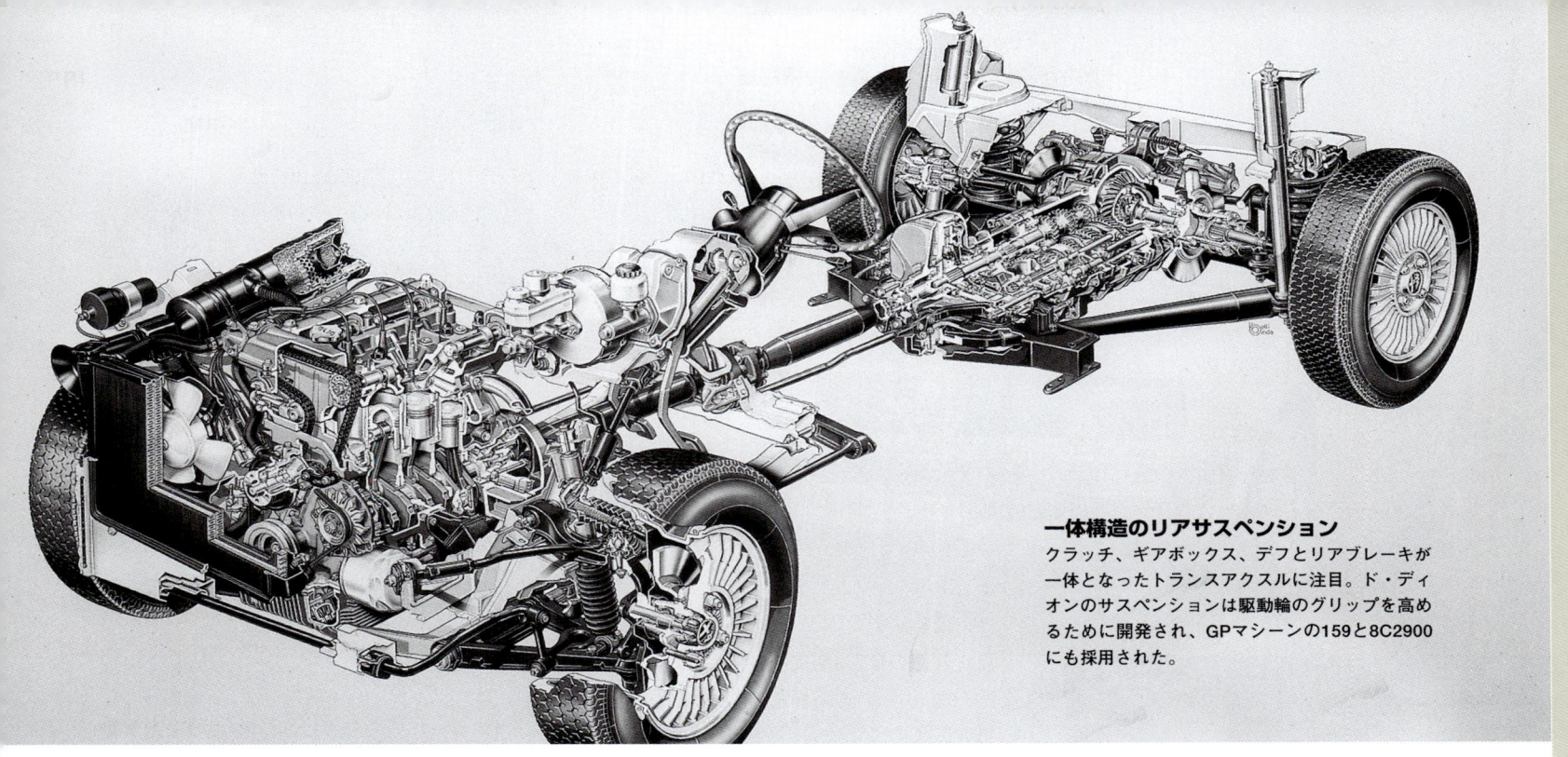

クラッチ、ギアボックス、デフとリアブレーキが一体となったトランスアクスルに注目。ド・ディオンのサスペンションは駆動輪のグリップを高めるために開発され、GPマシーンの159と8C2900にも採用された。

"ミッレセイ (1.6)" 参上

オイルショック真っ只中の1975年初頭に、廉価版のアルフェッタ1.6（写真左）もデビューした。外観上の違いは、ヘッドライトが2灯式に、グリルのアルファの盾を貫いているクロムメッキバーが1本に簡素化され、テールパイプとワイパーがクロムメッキから黒になり、バンパーのオーバーライダーも省略され、リアバンパーが短くなっている。ステアリングホイールは合成皮革製で、センターコンソールも簡素化され、メーター類は青地になっている。価格は346.2万リラ。当時の上級モデルの価格に比べ、50万リラ安。エンジンは最高出力109ps／5600rpm、最高速度175km/h。

テクニカルデータ
アルフェッタ1.8

【エンジン】＊形式：水冷直列4気筒／縦置き ＊総排気量：1779cc ＊最高出力：122ps／5500rpm ＊タイミングシステム：DOHC／2バルブ ＊燃料供給：キャブレター（ツイン）／ウェーバー 40DCOE32サイドドラフト

【駆動系統】＊駆動形式：RWD ＊変速機：トランスアクスル・前進5段／手動 ＊タイヤ：165SR14

【シャシー／ボディ】＊形式：4ドア・セダン ＊乗車定員：5名 ＊サスペンション（前）：独立＝ダブルウィッシュボーン／縦置トーションバー・スプリング、油圧テレスコピックダンパー、スタビライザー ＊サスペンション（後）：固定＝ド・ディオン、ラジアスアーム、パナールロッド、ワッツリンク／コイル、油圧テレスコピックダンパー、スタビライザー ＊ブレーキ（前）：ディスク ＊ブレーキ（後）：インボードディスク ＊ステアリング形式：ラック・ピニオン

【寸法／重量】＊ホイールベース：2510mm ＊全長×全幅×全高：4280×1620×1430mm ＊車重：1060kg

【性能】＊最高速度：180km/h ＊平均燃費：11.5ℓ／100km

ニュールック
1977年発売のアルフェッタ2000の最も目を惹くポイントはヘッドライトだ。

下：メーター類から座席に至るまで一新されたインテリア。発売当時の価格は743.4万リラ。

　新バージョンのアルフェッタ2000がデビューを飾ったのは、1977年のジュネーヴ・ショーだった。外観上の変更点が目立ち、フロントは今までより低く、10cmほど幅広くなり、角張った濃色のラジエターグリルの中に矩形ヘッドライトが収まって、エンジンフードはアリゲーター式になった。スチール製の大きなバンパーにはポリウレタンのモールが嵌めこまれ、ターンシグナルも一体化している。また、フロントドアの三角窓が廃止され、Cピラーのアウトレット・グリルが拡大、テールライトは大型化された。インテリアは、茶色のプラスチック製インストルメントパネル、ステアリングホイール、センターアームレスト、内張り、パイピングが施されたシート、およびコンソールの中央の目立つ2000の文字が新しい。エンジンの見直しによって、燃費と排ガスを抑えつつ、1.8の輝かしい性能の維持を保っている。ノイズの低減は、最高出力122psが比較的低回転で発生するからだけではなく、ドライブシャフトの形状変更によるところも大きい。細い精巧なスタビライザーの採用でサスペンションのチューニングが変わり、ロールも減っていっそう快適になった。その1年ほど後の1978年7月に登場した上級仕様、ルッソ（Lusso）が2000ノルマーレ（Normale）の後継となった。

　当時、外国メーカーとの競争が激化し、上級モデルが必要だったイタリア自動車業界は戦いに備えていた。インジェクションの採用

で（カムプロファイルの変更とともに8ps増）、ヌオーヴァ・アルフェッタは抜群の速度を誇り、最高速度は190km/hに迫った。外観上の違いとしては、サイドミラーが黒く大型化され、サイドシル・モールディングがより幅広になったことが挙げられる。インストルメントパネルとメーターパネルはブライアー・ウッドで仕上げられ、シートも座り心地がより良くなり、リアシートにはヘッドレストも装備された。その後、アルミホイールとエアコン標準装備のエクストラ・コンフォート（Extra Comfort）も登場した（生産台数2500台）。さらに1981年には、LIアメリカと名付けられた仕様も発売された。LIアメリカは4灯式のヨウ素ヘッドライトを備え、バンパーは北米仕

野心的な車

アルフェッタ2.0ルッソ（1978年）は、一段と豪華になった装備（右写真はブライアー・ウッドを嵌め込んだインストルメントパネル）とエンジンを誇る。エンジンは2本のカムのプロファイルの変更で最高出力が8psアップした。

右上：ターボディーゼル・エンジン。ブロックは中空のトンネル状で、シリンダーヘッドから上は気筒ごとに4つに分かれている。

クアドリフォリオのロードテスト

クワトロルオーテ1983年11月号で、インジェクション仕様のクアドリフォリオのロードテストを行なった（写真右と表）。低中回転域での加速と安定性が向上し、キャブレター仕様とも遜色がなかった。上の写真は1982年の2.0。

QUATTRORUOTE ROAD TEST

最高速度

5速使用時	186.69

燃費（5速コンスタント）

速度 (km/h)	km/ℓ
60	19.6
80	16.5
100	13.8
120	11.5
140	9.3

追越加速（5速使用時）

速度 (km/h)	時間 (秒)
70－100	11.5
70－140	33.3

発進加速

速度 (km/h)	時間 (秒)
0－60	4.0
0－100	9.3
0－120	13.4
0－140	18.7

制動力

初速 (km/h)	制動距離 (m)
60	18.0
100	50.1
120	72.2
140	98.2

様、スピカのメカニカル・インジェクションを装備する（生産台数1307台）。

ところで、アルフェッタはターボディーゼルを搭載した初めてのイタリア車でもある。フェラーラ近郊のチェントにあるディーゼルエンジン・メーカー、VMと提携し、1979年に2.0ターボディーゼルがデビューした。フロントバンパー上に横長の大きなダクトがあるのが特徴。エンジンブロックは中空のトンネル状の断面を持ち、1気筒ごと独立した4つのヘッドで構成され、2年間で1万538台が生産された。

1982年モデルではボディと装備が統一され、ガソリン1.6、1.8と、ガソリンおよびディーゼルの2.0に共通のボディが使われるようになる。外観上の変更点は、サイドミラーの電動化、レインガーターの形状変更、そしてサイドモールが一新された点である。メカニカル面での変更は、ガソリン車が電子制御イグニッション化されたことで、ポイントがなくなった。このシリーズは、1982年夏のクアドリフォリオ・オロ（Quadrifoglio Oro）の発売をもってラインナップが完成した。クアドリフォリオ・オロは、2.0ℓスピカ・メカニカルインジェクションユニットを搭載、アルミホイールが標準で、新たに採用された9ファクション・チェックコントロールを搭載している。次のマイナーチェンジでは可変バルブタイミングも採用され、1983年の最後のマイナーチェンジで、2.4ℓのターボディーゼルも用意された。

ALFETTA GT／GTV

勝ち組は決して変わらない——。この理念に基づいて、アルファ・ロメオは再びジョルジェット・ジウジアーロにデザインを託すことにした。今回はアルフェッタをベースにしたクーペである。ジウジアーロは次のように回想している。「長年実現できないでいたスポーツカー様式、2ボックス・デザインを選んだが、それを量産化するためにいくつか修正を加えた。フロントスクリーンは、おそらく私がデザインしたモデルの中で一番スラントしているはずで、エンジンフードの下にワイパーを格納するスペースを作った。今でこそ一般的になったコンシールド・ワイパーだが、おそらく生産車用に提案したのはあれが初めてだっただろう」しかし、そのままでは大胆すぎるとアルファ・ロメオは判断、フロントのウェッジデザインも、わずかながら修正された。いずれにせよ、1974年に登場したアルフェッタGTが輝かしきスポーツカーであることに変わりはない。ジウジアーロのウェッジシェイプ様式は、アルフェッタGTより遡ること数年前に登場したマセラーティ・ギブリやアルフ

ジウジアーロの
ウェッジシェイプ

しなやかでスリークな1974年アルフェッタGTのサイドビュー（写真下）。ウェッジラインが際だっている。

右：モンザを攻めるGTV6 2.5。数々の勝利の中でも特に記憶しておきたいのは、マラッツィ／サスター／ナッデーオ組が優勝を飾った、1983年4月10日のヴァレルンガ500kmだろう。

レースさながら

アルフェッタGT初期型は、メーター類が特徴的。レブカウンターだけが特別にドライバーの正面に配置され、スピードメーターなどその他の計器は、インストルメントパネル中央にまとめられている。

ァスッドに採用された2ボックス・デザインに隠れている。低いウェストライン、広いガラス面積、天地の浅いラジエターグリルが逆スラントしたフロントノーズ、オーバーライダーがなく、大きなフロントスポイラーが付いたバンパーなどのモチーフである。コーダ・トロンカに横長のテールライトが4つ装着されているリアは、ルーフからハッチバックの大きなガラスへと連続した面を描き、今日でも充分斬新だ。インテリアはメーター類がいかにもスポーツカーらしく、レブカウンターだけがドライバーの真正面に配置されている。GTはセダンに比べてホイールベースが11cm短く、固められた足回りのおかげで、グラントゥリズモの名に相応しい走りが可能である。

"ローレ"のためのGTV6

F1からアルファへ来た、カルロス・"ローレ"・ロイテマン。アルゼンチンのサンタフェ出身の彼が1981年8月、クワトロルオーテ誌のために異例とも言えるテストドライバーを務め、モンテカルロ・ラリーのコースでGTV6 2.5を駆った。「確かにアルファはエンジン作りがうまい。この6気筒も素晴らしいエンジンで、どんな回転域でもレスポンスがきわめて良い。パワーはあるし、信じられないくらいのフレキシビリティもある。エンジンノイズすら快適に感じるいい車だ。ステアリング操作を誤ったり、加速すべきでないときに加速しても、ドライバーのミスをカバーしてくれる。パワーステアリングでないのも良い。特に高速コーナーでラインを保つときに、ステアリングに余計な神経を使わなくて済むのが嬉しい」

初期型の122psユニットは、1975年以降118psにデチューンされた。その翌年には、1.6ℓと2ℓのGTVも登場し、フロントバンパーとグリルの間に補助インテークが設けられたことと、リアに大文字のアルファのエンブレムが装着されたことで識別される。またGTVはホイールの穴が長方形で、バンパーにはオーバーライダーがあり、Cピラーのベンチレーターには GTVの文字が刻まれる。1979年、アウトデルタはドイツのインポーターのために、2.6ℓのモントリオール用V8インジェクション・ユニット搭載車を20台製作した。同じく1979年にGTVは、ベルリーナ2.0L

のエンジン（130ps）を搭載、シートとドアトリムが新しくなる。さらなる高性能化への要求に、GTV 2.0ターボデルタも開発された。これは、150ps／5500rpmのターボエンジンを搭載したハイパフォーマンス・マシーンで、グループ4ラリーのホモロゲート取得のため、400台だけ生産された。KKKターボ（イタリアの量産ガソリン車に搭載された初めてのターボ）、ヘッドの特殊金属加工、ターボ加給対応キャブレターが特徴である。

1980年には大掛かりなマイナーチェンジが行なわれ、バンパー／フロントスポイラー／リアコンビネーションランプが変更を受け、サイドシルモールが追加されたほか、ウィンドーモールがダークグレーに変更された。インストルメントパネルは、メーター類がまとめられてひとつの大きなメータークラスターに戻された。アルフィスタにとって嬉しいニュースは、2.5ℓV型6気筒とボッシュLジェトロニック・インジェクション・ユニットが搭載され、最高出力158psを発揮、最高速度205km/hを難なく達成したGTV6 2.5の登場だろう。同じく1980年にアウトデルタが、南アフリカでのレース用に最高出力186ps／6700rpmの3ℓV6エンジンを搭載したモデルを限定200台製作した。1983年には、外観に最後のマイナーチェンジが施され、Bピラーを含めたウィンドーフレーム全体がダークグレーに、サイドミラーがボディ同色に、サイドシルカバーが幅広になる。コクピットは、今までより大きなパイピングがなされたシートにネットヘッドレストを装着、インストルメントパネルの下の防音材が増やされ、コクピットの静粛性も向上した。

ターボも登場

右：1976年から導入されたGTV 2.0は、アルフェッタ・ベルリーナの2ℓエンジンを搭載し、当初122psだった出力は後に130psに増強される。

下：400台しか生産されなかったGTV 2.0ターボデルタ。KKKターボを持つアウトデルタ・チューンのパワーユニット（最高出力150ps／5500rpm）を搭載する。

どんな好みにも対応する6気筒バージョン

エンジンフードのパワーバルジが、アルファが1980年に発売した6気筒バージョンの目印。アルファ6（セイ）のエンジンを積むが、ボッシュLジェトロニック・インジェクションに進化している。フロント・ベンチレーテッド・ディスクブレーキ／ツインプレート・クラッチを搭載。

Passione Auto • Quattroruote 117

80年代 ディーゼルの雪辱

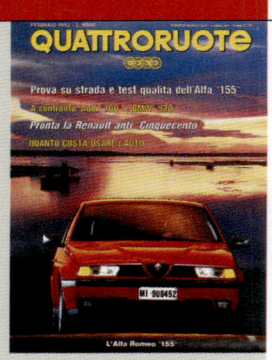

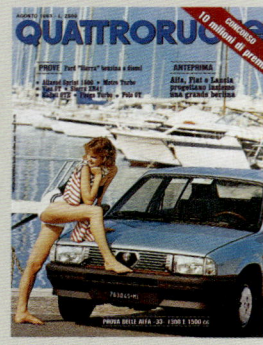

80 自動車登録台数が増加し、80年代は好調なスタートを切るが、1983年に経済危機に見舞われた。インフレが止まらず、ガソリン価格も驚異的な高さになる。日本車が質／量を武器に躍進するのに対抗し、欧米の自動車メーカーは合従連衡してニーズの変化に対応しうるニューモデルをしばしば共同企画した。1984年にイタリアの景気は持ち直し、90年代まで好景気が続く。この時代、見逃せないのはディーゼル乗用車の大躍進で、80年代初頭に6％だったシェアが1987年にはなんと25％に達し、イタリア国内生産も回復、外国メーカーからシェアを取り戻した。

背景
冬の海（155／1992年2月号）、真夏のヨットハーバー（33／1983年8月号）、道（ジュリエッタ／1981年7月号：119ページの写真）、サーキット（75／1985年7月号）、さらには花火（アルナ／1984年1月号）を背景に、アルファを際立たせた。

▶ 1980年

ランチア・デルタがヨーロッパ・カー・オブ・ザ・イヤー受賞。その他のニューカマーは、フィアット・リトモ・ディーゼル、三菱コルト（日本名ミラージュ／イタリアに進出している日本4メーカーのうちのひとつ）、ランチア・ベータ・モンテカルロ、ランチア・トレヴィ、フェラーリ・モンディアル8、ルノー20GTD、フォード・エスコート、マツダ323（ファミリア）。自動車メーカーの提携が相次ぐ。ボルボとルノー、ホンダとブリティッシュ・レイランド、フィアットとプジョー、アルファと日産。
世界最長のサン・ゴッタルド・トンネル（1万6322m）開通。イタリア人の平均年間走行距離は1万1400km。

▶ 1981年

自動車販売台数は173万9282台で過去最高を記録、うち40.9％は輸入車だった。この年デビューしたのは、アウディ・クワトロ（四輪駆動の革命的なクーペ）、フィアット・アルジェンタ、トライアンフ・アクレイム、ルノー9、メルセデス380／500SEC（C126）、フォルクスワーゲン・ポロⅡ。生産台数で日本がアメリカを抜く。VWビートルの総生産台数が2000万台を突破。様々なモーターショーにモノスペースのプロトタイプが出品される。"オンダ・ヴェルデ（ラジオ交通情報サービス）"開始。

▶ 1982年

この年の新車は、マセラーティ・ビトゥルボ、ランチア・トレヴィ2000（ヴォルメックス・スーパーチャージャーを搭載）、シトロエンBX、アウディ100、オペル・コルサ、フォード・シエラ、フィアット・リトモ・シリーズ2、ルノー・フエゴ、メルセデス190（W201／メルセデス初の"小型車"）。6年ぶりにイシゴニスのミニがイタリアに復活。排気量2ℓまでの自動車の付加価値税が18％から20％に、2ℓ以上の自動車に関しては35％から38％に引き上げられる。この年ステーションワゴンが流行する。
高速道路の総延長はイタリア5901km、ドイツ7690km、フランス5800km。

▶ 1983年

ケープ・カナヴェラルでの"デビュー"後、フィアット・ウーノが市場を席巻、年末には150万台以上のベストセラーとなる。それ以外の新車は、ランチア・プリズマ、プジョー205、ルノー11と25、フォルクスワーゲン・ゴルフⅡ、フォード・オライオン、フォード・フィエスタ、フィアット・レガータ。
高速道路料金の支払いにヴィアカード（プリペイドカード）が使用可能に。

▶ 1984年

車の販売台数は163万6363台で、前年比5万5000台増（総販売台数の約2割をフィアット・ウーノが占める）。
この年のデビューは、ホンダ・シャトル（日本名シビック・シャトル）、三菱スペースワゴン（シャリオ）とルノー・エスパス（モノスペースが爆発的人気に）、モンディアル・カブリオレ（フェラーリ10年ぶりの新車）、プジョー205GTI、ローバー200（ローバーとホンダの提携によって誕生）、オペル・カデット、セアト・イビーサ、ルノー・シュペール5、ランチア・テーマ（フィアット／アルファ／サーブと共通シャシー）。

ウェーバーがイタリア国内に初めて電子制御インジェクション工場を設置する。

▶ 1985年

ヨーロッパ・カー・オブ・ザ・イヤーは、オペル・カデット（3ボックス・セダンも登場）。この年の新車は、メルセデス・ミディアムクラス（W124）、不可解なアウトビアンキY10、フォード・スコルピオ（ABSを標準装備）、シエラXR 4×4（フォードがシリーズ化した初のオンロード四輪駆動車）、フィアット・ウーノ・ターボ（7月には100万台突破）、フィアット・クロマ、シトロエンBXブレーク、ボルボ480（ボルボ初の前輪駆動車）、プジョー309。
パイオニアが初めての自動車用CDプレーヤーを発売（価格100万リラ）。
アメリカが世界一の自動車生産国に返り咲く。2位は日本。
欧州各国の環境当局が、将来的にキャタライザーを義務化することを発表し、イタリアで無鉛ガソリンが登場。

▶ 1986年

この年は、フォード・シエラRSコスワース、フィアット・パンダのマイナーチェンジ版、フェラーリのエンジンを搭載したランチア・テーマ8.32、ランチア・デルタHF 4WD（イタリアで最初のパーネント4WD）、シトロエンAX、レンジローバーTD（有名な四駆のディーゼル版）、BMW 7シリーズ（E32）が新しい。

ローバー・ミニは500万台、フィアット・ウーノは200万台を突破した。フォルクスワーゲンがセアトを、フィアットがアルファ・ロメオをそれぞれ買収。アメリカではエアバッグが標準装備される。

▶ 1987年

販売台数が前年比8.3%増の過去最高の200万台に迫る。イタリアの一番人気はフィアットとランチアだったが、モータージャーナリストがヨーロッパ・カー・オブ・ザ・イヤーに選んだのはオペル・オメガ。この年のデビューは、フィアット・ドゥーナ（ウーノのノッチバック版）、プジョー405、BMW 3シリーズ・ツーリング（E30）、超高性能スポーツのポルシェ959、フェラーリが創業40周年記念モデルとしてF40を発売。
ディーゼル・エンジンが非難を浴び、BMWとメルセデスは水素燃料自動車のプロトタイプ3台を発表。

▶ 1988年

1988年上半期、ヨーロッパではフィアットが一番売れた。イタリアの登録台数は前年比20万台増の218万4327台。この年デビューは、プジョー405ブレーク（ヨーロッパ・カー・オブ・ザ・イヤーを受賞したセダンのステーションワゴン版）、フィアット・ティーポ、フィアット・クロマ・ターボディーゼル（フィアット初の直噴ディーゼル搭載車）、ホンダ・エ

ンジン搭載のローバー827、フォルクスワーゲン・パサート（ゴルフは生産台数1000万台を記録）、ルノー19、ボルボ440、オペル・ベクトラ（アスコナの後継）、BMW Z1。
シートベルトとチャイルドシートがイタリアでようやく義務化。免許取得後間もないドライバーに対する制限が撤廃される。高速道路の最高速度は110km/hに。
エンツォ・フェラーリ、アレック・イシゴニス（ミニの開発者）、フェリックス・ヴァンケル（ロータリーエンジン生みの親）が他界。

▶ 1989年

自動車登録台数は増加し続け、230万台に達する。輸入車が増えたものの、ベストセラーはフィアット・ウーノだった。クワトロルオーテ誌がヨーロッパ・カー・オブ・ザ・イヤーに推したのはトラバント601（東欧諸政権の崩壊のシンボル）だったが、受賞したのはベクトラとパサートを抑えたフィアット・ティーポだった。フェラーリF40の価格は3億7500万リラだが、プレミアが付いて10億リラ以上で取り引きされた。
この年の新発売は、ランチア・デドラ、メルセデスSL（R129）、フォード・フィエスタ、シトロエンXM、BMW M5（E34）、BMW850i（E31）、チゼータ・モロダー、オペル・カリブラ、フェラーリ348t、プジョー605、ロータス・エラン（輝かしい名前が復活）、ローバー200シリーズ、ボルボ460。

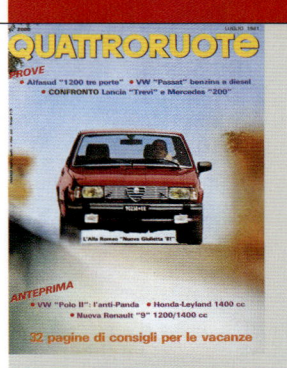

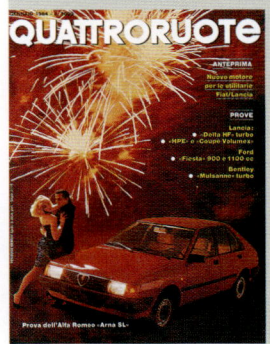

NUOVA GIULIETTA

「期待はずれ」 1.3と1.6クラスで、旧態化したジュリアの後継車のヌオーヴァ・ジュリエッタ（Nuova Giulietta／1977年）のラインナップを、クワトロルオーテ誌はそう評した。鮮明なウェッジシェイプはアルフェッタGTとアルファスッド・スプリントのそれと似ているが、本誌スタッフが特に気に入らなかったのはリアデザインだった。クワトロルオーテ1978年2月号のロードテストでは次のように記している。「ダックテールはサイドラインの勢いを殺ぎ、まさにこのテールが物議を醸しており、受け入れがたいと思う人もいる（本誌スタッフの多くもそうだ）」 当初の評価は必ずしも芳しくなかったものの、のちにジュリエッタのデザインを他の自動車メーカーの多くが模倣し、類似車が普及した。このような経緯を経て、初代ジュリエッタの発売から20年、アルファのラインナップに新しいジュリエッタが加わったのだった。

当初よりフロントとサイドラインは文句なしに良い評価を受け、特にフロントノーズ（ダークグレーで、左右・中央の3ピースから成る金属製バンパー一体型スポイラーが特徴）の評価が高い。ヌオーヴァ・ジュリエッタのスリーサイズはアルフェッタとほぼ同寸で、ホイールベースとトレッドも同一である。ドライバーズシートの形状も良く、車内の居住性もかなり高い。インストルメントパネル内のメーターはそれぞれ、時計の6時の位置から時計回りに動くスピードメーターと逆時計回りに動くレブカウンターというデザインで、斬新奇抜だが少々読みにくかった。

エンジンは、1357ccと1570ccの伝統的な直列4気筒が搭載されるが、アルファのDOHCをここで改めて賞賛しよう。特に1.3が良い。83psという最高出力では目を見張るほどの高性能は期待できないが、ある種のエレガントさを醸し出しながら1トンを上回る車体を引っ張り、満足のいく走りっぷりを見せる。"ミッレセイ（1.6）"は、高性能と低燃費を両立させるには最適の排気量で、最高速度174km/h以上をマークし、ジュリア1.6には劣るものの充分満足のできる数値を達成した。ギアボックスが弱点なのは有名で、改良されノイズも大幅に改善されたが、最大の欠点であるシフトフィールの悪さに変わりはなかった。一定の信頼を得るためには、発売直後にモデルチェンジするというわけにはいかず、この欠点は改善されなかった。しかし、当然のことながらアルフィスタはこのような"小罪"を許し、ジュリエッタの売り上げは伸び始める。

ウェッジシェイプ
1977年のヌオーヴァ・ジュリエッタのエクステリアは、人々の注目の的だった。批判する人も多かったが、支持者も充分にいたことは売り上げが示している。当初は1.3ℓと1.6ℓの4気筒を搭載していたが、後に1.8ℓと2.0ℓも登場する。下はクワトロルオーテ1978年2月号のジュリエッタ1.3と1.6。

QUATTRORUOTE ROAD TEST

	1.3	1.6		1.3	1.6		1.3	1.6
最高速度			**追越加速**(5速使用時)			0—100	12.8	11.0
5速使用時	164.86	174.14	速度 (km/h)	時間(秒)		0—140	30.2	24.2
燃費(5速コンスタント)			30—40	5.6	4.4	**制動力**		
速度(km/h)	km/ℓ		30—80	22.1	19.4	初速(km/h)	制動距離(m)	
60	17.5	17.8	30—120	36.8	35.2	60	19.4	—
80	15.1	16.1	**発進加速**			80	34.2	—
100	12.3	13.6	速度(km/h)	時間(秒)		100	53.0	—
120	10.0	10.8	0—60	5.0	4.5	120	76.3	—
140	7.9	8.4	0—80	8.4	7.4	140	106.2	—

1981年6月には、早くもジュリエッタにマイナーチェンジの時が来る。バンパーレベルでボディを1周するグレーのラインが全車に入り、1.3と1.6にはサイドモールが装着された。いっぽう、1.8（1979年から）にしかない特徴に、ドアの黒く幅広いサイドプロテクターベルト、鮮やかなシルバーのラジエターグリル、ヘッドライトワイパーだった。またこの時のマイナーチェンジで、ステアリングホイール、シフトノブ、センターコンソール、シート形状と生地も一新され、ルーフ前端部の全幅に亘るオーバーヘッドコンソールには、時計、センバイザー、室内灯が装着されている。

2.0スーパー（Super）はこのマイナーチェンジより少し前に発売され、ウェストラインにベージュのストライプ、左右に装備されたドアミラー、専用アルミホイール、本革巻きステアリングホイール／シフトノブが装備された。翌1982年6月、アルファ・ロメオは豪華装備の特別限定仕様を発表、1.6ECと1.8EC（Extra Confort＝エクストラ・コンフォート）という名称で、標準仕様とは装備の充実度が違い、パワーウィンドー／アルミホイール／カセット付きハイファイラジオが標準だった。メカニカルな違いはあまりないが、ファイナル・ギアを高くした結果（最高速度は4速時）、1.6ECと1.8ECは、共に大幅な低燃費を実現し

最初のフェイスリフト
1981年、ジュリエッタにマイナーチェンジが施され、新たに設けられたサイドプロテクションモールが目立つ（写真下は1.8）。
右：初期型のインテリア。大きなセンタートンネルが走っているため、快適に座れるのは4人まで。

判別しづらいメーター

左：初期型のインストルメントパネル。必要なメーター類をすべて収めてはいるが、視認性が良いとは言えない。

下：2.0スーパー。発売当初は輸出向けだったが、1981年5月からイタリア国内でも販売された。

た。もうひとつの特別仕様は1982年の"ドゥエミラ（2.0）"のTiで、オーバーライダーが追加されたバンパー、車全体を一周するグレーのメタルサイドモール、トランクフードのひときわ目立つアルファ・エンブレム、黒いナットカバーが付いたアルミホイールを見ればひと目でTiだとわかる。

Tiの発売から間もなく、アルファの経営陣はアルフェッタに搭載していた4気筒1995ccのVM製ディーゼル・エンジンをジュリエッタに搭載することを決定、新たに油冷式と水冷式インタークーラーを採用し、エンジンベイとボディのフロントの形状変更をした。VM製パワーユニットのブロックは鋳鉄製で中空のトンネル型をしており、ヘッドは軽合金製、バルブ駆動はプッシュロッドとロッカーアームを介して行なわれ、吸排気バルブが同サイドに位置するカウンターフローで、インジェクション・ポンプは1組のギアによって作動する。1983年10月号のロードテストでのクワトロルオーテ誌の評価は「アルファ・ロメオが採用したVM製の独創的なターボディーゼル・エンジンは高出力で、バイブレーションを抑えたことも評価に値する。しかし、充分に静か

Passione Auto • Quattroruote 123

フルスロットルの
ターボデルタ

下：1983年モンザでデビューを飾った2.0ターボデルタ（左は美しいインストルメントパネルとスポーティなステアリングホイール）。最高出力170ps、最高速度206km/h。

右上：1982年発表の限定版2.0Ti、その下は'83年1.8L。125ページの表はクワトロルオーテ1981年1月号のロードテスト結果。

とは言えず、高回転になるとある種の粗さも見える。2ℓターボディーゼルのジュリエッタは、あるエンジン回転数を下回るとかなり"お粗末"だが、その上のレンジでは見事にターボが効いた。そのため、市街地や交通量が多い場所での低速度域では、絶えず適切なギアにシフトしなければ思うような加速が得られないことが多々あり、せわしない」。

1983年5月には要求の多いユーザーを満足させ、かつスポーツカーの伝統を守り続けるために、ひときわ優れたスペシャルバージョンの2.0ターボデルタ（Turbodelta）を発売する。この車はまさしく強烈で、斬新な専用アルミホイール、黒地に赤のラインが入ったボディ外観、ブロンズガラス、深紅のインテリアを備え、エンジンフード下のアウトデルタ・チューンの2ℓの4気筒エンジンは、並外れた代物だった。この車のためにモディファイされた高性能ターボ、アルファ・アヴィオ（Alfa Avio）の加速Gは感動的ですらある。170ps／5000rpmの最高出力でドライバーを常に挑発し、公称最高速度の206km/hを余裕で達成するハイパフォーマンス・マシーンだった。そのためブレーキは見直しを迫られ、フロントにベンチレーテッド・ディスクを採用、コーナリング性能を高めるためダンパーのチューニングが念入りになされた。インテリアに目を転ずると、アウトデルタのホーンボタン付

きの本革巻きステアリングホイールが美しく、インストルメントパネルは8ファンクション・チェック&コントロールとブーストメーターも付き充実している。ターボデルタは最終的に361台生産された。

1983年下半期に、ジュリエッタ最後のマイナーチェンジが行なわれるが、外観上大きな変更はなく、オーバーライダーがないバンパーの中央に黒いラインが走り、フロントスポイラーにフォグランプが装着され（1.6を除く）、ラジエターグリルはグレーの金属製（1.6は黒）になり、クロムメッキの盾形グリルにライトグレーのモールが付いた程度だった。それに対してインテリアは変更箇所が目立ち、インストルメントパネルが変更を受けてトレイが設けられ、チェック&コントロールが標準装備になり機能も充実、リアのシートバックのスタイルも一新されてヘッドレスト一体型となった。

QUATTRORUOTE ROAD TEST

最高速度	
5速使用時	178.21

燃費 (5速コンスタント)	
速度 (km/h)	km/ℓ
60	15.6
80	14.5
100	12.5
120	10.0
140	7.7
150	6.7

追越加速 (5速使用時)	
速度 (km/h)	時間 (秒)
30−60	13.7
30−80	19.4
30−100	25.3
30−120	32.0

発進加速	
速度 (km/h)	時間 (秒)
0−40	2.6
0−60	4.3
0−80	6.6
0−100	9.8
0−120	14.3
0−140	20.4

制動力	
初速 (km/h)	制動距離 (m)
60	17.1
80	30.5
100	46.9
120	66.9
140	92.3
160	—

NUOVA GIULIETTA テクノロジー

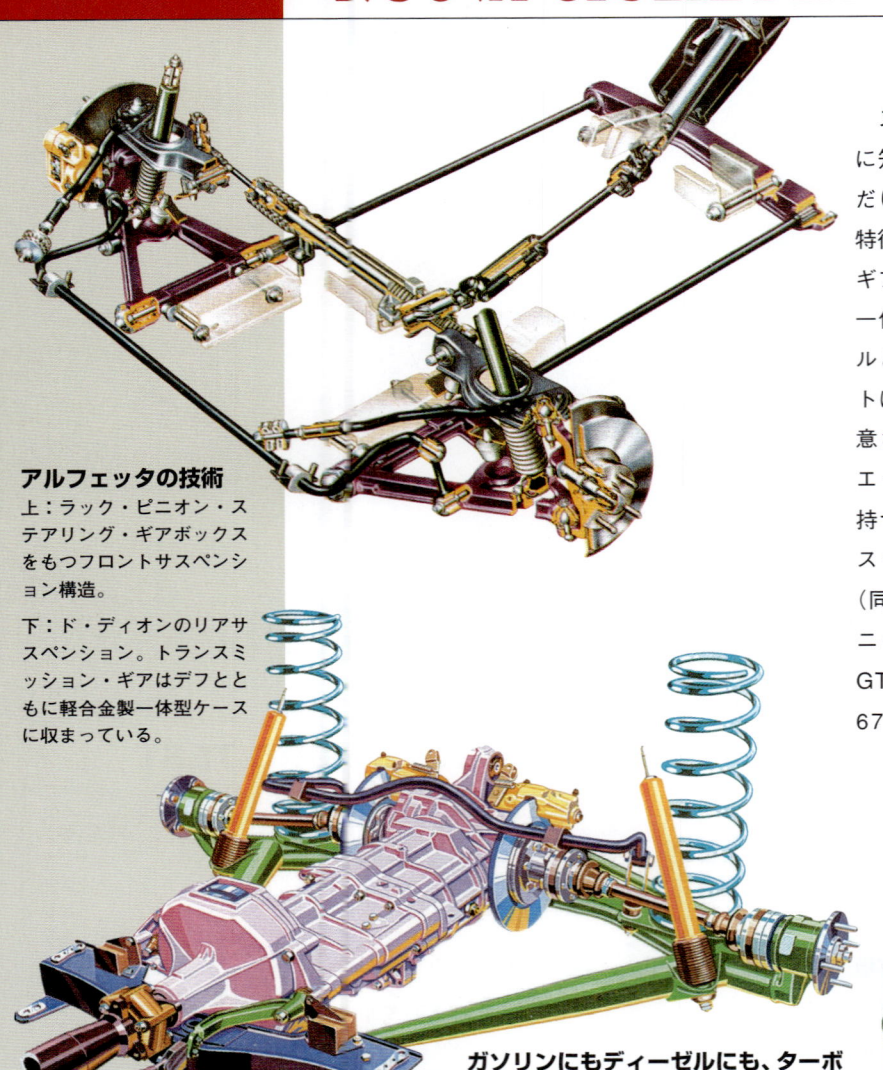

アルフェッタの技術
上：ラック・ピニオン・ステアリング・ギアボックスをもつフロントサスペンション構造。

下：ド・ディオンのリアサスペンション。トランスミッション・ギアはデフとともに軽合金製一体型ケースに収まっている。

ガソリンにもディーゼルにも、ターボ
左：2ℓVM製4気筒ターボディーゼル。
中央：1955年から使われている伝統的な4気筒ガソリン。
右：アルファ・アヴィオ・ターボを積んだターボデルタの2ℓエンジン。

ヌオーヴァ・ジュリエッタの構造は、すでに知られていたアルフェッタと細部が異なるだけでよく似ている。両者に共通する重要な特徴は、エンジンのみを前に置き、クラッチ、ギアボックス、デフとファイナルドライブを一体にして後ろに配置する、トランスアクスルと呼ばれるトランスミッション・レイアウトにある。デビュー当初のエンジンは2種類用意され、1357cc（95ps）の4気筒は初代ジュリエッタとジュリアに積まれた輝かしい歴史を持つ1290ccに由来し、GTAが数々の国際レースを制した経験が最大限に活かされている（同じ1290ccでも通常のシングルプラグ・ユニットはボア・ストロークが74×75mm、GTA1300のツインプラグ・ユニットは78×67.5mmのショートストローク。ヌオーヴァ・ジュリエッタのシングルプラグ1357ccも80×67.5mmのショートストローク：訳注）。しかし、出力向上と、そして何よりますます厳しくなる排ガス規制に対応するには、排気量を大きくする必要があり、そこでもう一方の1570cc（109ps）も用意された。これもジュリア由来のエンジンで、すばらしいメカニズムは不変だ。チェーン駆動のDOHC、V字レイアウトのバルブ、半球形燃焼室、5ベアリング・クランクシャフト、これらすべてが軽合金製のヘッドとブロックの中に収まっている。燃料供給は2基のツインチョーク・キャブレターによって行なわれる。フロントサスペンションの構造は複雑で、トランスバースアーム／縦置きトーションバー・スプリング／アンチロールバーがラック・ピニオンのステアリン

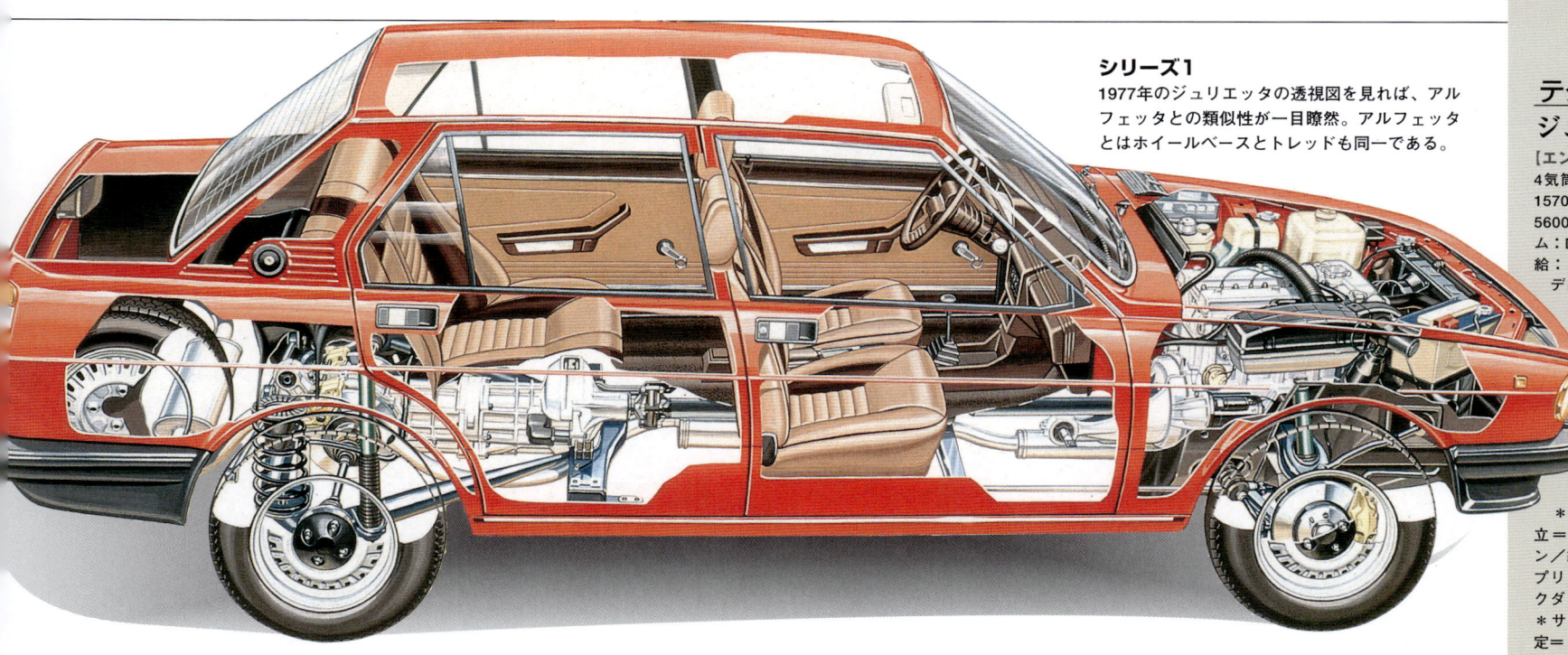

シリーズ1
1977年のジュリエッタの透視図を見れば、アルフェッタとの類似性が一目瞭然。アルフェッタとはホイールベースとトレッドも同一である。

グ・ロッドと交差している。リアサスペンションはド・ディオンで、トレーリングアーム、ワッツリンク（横方向の動き抑える）と車軸を結ぶラテラルロッド、アンチロールバーを持ち、前述したようにクラッチとギアボックスはリアに積まれている。ノイズ軽減のため、アルフェッタからはギア形状と噛合が変更された。

1979年には1779cc（122ps）が登場、シリーズはさらに充実したが、このエンジンは中継ぎ的な存在で、1981年5月には185km/h以上をマークする"ドゥエミラ（2.0）"（1962cc／130ps）が登場、その後間もなくファイナルを低め、1.6と1.8はさらに輝きを増した。最もハイパフォーマンスを誇ったのは、最高出力170ps、最高速度206km/hを記録した1983年のターボデルタだ。この4気筒ターボエンジンの特徴は、アウトデルタが改良したターボ、アルファ・アヴィオを採用していることである。目覚ましい出力の向上を受けてブレーキを見直し、フロントにベンチレーテッド・ディスクを採用、サスペンションはコーナリング性能を高めるためコニ製ダンパーが装着された。1983年以降は、フェラーラのチェントにあるVMと共同開発した、KKKターボを備えた2ℓディーゼル（最高出力82ps／最高速度160km/h）も搭載されるようになる。

テクニカルデータ
ジュリエッタ1.6

【エンジン】＊形式：水冷直列4気筒／縦置き ＊総排気量：1570cc ＊最高出力：109ps／5600rpm ＊タイミングシステム：DOHC／2バルブ ＊燃料供給：キャブレター（ツイン）／デロルトDHLA40Hサイドドラフト

【駆動系統】＊駆動形式：RWD ＊変速機：トランスアクスル・前進5段／手動 ＊タイア：165SR13

【シャシー／ボディ】＊形式：4ドア・セダン ＊乗車定員：5名 ＊サスペンション（前）：独立＝ダブルウィッシュボーン／縦置トーションバー・スプリング，油圧テレスコピックダンパー，スタビライザー ＊サスペンション（後）：固定＝ド・ディオン，ラジアスアーム，パナールロッド，ワッツリンク／コイル，油圧テレスコピックダンパー，スタビライザー ＊ブレーキ（前）：ディスク ＊ブレーキ（後）：インボード・ディスク ＊ステアリング形式：ラック・ピニオン

【寸法／重量】＊ホイールベース：2510mm ＊全長×全幅×全高：4210×1650×1400mm ＊車重：1100kg

【性能】＊最高速度：174km/h ＊平均燃費：10.1ℓ/100km

Passione Auto • Quattroruote

ALFA 6

お待たせしました
1973年発売を目前に、オイルショックで再検討を余儀なくされた。それから6年、フラッグシップモデルのアルファ6がようやくデビュー。発売時の価格は1980万リラ。

"アンチBMW" "6気筒ドイツ車に対するイタリアの答え" "アルファ・ロメオの伝統への回帰" "現在唯一のイタリア製高級セダン" "イタリアの選択肢" "最強の6気筒4ドアセダン"。1979年4月にアルファ・ロメオのフラッグシップモデル、アルファ6（セイ）がデビューすると、自動車専門各誌はこうした賛辞で迎え入れた。大型セダンにとって冬の時代だったにもかかわらず（オイルショックで大排気量の高級車は人気がなかった）、アルファ6の発売は大きな関心を呼んだ。どうやらアルファ6はエネルギー危機と切っても切れない縁があるようである。というのも、"プロジェクト119"として誕生したこのモデルは、当初1973年に発売されるはずだったが、当時は第四次中東戦争の真っ最中で、アルファ・ロメオの経営陣はわずか7km/ℓしか走らない車の発売を躊躇した。ナンバープレート番号による奇数偶数交互の自動車使用制限が敷かれ、日曜日には自転車が使われていた当時、発売しても購入者は本当に限られていただろうから、この判断は正解だったかもしれない。フィアットでは最上級モデルの130を大幅値下げするという弱気な決定がなされ、ディーラーは胸をなで下ろしていた情勢下で、アルファ・ロメオのフラッグシップモデルは6年以上も先送りされることになった。

最高のメカニズム
2500cc 60度V型6気筒（透視図）は、珠玉の技術を誇る。公称最高速度は193km/hだが、158psの最高出力によって、実際は195km/h以上に達した。

　ニューモデルが発表されるとき、新しい時代の到来を最も実感させるのはボディデザインによってなのだが、不幸なアルファ6は、クラシックで、ややもすれば古めかしいボディラインを持って生まれたため、ほとんどの人が、これが最新デザインだとは納得しなかった。またアルファ6はどこから見てもアルフェッタの姉バージョンに見えたので、口の悪い人たちは"アルフォーナ（Alfona＝大きなアルフェッタの意）"というニックネームを付けた。確かに伝統の盾形グリル、4灯ヘッドライト、大きなサイドマーカーが付いたフロントはかなり重苦しく、サイドはフロント以上にアルフェッタとの類似性が際立つ。いっぽう、大きなテールライトを装着した巨大なリアエンドはいかにも鈍重だ。クワトロルオーテ1979年7月号に掲載されたロードテストでは、「とは言っても"アルフォーナ"のボディデザインには長所もある。派手な車ではなく、個性がないと言ってもよいくらいで、他の車の中に簡単に埋もれてしまうことができるので、目立つ高級車のオーナーたちが"苦難の人生"を送っている昨今、それは無視できない長所になりうる」と皮肉的に書かれている。さらに、フル装備のコクピットや上質なインテリア（この点では一部のライバルメーカー、特にメルセデスとBMWには敵わないが、よく仕上がっている）にも"典型的な高級車感"が

テクニカルデータ
アルファ6 2.5

【エンジン】＊形式：水冷60度V型6気筒／縦置き ＊総排気量2492cc ＊最高出力158ps／5600rpm ＊最大トルク22.4mkg／4000rpm ＊タイミングシステム：SOHC／2バルブ ＊燃料供給：キャブレター（×6）／デロルトFRPA40ダウンドラフト・シングルバレル

【駆動系統】＊駆動形式：RWD ＊変速機：前進5段／手動 ＊タイア：175HR14または195/70HR14

【シャシー／ボディ】＊形式：4ドア・セダン ＊乗車定員：5名 ＊サスペンション（前）：独立＝ダブルウィッシュボーン／縦置トーションバー・スプリング，油圧テレスコピックダンパー，スタビライザー ＊サスペンション（後）：固定＝ド・ディオン，ラジアスアーム，パナールロッド，ワッツリンク／コイル，油圧テレスコピックダンパー，スタビライザー ＊ブレーキ（前）：ベンチレーテッド・ディスク ＊ブレーキ（後）：インボード・ディスク ＊ステアリング形式：ラック・ピニオン（パワーアシスト）

【寸法／重量】＊ホイールベース：2600mm ＊全長×全幅×全高：4760×1684×1425mm ＊車重：1470kg

【性能】＊最高速度：193km/h ＊平均燃費：10.0ℓ/100km

凛うと、クワトロルオーテは精一杯のユーモアを込めて書いている。「本誌が"良"判定を下したのは、高く評価しているからというより、もっとこだわってボディという重要な部分を追求せよという激励なのだ」と結ばれた。

文句なく素晴らしいのはメカニズムで、たとえ時代遅れだと言われようとアルファの伝統に相応しく、精巧で実に輝かしい。プロジェクト119は、オラツィオ・サッタ・プーリガ（1974年没、戦後のアルファ・ロメオのほぼ全車にその名を刻んだ伝説のエンジニア）が晩年に手がけたプロジェクトのひとつで、やはりアルファの優れた技術者であるジュゼッペ・ブッソは、当時をこう回想する。「あのV6エンジンは直列6気筒2600ccエンジンに代

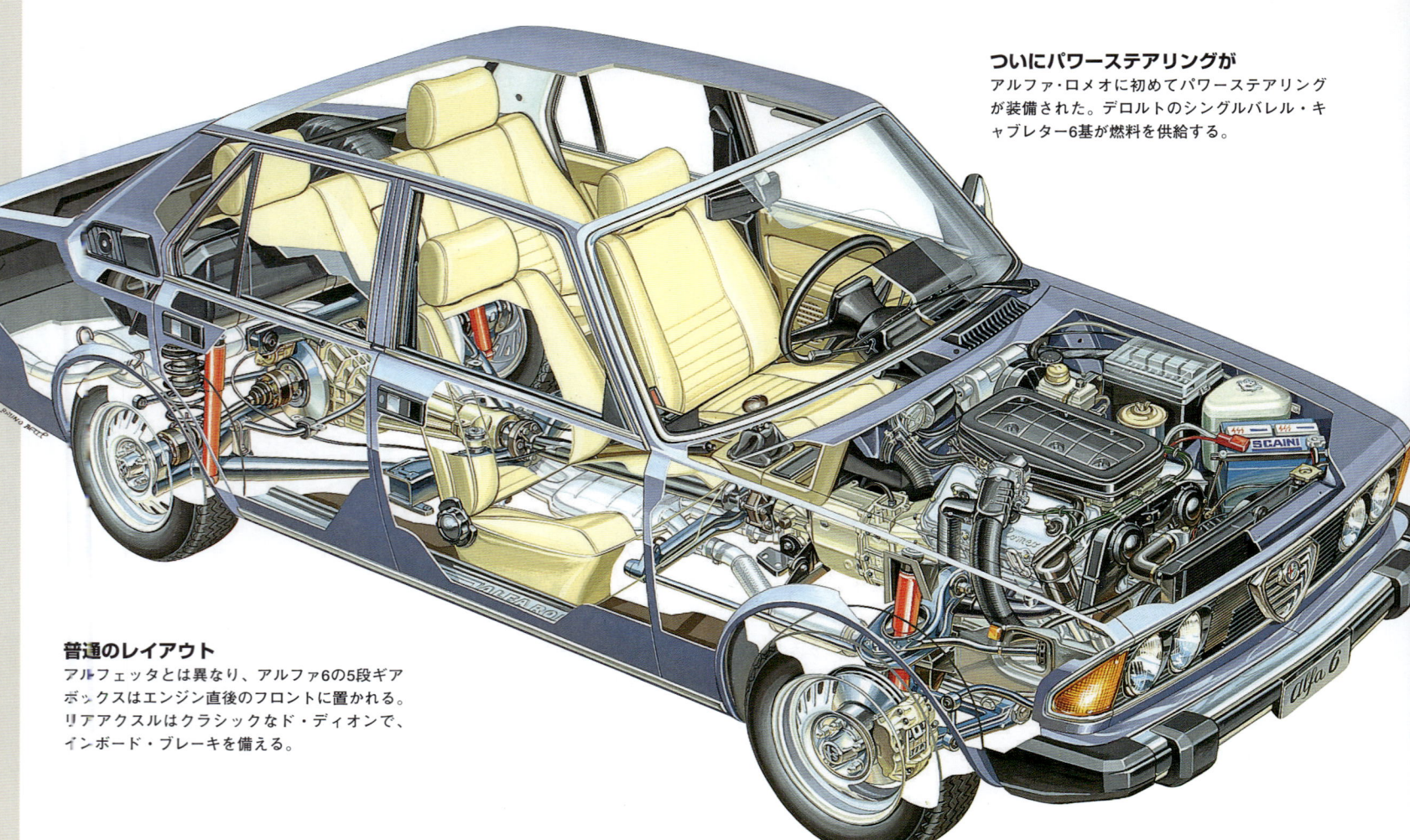

ついにパワーステアリングが
アルファ・ロメオに初めてパワーステアリングが装備された。デロルトのシングルバレル・キャブレター6基が燃料を供給する。

普通のレイアウト
アルフェッタとは異なり、アルファ6の5段ギアボックスはエンジン直後のフロントに置かれる。リアアクスルはクラシックなド・ディオンで、インボード・ブレーキを備える。

わるものとして生まれた。排気量2000cc以上でもコンパクトに作れると我々は考えたのだ。自分たちの仮説を立証するために、4気筒のテストエンジンを試作し、パリのボッシュ開発センターでテストを繰り返した。ボッシュのおかげで、アルファ・ロメオは電子制御インジェクションの最初の実験を行なえたというわけだ。吸排気系は、コッグドベルトで駆動される1本のカムシャフトが吸気バルブを直接作動させ、また、短いプッシュロッドとロッカーアームを介して排気バルブを作動させる仕組みだった。この実験の成功に励まされ、1968年の末には、そのテスト・エンジンをもとに排気量2500ccから3000ccの60度V型6気筒エンジンを開発した」 こうした経緯でアルファ6にV6 SOHCエンジンが搭載され、6基のシングルバレル・キャブレターと組み合わせられた。トランスアクスルのアルフェッタとは異なり、アルファ6ではZF製の5段ギアボックスはエンジンと共にフロントに配置されている。デフには25％のLSDが装備された。アルファ6で採用されたもうひとつの新技術は、ZF製油圧制御パワーステアリングで、ラック・ピニオン・ステアリングにアルファ・ロメオ初のパワーアシストが付いた。オプションとして、やはりZFの3段ATも設定された。2.5ℓV6は最高出力158psで、クラス最速の195km/h（クワトロルオーテ誌測定）を実現した。アルファ6 2.5は6372台が生産され、そのうち1206台がキャタライザー付きだった。

1983年7月にアルファ6はマイナーチェンジを受け、2ℓV6（最高出力135ps）が追加されてガソリンエンジンは2種になる。しかし、新たに加わったこの2.0は約1600kgもの車体には明らかにアンダーパワーで、性能、特に加速性能に影響を及ぼし、燃費も極端に悪かった。装備が最も充実していた2.5ℓのクアドリフォリオ・オロ（Quadrifoglio Oro）には電子制御インジェクションが採用され、仕上がりは文句なく、エアコンなど数々の仕様も標準装備されるようになり、ついに真の意味での高級車に成長した。外観上の変更箇所は、フ

なんともラクシュリー！
インテリアは見事だ。オプションリストにはレザー内装、エアコン、AT、メタリックペイント、アルミホイールが用意されていた。

新モデル

1983年7月、2ℓのガソリンエンジンと2.5ターボディーゼル5（イタリアで初めて生産された5気筒ディーゼルエンジン）も加わって、アルファ6のラインナップが拡大する。ガソリンの2.5は、クアドリフォリオ・オロになる。表は、2.5初期型のクワトロルーテ・ロードテスト（1979年7月号）の結果。

ロントのラジエターグリル、ヘッドライト、オーバーライダーがなくなった新デザインのバンパー、ドアミラー、一体化したテールライトが装着されたリアガーニッシュ、新たにモールが付いたボディサイドとCピラーが目立ったが、1986年に生産中止となり、生産台数は2.0が1771台、クアドリフォリオ・オロは1168台に留まった。

1983年にはディーゼルも登場し、4年間で2977台が生産された。VM製2.5ℓは、イタリアで生産された最初の5気筒ディーゼルで、タ

QUATTRORUOTE ROAD TEST

最高速度

5速使用時	195.65

燃費（5速コンスタント）

速度（km/h）	km/ℓ
80	11.5
90	10.6
100	9.7
110	8.9
120	8.1
130	7.3
140	6.7
150	6.1
160	5.4

追越加速（5速使用時）

速度（km/h）	時間（秒）
30―60	9.0
30―80	15.3
30―100	21.5
30―120	27.4
30―140	33.7

発進加速

速度（km/h）	時間（秒）
0―40	2.6
0―60	4.4
0―80	6.9
0―100	10.2
0―120	14.4
0―140	19.0

ヘッドライトが目印
マイナーチェンジ後のモデルのインテリアに大きな変化はないが、エクステリアでは、ヘッドライト（角形になった）、バンパー、サイドモールの変更が目立つ。

ーボのおかげで最高出力105psを実現、公称最高速度は170km/hを優に超えた。1983年3月号のロードテストでクワトロルオーテ誌は「軽快なドライビングをすると、この車の真価がわかる。エンジンのパワー感とレスポンス、それに優れた操縦性のおかげで、様々な条件が入り交じったコースで持てる性能を活かしきり、見事な走りっぷりを見せる。ロードホールディングとハンドリングも最高で、満足いく快適性も併せ持つ。ハイパフォーマンスでヴィヴィッドなこの車は、スポーツカーの走りを求めているディーゼルユーザーを確実に満足させるだろう。しかし、ノイズが大きいことと、ボディデザインがあまりにも古めかしいのが残念」と評した。

33 Berlina／Sportwagon

1983年に発売した33に、アルファ・ロメオは2.5ボックスというボディスタイルを導入した。当時のアルファ・ロメオの特徴だった、角張った堅苦しいラインを捨てたという意味でも新しいスタイルだった。33はアルファスッドの後継モデルであり、メカニズムも生産工場（ポミリアーノ・ダルコ）もアルファスッドと同じだ。12年強の生産期間に100万台が売れたことを思えば、大ヒットを運命づけられたモデルだったとも言える。そしてこの車の強みは言うまでもなく高性能と信頼性にあったが、人気の秘密はエルマンノ・クレッソーニ（Ermanno Cressoni）が手がけたデザインによるところも大きい。"ハーフサイズ・テール"のこのスタイルは、ボルボ340やフォード・エスコートなどが思い浮かぶが、どんなに似ていてもテールだけに留まり、グリーンハウスのスラントしたリアウィンドーからテールエンドにかけての独特なラインが33に現代風のユニークな個性を与えている。しかしボクシーなデザインに目を奪われると、ウェストラインの特徴あるキックアップを見過ごしてしまいがちだ。低位置にある濃色のベルトラインがウェストラインを低くし、サイド

空力デザイン
1983年に登場した33は、1971年発売のアルファスッドの正常進化型。そのボディラインは空力にも配慮がなされ、Cd値はアルファスッドに比べて3ポイント優れた0.36を達成した。

QUATTRORUOTE ROAD TEST

	1.3	1.5Q.O.		1.3	1.5Q.O.
最高速度			**発進加速**		
5速使用時	166.27	169.37	速度(km/h)		時間(秒)
燃費(5速コンスタント)			0−60	4.9	4.7
速度(km/h)		km/ℓ	0−80	7.8	7.5
60	21.0	21.3	0−100	11.9	11.3
80	18.5	19.4	0−120	17.4	16.4
100	15.4	16.1	0−140	26.7	25.0
120	13.0	13.3	**制動力**		
140	10.2	11.1	初速(km/h)		制動距離(m)
追越加速(5速使用時)			60	18.6	19.6
速度(km/h)		時間(秒)	80	33.0	34.9
70−80	4.0	4.1	100	51.6	54.6
70−100	12.3	12.7	120	74.3	78.6
70−120	22.8	22.7	140	101.1	106.9

クアドリフォリオ
──最高級仕様

33の最高級仕様は1.5クアドリフォリオ・オロで、濃色のモールディング、ヘッドライトワイパーや右側のドアミラーで1.3と区別できる。

上：数ヵ月遅れてデビューした四輪駆動の1.5クアドリフォリオ・オロ4×4。表は1983年8月号掲載の1.3クアドリフォリオ・オロと1.5クアドリフォリオ・オロのクワトロルオーテ・ロードテスト。

クアドリフォリオ・ヴェルデ

1986年には、1.7クアドリフォリオ・ヴェルデ(写真右上、写真下はインテリア)が発売される。最高出力114ps／5800rpm、最高速度200km/h。油圧タペットの採用で、タペット調整が不要になった。

ビューに勢いを与え、クアドリフォリオ・オロ(Quadrifoglio Oro)ではサイドシルまで包み込む太いベルトがさらにその印象を強調している。こうした個性的な演出はアルフィスタに限らず、多くの人から高く評価された。

現代的で快適なスタイルの追求と同時に、優れたエアロフォルムを生みだしたことも称賛に値する。エアフローを考えたディスク状のフルホイールカバー、垂直方向だけでなく水平方向にも絞り込まれているフロントノーズとテールエンドなどが空力に貢献している。細かいことを言えば、黒いドア・プロテクションモール(1.5のみ。ボディを傷つけないため)と、フロントスクリーン下の何の変哲もないルーバーがない方がラインはすっきりしただろう。とはいえ、こうした些細なディテールは、専門誌の高い評価に影響を及ぼすほどのものではなかった。アルファスッドとほぼ同じ外寸に対して室内は驚くほど広く、シートスペースも充分だ。インストルメントパネルは、スポーツカーに相応しい非常に洗練された仕上がりで、ステアリングのリーチとハイトも調整可能だった。1983年8月号のロードテストでクワトロルオーテは、このインストルメントパネルを「丸や楕円の窪みをモチーフに繰り返しているせいで、装飾的すぎ

1983 33 1.5クアドリフォリオ・オロ 　　1984 33 1.5クアドリフォリオ・ヴェルデ 　　1988 33 1.3スポーツワゴン

136　Quattroruote・Passione Auto

1988 33 1.7 IE

1990 33 1.7 IE 4×4スポーツワゴン

1990 33 1.7 IE

1990 33 1.3 マイナーチェンジ後

1991 33パーマネント4

リフォリオ・オロと1.5クアドリフォリオ・オロの2種類が用意されたが、アルファスッドと共通しているのは基本的な仕様だけで（水平対向エンジン／前輪駆動／フロント：マクファーソン・ストラット／リア：リジッドアクスル）、実はその他の部分にはかなり変更を受けている。フロントサスペンションのジオメトリーが変更され、スプリングとダンパーはわずかに固められていた。加えて33は高いロール剛性を実現したため、スタビライザーを省くことができた。リアはリジッドアクスルのセンター部分が盛り上げられた形状に変化している。フロントブレーキはインボードから通常のアウトボードに移されたため、インナージョイントのフランジ接合部分が変わり、アームにバンプストッパーが加えられた。リアブレーキはドラムで、プロポーショニング・バルブで負荷に応じて制動力を調整する。

る感がある」と批判したが、アンダートレイがいくつも設置されており、使い勝手は良かった。

1971年発表のアルファスッドが技術的にも機能的にも優れていたため、アルファのエンジニアたちは33を開発するにあたり、アルファスッドの現代的でユニークな設計を正常進化させる手法を採った。発売当初、1.3クアド

ターボディーゼル

ターボディーゼルが1986年に発売される（写真左上）。VMと共同開発したエンジンは直列3気筒で、気筒ごとに分かれたヘッドを持つ。当初の最高出力は72ps／4000rpmで、最高速度は165km/h。136〜137ページに並ぶ写真は33モデルの9バリエーション。33は合計で約100万台生産された。

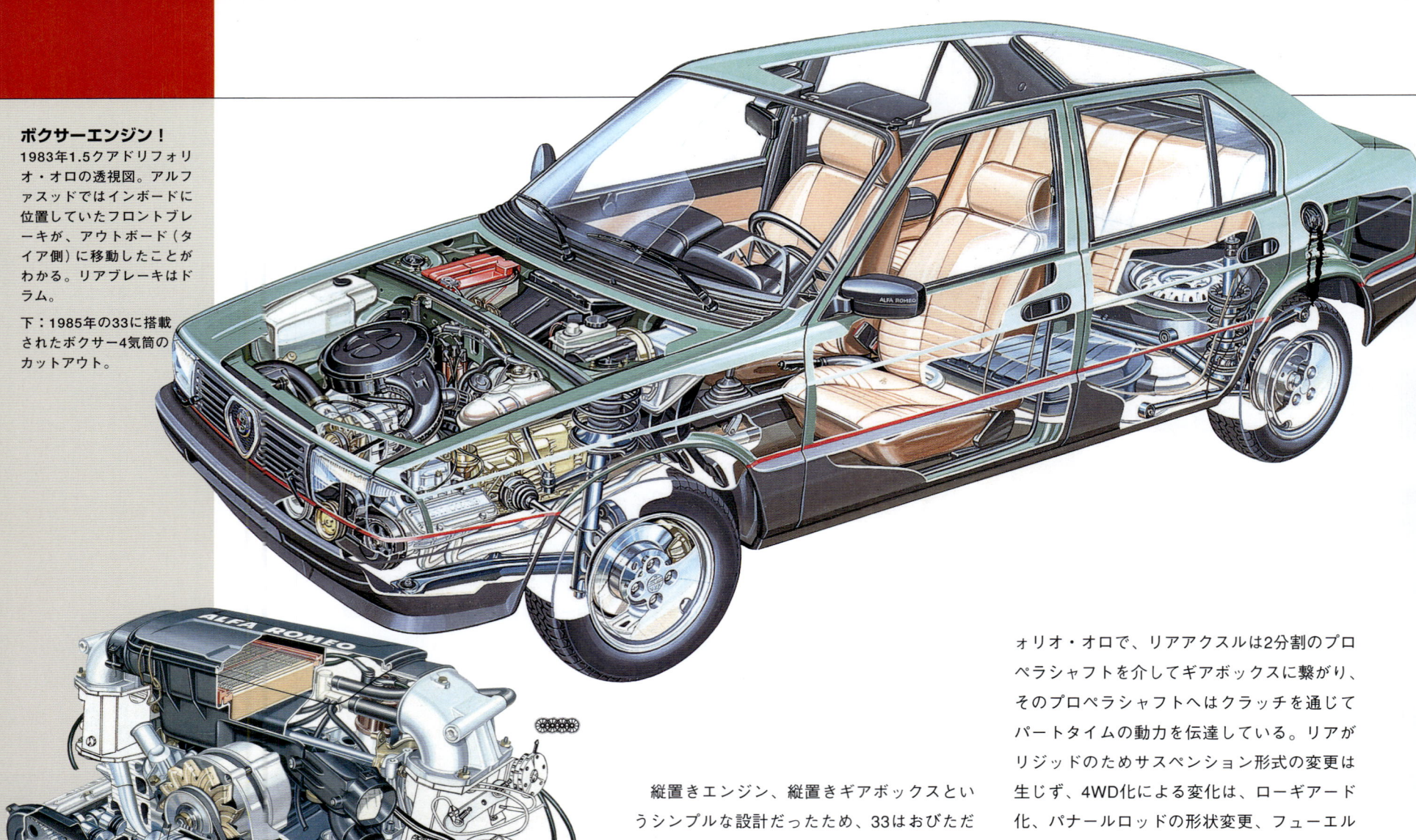

ボクサーエンジン！

1983年1.5クアドリフォリオ・オロの透視図。アルファスッドではインボードに位置していたフロントブレーキが、アウトボード（タイヤ側）に移動したことがわかる。リアブレーキはドラム。

下：1985年の33に搭載されたボクサー4気筒のカットアウト。

縦置きエンジン、縦置きギアボックスというシンプルな設計だったため、33はおびただしい数の派生車種を生んだ。ピニンファリーナは、1982年に早くもアルファスッド・ベースの4WD計画を発表し、1983年のフランクフルト・ショーで量産仕様の33 1.5 4×4がデビューする。ベースとなったのは1.5クアドリフォリオ・オロで、リアアクスルは2分割のプロペラシャフトを介してギアボックスに繋がり、そのプロペラシャフトへはクラッチを通じてパートタイムの動力を伝達している。リアがリジッドのためサスペンション形式の変更は生じず、4WD化による変化は、ローギアード化、パナールロッドの形状変更、フューエルタンクをリアに配置したことでトランクの容量が小さくなった程度に過ぎなかった。シフトレバーの前に置かれたトランスファーレバーで四輪駆動と前輪駆動を切り替えた。

同じくピニンファリーナ・モデルには、

138 Quattroruote • Passione Auto

4は2に勝る

1983年フランクフルト・ショーで四輪駆動の33がデビュー。シフトレバー隣のトランスファーレバーで四輪駆動になる。

テクニカルデータ
33 1.3

【エンジン】＊形式：水冷水平対向4気筒／縦置 ＊総排気量：1351cc ＊最高出力：79ps／6000rpm ＊タイミングシステム：SOHC／2バルブ ＊燃料供給：キャブレター（ツイン）／ウェーバー32DIR61/100ダウンドラフト・ツインバレル

【駆動系統】＊駆動形式：FWD ＊変速機：前進5段／手動 ＊タイア：165/70TR13

【シャシー／ボディ】＊形式：4ドア・セダン ＊乗車定員：5名 ＊サスペンション（前）：独立＝マクファーソン・ストラット／コイル，油圧テレスコピックダンパー，スタビライザー ＊サスペンション（後）：固定／ワッツリンク，パナールロッド／コイル，油圧テレスコピックダンパー ＊ブレーキ（前）：ディスク ＊ブレーキ（後）：ドラム ＊ステアリング形式：ラック・ピニオン（油圧パワーアシストはオプション）

【寸法／重量】＊ホイールベース：2455mm ＊全長×全幅×全高：4015×1612×1340mm ＊車重：890kg

【性能】＊最高速度：167km/h ＊平均燃費：7.7ℓ/100km

1984年6月に発売の1.5ジャルディネッタ4×4と呼ばれる美しいワゴンもあった（後に"スポーツワゴン"に名称変更）。ベルリーナに比べて12cm長く、サイドには3つ目のウィンドーが設けられた。リアバンパーは車体をより大きく包むようになり、フェンダー／Cピラー／ラゲッジスペース／ルーフが新生され、ルーフエンドに小さなスポイラーが装着された。またルーフには、専用ルーフケースやスキーラックなどのアクセサリーを装着するためにアルミ製のルーフレールが付けられた。ラゲッジスペースの容量は350～1000ℓと広大だ。

1994年までの生産期間中に4気筒のボクサーエンジンがどんな変遷を遂げたか追っていくと面白く、歳月と共に万能な高性能エンジンへと徐々に進化していく過程は、アルファ・ロメオのエンジン進化の手本となった。排気量1.3ℓからスタートし（一部の輸出仕様には1.2もあった）、1.5ℓを経て、最終的には1.7ℓも登場する。燃料供給は当初キャブレターだったが、のちにボッシュLEジェトロニック電子制御燃料噴射が導入される。1988年には全ボクサーエンジンで無鉛ガソリンの使用が可能になった。吸排気系の変化も重要で、1.7ℓでの4バルブ化は、アルファのボクサーエン

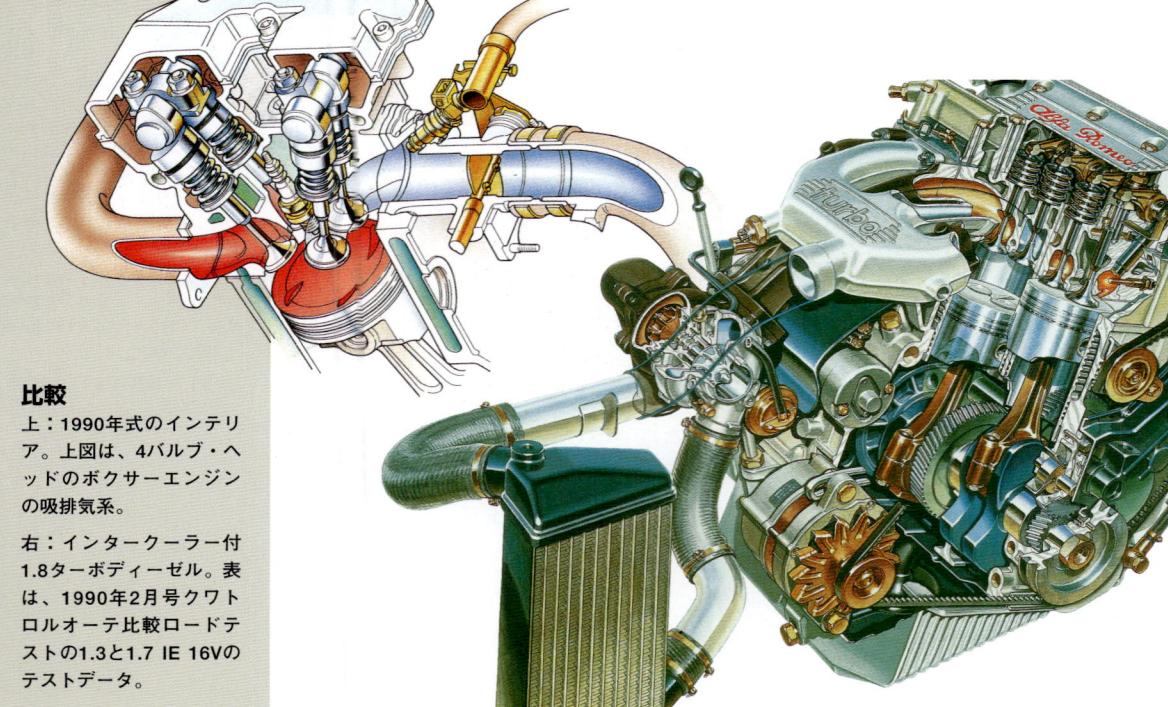

QUATTRORUOTE ROAD TEST

	1.3	1.7 16V		1.3	1.7 16V
最高速度			**発進加速**		
5速使用時	176.25	206.45	速度(km/h)		時間(秒)
燃費(5速コンスタント)			0—60	4.6	4.0
速度(km/h)		km/ℓ	0—100	10.9	8.1
60	18.3	17.4	0—120	15.7	11.3
80	16.6	15.4	0—140	23.2	15.2
100	14.5	13.3	0—160	——	21.2
120	12.5	11.4	**制動力**		
140	10.0	9.6	初速(km/h)		制動距離(m)
160	7.9	8.1	60	17.0	16.0
追越加速(5速使用時)			80	30.2	28.4
速度(km/h)		時間(秒)	100	47.1	44.3
70—80	4.0	3.5	120	67.9	63.8
70—140	30.9	24.7	140	92.4	86.8

比較
上：1990年式のインテリア。上図は、4バルブ・ヘッドのボクサーエンジンの吸排気系。

右：インタークーラー付1.8ターボディーゼル。表は、1990年2月号クワトロルオーテ比較ロードテストの1.3と1.7 IE 16Vのテストデータ。

ジンが遂げた進化の中で最も重要かつ技術的に高度なもので、さらにペントルーフ型燃焼室とML4.1モトロニックの採用も特筆すべき事柄だ。モトロニック制御のインジェクション採用に伴い、吸気マニフォールド途中には各気筒ごとに独立したスロットルバタフライがセットされ、鋭いレスポンスを実現した。最高出力の変遷に注目してみると、初期型1.3の79psから、パーマネント4（Permanent 4／1991年）の133psへとほぼ倍増している。パーマネント4は四輪駆動の1.7ℓで、ビスカス・カップリングを採用しており、後輪へのトラクション切替は電磁制御され、スイッチひとつで4WDと2WDの選択が可能、必要な際にはABSも作動する。

最終型
最後期（1990〜1994年）のモデル（写真左）は、基本ボディラインは初期型と変わらないが、装備が充実している。写真下は、特別仕様の33 I.E.イモラ（左）と、イモラ3（右）。

　1986年から1992年までは、VM製分離ヘッドの直列3気筒ターボディーゼル搭載モデルも生産された。このエンジンはバランサーシャフトを搭載し、エンジンマウントを4つ（内ふたつはハイドローリックタイプ）を採用している。モジュール設計だったので、この1779ccエンジンのピストンとコンロッドとヘッドは、アルファ90の2.4ℓディーゼル・ユニットと共通だった。1990年以降は過給圧を1.2barにまで高めたため空冷式インタークーラーが搭載され、最高出力84psを発揮した。最後の4年間にはいくつもの特別仕様車が登場し、エアコン／オーディオ／セキュリティシステム／豪華なインテリアトリムなどが装備され、人気を博した。

ALFA 90

アルフェッタベース
アルファ90のデザインもベルトーネが手がけた。コンシールド・スポイラーが付いたスクエアなフロントが特徴的。リアも完全に新しくなった（143ページ写真）。写真下は最高級仕様のクアドリフォリオ・オロ。ボッシュLジェトロニック・インジェクションの2.5ℓV6を搭載。

1984年秋、アルファ90が登場する。50万台が生産されたアルフェッタの後継車であるこのモデルがデビューした当時は、アルフェッタが生まれた12年前よりずっと複雑で「難しい」時代だった。時流に合わせて必要な手直しは加えられていたが、スタイルと、特にパワートレーンはいかにもアルファ・ロメオらしい特徴を備えるアルファ90は、"K2"というプロジェクト名に、誕生までのいばらの道が表れている。すなわち、Kとはギリシャ語で10番目のアルファベットにあたり、ヌッチォ・ベルトーネがアルファの首脳陣に提出したデザインスケッチが10は下らなかったことを示し、数字の2は、選ばれたデザインスケッチが最終版に至るまでにもう一度手直しを求められたことを意味している。

アルファ90のボディラインはアルフェッタより明らかにスリークで雰囲気もモダナイズされたが、ベルトーネは設計に際してアルフェッタの基本コンセプトに忠実でありたいとするアルファ・ロメオの意向を汲まなければならなかった（実際シャシーはアルフェッタ・ベース）。ベルトーネ・デザインのアルファ90は、角張ったホイールハウスとサイドのキャラクターラインに特徴があり、このキャラクターラインはほっそりとしたボディラインを強調するだけでなく、薄い鉄板で構成されているボディの剛性を高めるという、きわめて明確な現実的機能も兼ね備えている。オーバーな付加装備はないが、空力を充分考慮していることが窺え、特にピラー、レインガーター、フロントグリル、バンパーなどの空力的に重要なパーツに配慮がなされている。ベルトーネは「アルフェッタのボディとはまったく違う。ふたつのモデルの表面処理は全然別のものだ」と語っている。

フロントスクリーンとリアウィンドーは、アルファスッドやアルフェッタ初期型のように塗装を傷つけやすいステンレスモールを嵌め込むことをやめ、ウィンドー付近の錆に関してようやく心配がなくなった。ボディには強度に優れたスチールを採用したこともあり、

車両重量が21kg軽量化された。アルフェッタよりも溶接箇所は2割少ないが、パワーアシスト付きのラック・ピニオン・ステアリングを支えるフロント・サブフレームなどの重要パーツはアルフェッタより強化されている。スクエアなフロントにはコンシールド・スポイラーが内蔵され、ラジエーターも含めたエンジンルームの冷却に寄与する。ベルトーネはコンシールド・スポイラーに関しては、自らのプロトタイプであるナバホ（1976年／ティーポ33/2エンジン搭載）で先行して採用した

最高のスタビリティ

アルフェッタの優れた資質は、アルファ90にも受け継がれた。

上：1984年11月号のクワトロルオーテ・ロードテストで実施したスキッドテスト。

テクニカルデータ
アルファ90 1.8

【エンジン】*形式：水冷直列4気筒／縦置き *総排気量：1779cc *最高出力：120ps／5300rpm *最大トルク：17.0mkg／4000rpm *タイミングシステム：DOHC／2バルブ *燃料供給：キャブレター（ツイン）／ソレックスC40DDH5サイドドラフト

【駆動系統】*駆動形式：RWD *変速機：トランスアクスル・前進5段／手動 *タイヤ：185/70HR14

【シャシー／ボディ】*形式：4ドア・セダン *乗車定員：5名 *サスペンション（前）：独立＝ダブルウィッシュボーン／縦置トーションバー・スプリング、油圧テレスコピックダンパー、スタビライザー *サスペンション（後）：固定＝ド・ディオン、ラジアスアーム、パナールロッド、ワッツリンク／コイル、油圧テレスコピックダンパー、スタビライザー *ブレーキ（前）：ベンチレーテッド・ディスク *ブレーキ（後）：インボード・ディスク *ステアリング形式：ラック・ピニオン（パワーアシストはオプション）

【寸法／重量】*ホイールベース：2510mm *全長×全幅×全高：4392×1638×1420mm *車重：1080kg

【性能】*最高速度：185km/h *平均燃費：9.1ℓ／100km

が、ナバホのスポイラーが小型モーターで動作する速度感応式であるのに対し、アルファ90ではガスダンパー作用を利用した風圧感応式である。アルファ90は空力的にも優れ、Cd値0.37でアルフェッタより6ポイント向上している。

インテリアは明らかにアルフェッタよりグレードが上がり、従来の仕上げに不満のあったユーザーも納得するアルファがようやくここに誕生した。静粛性も向上し、ツイードのインテリアトリム、モールディングやガーニッシュ類が車を引き立て、この車を最高級車にまで高めようとしたアルファ・ロメオの狙いが見てとれる。ドライバーズシートは従来どおりきわめて優れた設計で、アルファ90ではステアリングの調整機能がさらに充実した。ハイトだけではなく、ステアリングコラムごと動かすことでリーチ調整も可能になり、シートで調整したペダルまでの距離と、ステアリングホイールからの距離を独立して調整することが可能となっている。リアシートも豪華になり、引き出し式のセンターアームレストが装着され、ヘッドレストはシートと一体化した。やはりベルトーネ・デザインのインストルメントパネルは、パセンジャーの前にある空間に、24オーレ（24時間）と呼ばれる専用アタッシェケースを格納することができる。

最高級仕様であるクアドリフォリオ・オロ

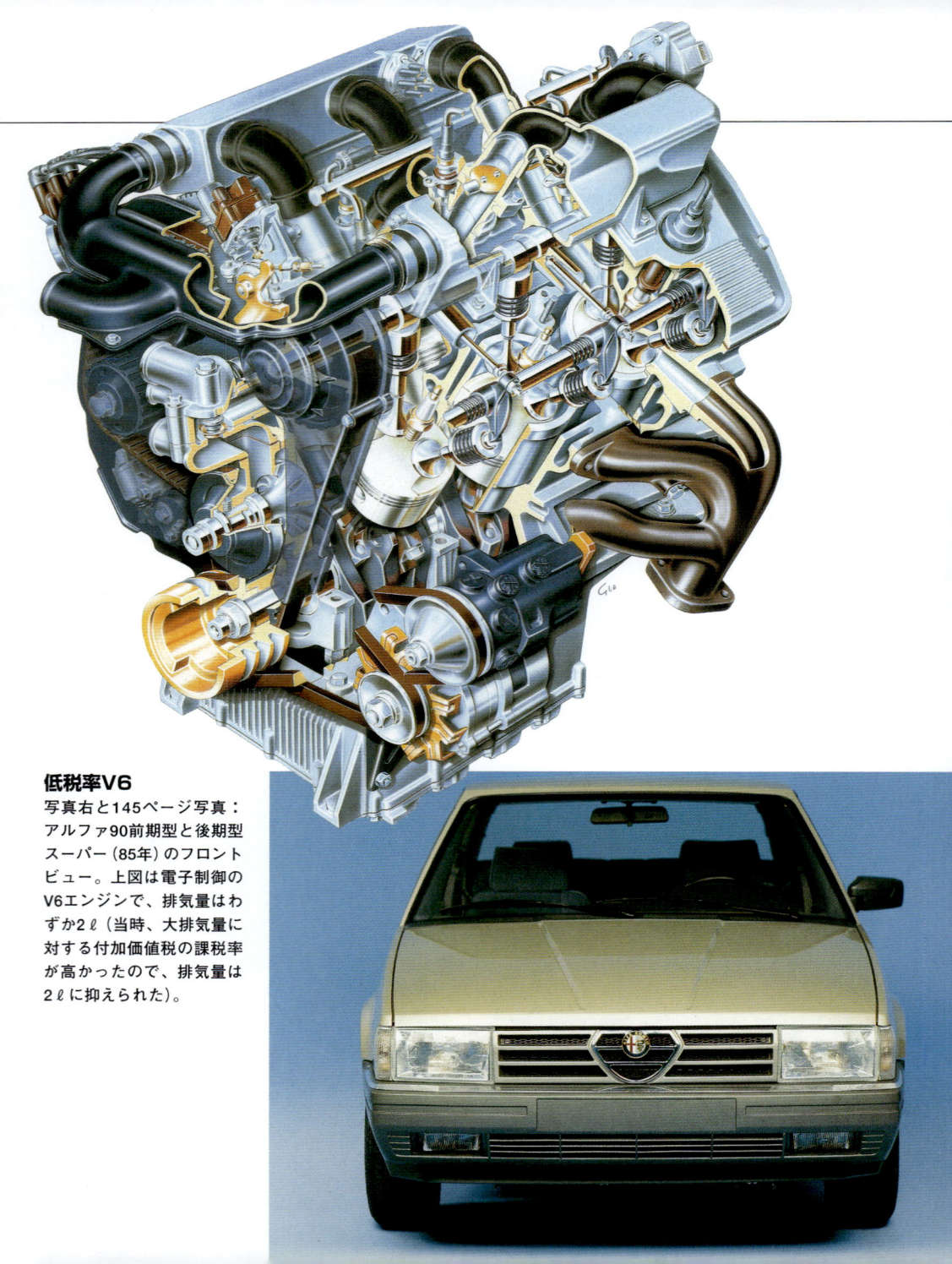

低税率V6
写真右と145ページ写真：アルファ90前期型と後期型スーパー（85年）のフロントビュー。上図は電子制御のV6エンジンで、排気量はわずか2ℓ（当時、大排気量に対する付加価値税の課税率が高かったので、排気量は2ℓに抑えられた）。

ひと皮剥けば アルフェッタ

透視図を見れば、メカニカル・レイアウトがアルフェッタから変更されていないことがわかる。V6搭載車にアルファとして初めてABSがオプション設定された。クワトロルオーテ1984年11月号に、アルファ90の2台のガソリン車と2.4TDのテスト結果が掲載された（表はその抜粋）。

QUATTRORUOTE ROAD TEST

	2.0	2.4TD	2.5Q.V.		2.0	2.4TD	2.5Q.V.
最高速度				**発進加速**			
5速使用時	190.61	182.27	204.81	速度 (km/h)			時間 (秒)
燃費 (5速コンスタント)				0−60	4.1	4.6	4.1
速度 (km/h)			km/ℓ	0−80	6.6	7.5	6.2
60	20.0	22.7	15.9	0−100	9.7	11.2	8.9
80	17.8	19.6	14.8	0−140	19.4	23.7	17.3
100	14.6	15.9	13.3	**制動力**			
120	12.1	12.8	11.2	初速 (km/h)			制動距離 (m)
140	10.0	10.5	9.4	60	18.2	19.1	19.5
追越加速 (5速使用時)				80	32.4	34.0	34.7
速度 (km/h)			時間 (秒)	100	50.6	53.1	54.2
70−80	4.1	3.1	3.7	120	72.9	76.5	78.1
70−120	20.4	14.6	18.4	140	99.2	104.1	106.3

スーパー登場

スーパー（写真下）は、1986年トリノ・ショーでデビュー。写真右は、上からクアドリフォリオ・オロ前期型のインストルメントパネル（スピードメーターとレブカウンターはライトが点灯するバーグラフ形式）、コンソールボックス下に収められた24オーレ（24時間）アタッシェケース、シート一体型ヘッドレストを持つリアシート。

はフラッグシップに相応しく、フォグランプ／集中ドアロック／前後電動パワーウィンドー／7ファンクション・オンボードコンピューター／メタリックペイントといった装備が標準となる。インストルメントパネルも特徴的で、スピードメーターとレブカウンターはバーグラフで表示され、スピードと回転数に応じて斜めのバーが点灯し、同時に正確な速度が左フレームにデジタル表示される（オドメーターとトリップメーターは、右下にある別フレームに表示）。

パワートレーンの設計はかなりクラシカルで、エンジンは前に置かれ、ギアボックスはデフと一緒に後方に配置される、アルフェッタ以来のトランスアクスル方式である。トランスミッションにはポルシェ・シンクロを採用しなかったため、悪名高きシフトフィールをほぼ完全に払拭できた。サスペンションにも重要な新技術が注がれ、バンプストッパーがダンパーの中に収められた。エンジンは1.8ℓ4気筒、2ℓ4気筒（キャブレター仕様とインジェクション仕様）、2.5ℓV6インジェクショ

カラード・ガーニッシュ
アルファ90スーパーでは、ナンバープレート・ガーニッシュがボディ同色となる。

下：新しくなったシート生地。1986年当時のV6 2.0インジェクションの価格は2698.9万リラ。

ン（クアドリフォリオ・オロ）、2ℓ4気筒ターボディーゼルの計4種類が用意され、1985年には税率を考慮して開発した2ℓV6も登場する。スピカと共同開発したエンジン電子制御システム（CEM）の採用で、エンジンはスムーズにムラなく最高回転まで回る。

1986年のトリノ・ショーで、アルファ90のラインナップ全体がスーパーに変更され、やはり5種類のエンジンが用意された。キャブレター2.0が消滅、スイス向けに触媒付き2.5V6エンジンが導入された。スーパーはローギアード化され、どの仕様も加速性能が良くなっている。V6搭載車には電子制御ABSがオプション設定された。ターボディーゼルは、コンプレッサーが小型化され、フューエルヒーターはインジェクションユニット内に組み込まれた。外観上はフロントグリルが小さくなり、リアのナンバープレート・ガーニッシュがボディと同色化される。内装ではシート生地が変更され、単色インストルメントパネルが採用された。さらに今回のマイナーチェンジで、エアコンも高性能なものに入れ替った。アルファ90は1987年までに5万6500台が生産された。

FORMULA 1 1978〜1985

1982

8枚の写真で綴るF1史

1978年：ブラバム-アルファBT46のニキ・ラウダ。ティーポ115-12と呼ばれるこの12気筒ボクサーは、ティーポ33TT12のエンジンをベースに開発された。

1979年：ベルギーGPで177を駆るブルーノ・ジャコメッリ（左）、並んでいるのはニキ・ラウダのブラバム-アルファ。

1980年：179でコーナーをクリアするパトリック・デパイエ。

1981年：179はマリオ・"ピエドーネ"・アンドレッティも乗った。タイアが縁石に乗り上げている。

1982年：182でモンザのストレートを不滅の闘志を持って疾走するアンドレア・デ・チェザリス。

1983年：183Tにとって不運なシーズン。ドライバーはマウロ・バルディ。

1984年：184Tに乗ったリカルド・パトレーゼ。

1985年：185Tを操るエディ・チーヴァー。

1978
1979
1980
1981

1951年にマヌエル・ファンジオがアルフェッタ159でワールドチャンピオンを獲得してから、アルファ・ロメオがF1のタイトル争いに再び参加するには約20年もの歳月を要した。1970年代初頭アウトデルタは、ティーポ33の3ℓV8を英国のマクラーレンM14D（1970年）とマーチ711（1971年）向けにリヴァイスすることを委託された。そのエンジンは主にアンドレア・デ・アダミッチによってトラック・テストを受けたが、際立った成果が上げられず、一時棚上げされた。しかし1975年シーズン終盤、当時ブラバム・マルティーニ・レーシングを指揮していたバーニー・エクレストンとの協力関係が始まる。強烈な個性を持ったこのマネージャーは、素晴らしいティーポ33の12気筒ボクサーエンジンを自らのチームのマシーンに搭載することに決め、ブラバム-アルファBT45が生まれた。ブラバム-アルファは数々のドライバー（まず挙げなければならないのはカルロス・パーチェ、次にニキ・ラウダ）と共にレースに参戦した。1978年にニキ・ラウダはBT46で2回の優勝を果たし（スイスGPとイタリアGP）、翌年ブラバム-アルファは60度V12エンジンを搭載したBT48を投入する。しかし、ニキ・ラウダがイモラ・サンテルノ・サーキットで優勝（ワールドチャンピオンシップには含まれないレース）したのが、このマシーンでの唯一の勝利で、ブラバムとの関係はそのシーズンの終了を待たずして解消する。

1979年5月13日、アルファは単独で開発したマシーン、177でベルギーGPにレース復帰を果たす。実はこのマシーン、すでに1978年にはアウトデルタの手により完成しており、ニキ・ラウダのブラバム-アルファと並んで参戦していた（ドライバーはブルーノ・ジャコメッリ）。その177はハニカム構造のモノコックを持つアルファ・ロメオ初の"グラウンドエフェクト・マシーン"で、1979年ベルギーGPは、ブラバム-アルファと同じ60度V12ユニットを搭載した179のモンザGPデビューを念頭に置いた最終テストの場でもあった。結局1回コースアウトし、最高のデビューとは言えなかったが、最も権威ある世界的レースへのアルファ・ロメオ復帰を人々に印象づけた。1980年アメリカGPではつまらないメカニカルトラブルのために、ジャコメッリはせっかくのポール・スタートを無駄にした。アンドレア・デ・チェザリスの182も、1982年アメリカ西GPのロングビーチで同じ不運に見舞われる。ターボエンジンのポテンシャルに着目したアウトデルタは、1983年シーズンに向けて4バルブ90度V8のターボを開発した。それが、スク

1983

1984

1985

ーデリア・ユーロレーシングのマネジメント下にあった183Tで、デ・チェザリスはドイツGPと南アフリカGPで2位入賞を果たした。最も成績が不振だったのは1984年で、リカルド・パトレーゼがモンザで3位に入ったに過ぎなかった。翌1985年の成績不振で、アルファの首脳陣は再びF1からの撤退を決定したが、オゼッラへのエンジン提供は1987年まで続いた。

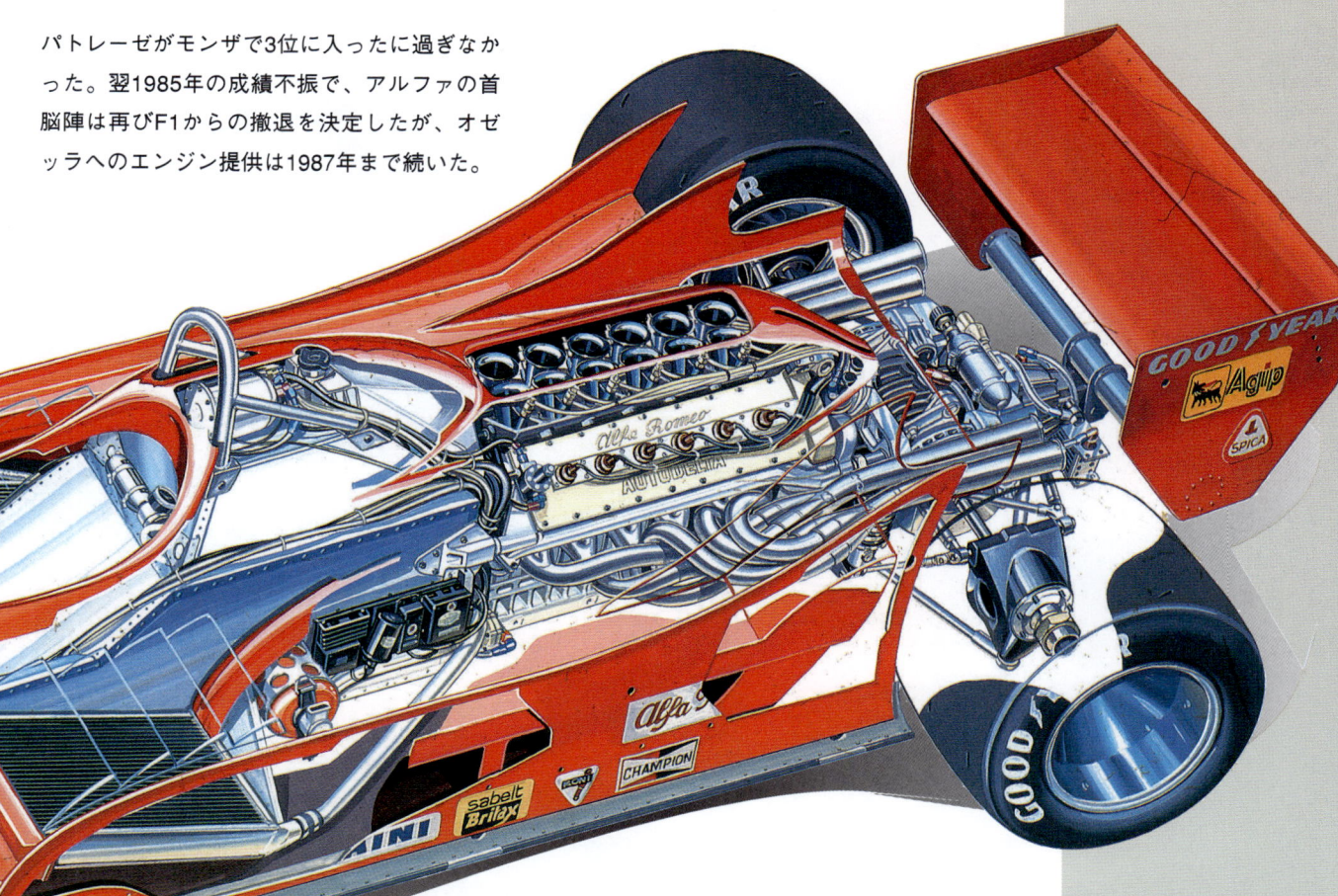

復活を遂げたマシーン
70年代にアルファが単独で製作したマシーン、179の透視図。フロントウィングがないのは当時のF1の特徴。エンジンは、カルロ・キティ指揮の下、アウトデルタが設計した60度V12ユニット。

75

**ウェッジシェイプの
サイドビュー**

右：1985年発売の75。サイドビューはジュリエッタよりも際だったウェッジシェイプなのがよくわかる。

下：ターボディーゼルと2.0のガソリン（Benzina／右）。ロードテスト結果はクワトロルオーテ1985年7月号に掲載された。

　「ジュリエッタであり33にも見える」アルファ・ロメオ創立75周年（1985年）に発売された75のスタイリングを、クワトロルオーテ誌にこう評した。実際、この新しいスポーツセダンは、後継モデルとして、ウェッジシェイプとシャシーをヌオーヴァ・ジュリエッタから継承している。アルファ90もそうであったように、アルファのエンジニアはグリーンハウスに大きな変更を加えずにフロントとリアを新しくし、特にテールをハイデッキにすることで、ウェッジシェイプのサイドビューを強調した。その結果、33を彷彿とさせるラインに仕上がってはいるものの、大きなリフレクターを介して繋がっているリア・コンビネーションライトがラインを重くしてしまった。翻って、フロントは間違いなく好印象で、低くスリークなフロントにラジエターグリルと異形ヘッドライトが個性を与えている。その他、目を惹く黒いラインがボディを一周していることと、クロムメッキが使われていないことが特徴だ。

　メカニズムに関しては、初代ジュリエッタに由来する4気筒エンジン（1.6ℓ／1.8ℓ／2.0ℓ）が75にも搭載されている。2.0は2基のツインチョーク・キャブレターで最高出力128ps／5400rpmを発揮し、エグゾーストバルブにステライト加工（異常高温からバルブ

干難がある。ハンドリングは良いのだが、切り始めに独特のアンダーステアが出るからだ」

発売から2年後、アメリカの厳しい排ガス規制に対応した新バージョンが登場する。75ミラノ（Milano）と名を変えたこの北米仕様は、2.5ℓのV6エンジンを搭載し（1988年には3ℓになる）、装備の違いでクアドリフォリオ・アルジェント（Quadrifoglio Argento＝銀の四つ葉のクローバー）、クアドリフォリオ・オロ

フロントの方が美しい
低くてスリークなフロントは精悍。いっぽう、目立つオレンジのリフレクターが特徴的なリアは、かなりボリュームがある。

を守る耐熱性がきわめて高い素材）が施してあるのが特徴である。インタークーラー付き2ℓターボディーゼルは今回もVM製で、75のラインナップには、2.5ℓV6エンジンを搭載した最高級仕様クアドリフォリオ・ヴェルデ（Quadrifoglio Verde／最高出力156ps）も用意された。75は縦置きのフロントエンジンに後輪駆動を組み合わせ、ギアボックスを後方に置き、インボードブレーキを持つ典型的なトランスアクスル・アルファ・ノルドだ。性能も高く、クワトロルオーテ1985年7月号のロードテストは次のように記している。「エンジンが素晴らしい。特に長いストレートでの走りは抜群で、現在のアルファの中で最高のポテンシャルを誇る。挙動も安定しており、ノービスドライバーにもわかりやすい一方で、シリアスドライバーをも満足させる。足回りは比較的スポーティだが、コーナリングに若

Passione Auto・Quattroruote 151

（Quadrifoglio Oro＝金の四つ葉のクローバー）、クアドリフォリオ・プラティノ（Quadrifoglio Platino＝プラチナの四つ葉のクローバー）の3バージョンが設定された（プラティノにはエアコンとABSが標準装備）。

1986年には75ターボもデビュー。小排気量だが、性能はクアドリフォリオ・ヴェルデと肩を並べるほどだった。ツーリングカーのホモロゲーションモデルも開発され、75 1.8iターボ・エヴォルツィオーネの名で発売された（生産台数500台）。スポイラーで武装されたいかついボディは空気力学に基づいており、パワートレーンにも手が加えられているため、いきなり210km/hをマークする高性能マシーンに仕上がっている。

ターボ登場
75のインストルメントパネル（写真右）はアルファ90にそっくり。中央にあるのは時計付きのアルファ・コントロール・チェックパネル。
左下：1989年発売の1.6インジェクション。
右下：1990年発売の1.8i ターボ・クアドリフォリオ・ヴェルデ。

1987年のジュネーヴ・ショーで、気筒当たりふたつのスパークプラグを持ち、出力とトルクを最適化できる可変カムシャフトを備えた75 2.0ツインスパークがデビューした。1989年にはすべてのモデルがインジェクションになり、1991年にはいまやコレクターズアイテムとなっている特別限定車が発売される。インディー（Indy／一部市場ではルマン＝Le Mans）やASN（Allestimento Speciale Numerato＝シリアルナンバー付きスペシャルバージョン）といったモデルがあり、専用アルミホイール／レカロシート／本革巻きのステアリングホイールとシフトノブ／シリアルナンバーを刻んだシルバープレートが装備されていた。しかし、75のラインナップで最後まで生産されていたのは、意外にも1.6インジェクションと2.0ターボディーゼルの2種だった。バンパーとドアミラーをボディ同色にするなどの変更を経て、2.0ツインスパークから受け継いだ小さなリアスポイラーを備えたこの2台は、最も均整の取れたモデルであったと言える。

まさにレーシングマシーンの走りっぷり

上：75 2.0のインテリア。

左：1986年発売の1.8iターボ・エヴォルツィオーネ。ツーリングカー・レースのホモロゲーション取得のために500台生産された。

テクニカルデータ
75 1.6

【エンジン】＊形式：水冷直列4気筒／縦置き ＊総排気量：1570cc ＊最高出力：110ps／5800rpm ＊最大トルク：14.9mkg／4000rpm ＊タイミングシステム：DOHC／2バルブ ＊燃料供給：キャブレター（ツイン）／デロルトDHLA40Hサイドドラフト

【駆動系統】＊駆動形式：RWD ＊変速機：トランスアクスル／前進5段／手動 ＊タイア：185/70TR13

【シャシー／ボディ】＊形式：4ドア・セダン ＊乗車定員：5名 ＊サスペンション（前）：独立＝ダブルウィッシュボーン／縦置トーションバー・スプリング，テレスコピックダンパー，スタビライザー ＊サスペンション（後）：固定＝ド・ディオン，ラジアスアーム，パナールロッド，ワッツリンク／コイル，テレスコピックダンパー，スタビライザー ＊ブレーキ（前）：ベンチレーテッド・ディスク ＊ブレーキ（後）：インボード・ディスク ＊ステアリング形式：ラック・ピニオン

【寸法／重量】＊ホイールベース：2510mm ＊全長×全幅×全高：4330×1630×1400mm ＊車重：1060kg

【性能】＊最高速度：180km/h ＊平均燃費：9.2ℓ/100km

75 レース活動

1987年のツーリングカー選手権に参戦した75ターボ・エヴォルツィオーネは1.8iターボがベースだが、グループAレギュレーションに合わせてアルファコルセが開発し、ボディを軽量化するとともに、サスペンション／エンジンマウント／ステアリングギアボックスが強化された。きわめてハードなサスペンションにはボールジョイントを採用、特にリアサスペンションは大幅な手直しを受け、ド・ディオンながらトーイン調整とキャンバー調整が可能となっている。エンジンの変更点では、レギュレーションのクラス分けに合わせた排気量縮小（1779cc→1761cc）、特殊素材のピストン使用、カムプロファイル変更、ポート研磨、空冷式インタークーラーの大型化などが挙げられる。ブレーキは全面的に見直され、大径4輪ベンチレーテッド・ディスクが採用され（リアディスクはアウトボードに移された）、ギアボックスは5段、LSDは75％に調整されている。こうして仕上がったマシーンは圧倒的パワーを誇り、1.8iターボでは155psだった最高出力は280ps以上を発揮、最終的に1990－91年仕様では375～390psに達した。

ツーリングカー・レース用に開発した1.8ターボ・エヴォルツィオーネは、ジャック・ラフィーやマイケル・アンドレッティのような有名ドライバーに委ねられたが、成績は芳しくなく、シルバーストーン500kmでのフランチア／シュレッサー組の3位だけが注目に値する唯一の結果だった。1988年には、アレッサンドロ・ナンニーニ、リカルド・パトレーゼ、ニコラ・ラリーニといった最も有力なイタリア人ドライバーを投入、アルファはイタリア・ツーリングカー選手権の人気回復に貢献し、また、ジャンフランコ・ブランカテッリとジョルジオ・フランチアで1位と2位を制した。1988年末には、パトレーゼ／ビアシオン／シルヴィエロのIMSA仕様が、第9回ジーロ・ディタリアで1位を飾った。

二輪走行
下左：1989年のイタリア選手権で75エヴォルツィオーネを操るニコラ・ラリーニが見せた縁石でのアクロバット走法。

下右：1987年シーズンのフランチア／バリラ組の75ターボ。

右上：そのすべてのレーシングマシーンのベースとなった75ターボ。

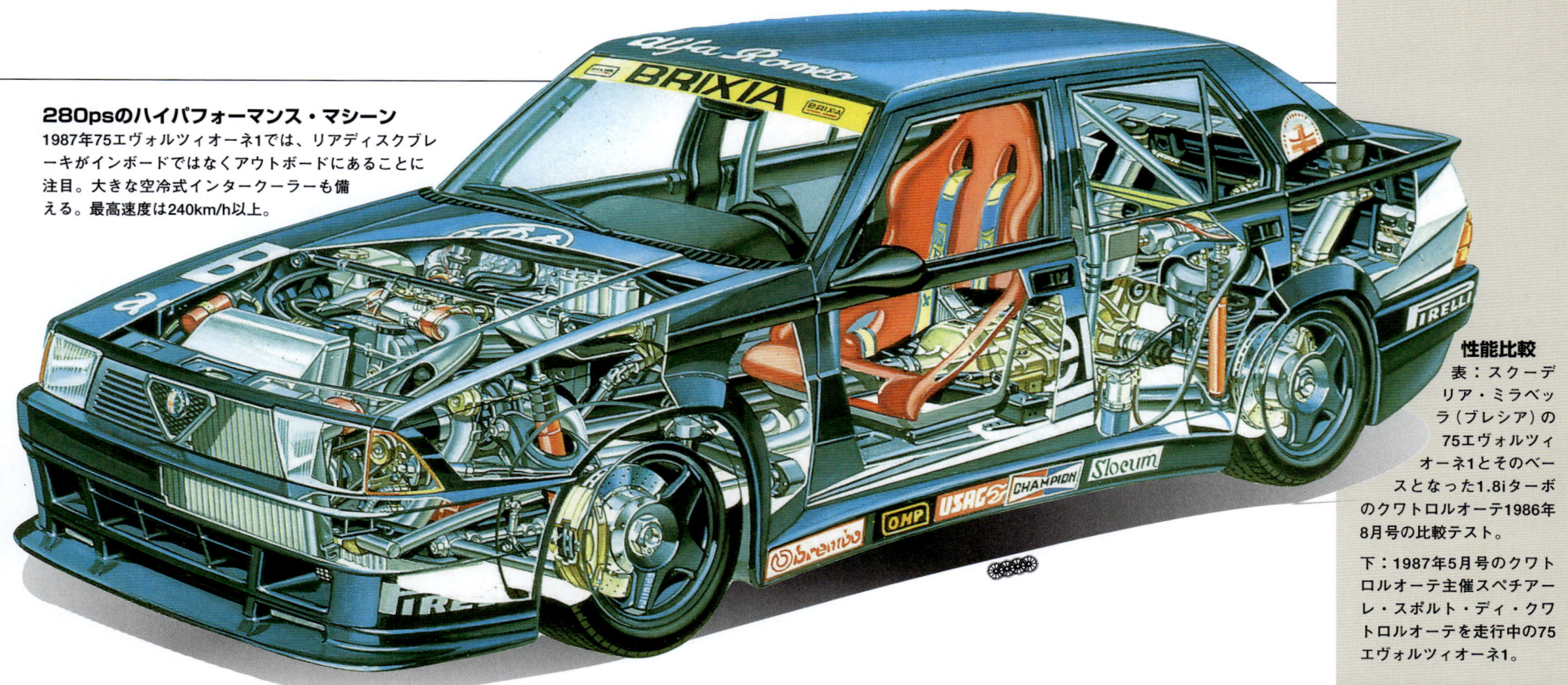

280psのハイパフォーマンス・マシーン

1987年75エヴォルツィオーネ1では、リアディスクブレーキがインボードではなくアウトボードにあることに注目。大きな空冷式インタークーラーも備える。最高速度は240km/h以上。

性能比較

表：スクーデリア・ミラベッラ（ブレシア）の75エヴォルツィオーネ1とそのベースとなった1.8iターボのクワトロルオーテ1986年8月号の比較テスト。

下：1987年5月号のクワトロルオーテ主催スペチアーレ・スポルト・ディ・クワトロルオーテを走行中の75エヴォルツィオーネ1。

QUATTRORUOTE ROAD TEST

	1.8turbo	1.8Ev.
最高速度		
5速使用時	214.14	242.19
燃費（5速コンスタント）		
速度（km/h）		km/ℓ
60	18.1	—
100	13.0	—
140	8.9	—
発進加速		
速度（km/h）		時間（秒）
0—60	3.6	3.1
0—80	5.3	3.9
0—100	7.7	5.2
0—120	10.5	6.8
0—140	14.2	8.4

	1.8turbo	1.8Ev.
0—200	—	16.9
追越加速（5速使用時）		
速度（km/h）		時間（秒）
70—120	11.1	1.1*
70—140	16.0	3.2**
110—200	—	11.0
制動力		
初速（km/h）		制動距離（m）
80	29.2	23.9
100	45.6	37.5
120	65.7	53.9
140	89.4	73.4
200	—	149.9

*110—120km/h **110—140km/h

164

フィアット・シャシーにアルファ・ロメオの魂をいかに宿すか、この問題に対する解決策がプロジェクト164であった。

生産効率の悪さから多額の負債を抱え国有化されていたアルファ・ロメオは、1986年フィアットに売却された。この時点では、大量生産によるスケールメリットを活かして低価格化を図るとともに、インターナショナルなイメージを打ち出しながら、アルファ・ロメオのブランドを立て直すことが急務だった。

まず取りかかったのが、"新しい道"を走り出すのに相応しい高級車、つまり、中・大型のフラッグシップセダンの開発だった。フィアットにはその目的に適うシャシー、ランチア／サーブと共同開発中のティーポ4がすでに持ち駒としてあり、サーブ9000、フィアット・クロマやランチア・テーマのヒットを見

ベストセラー2.0

1987年にデビューした164。エンジンは2.0iツインスパーク（写真左下）、2.5ターボディーゼル、3.0i V6（写真右下）の3種。それから間もなくアグレッシブな2.0iターボ（最高出力201ps）がラインナップに加わる。1987年から3年間で最も売れたのは2.0であり、発売価格2950万リラ（2.0iターボは3736.2万リラ）で8万8757台生産される。ターボディーゼル（3141万リラ）は2万6604台生産され、3.0i V6（4640万リラ）は3万3112台生産された。

ればその実力は証明済みと言えた。高剛性で比較的軽量なボディを実現し（有限要素法という新しい手法でコンピューター解析し、耐久性の高い鋼板を広範囲に亘って使用した）、サブフレームに取り付けられたパワーユニットとサスペンションをシャシーに結合、横置きエンジンで前輪を駆動し、四輪独立マクファーソン・ストラット・サスペンションを採用しているのが特徴である。

　こうした確かな技術をベースに全体と細部をリファインすることで、アルファ・ロメオ164は生まれた。目標は"世界に認められたアルファの優れた価値を、ライバルの中で再提案できる車にすること。技術的にもデザイン的にも個性的で、高性能（最高速度200km/h以上）であり、際立ったスポーティネス、ハンドリング、および完璧な品質を誇ること"

各車200km/hをマーク

164最初のロードテストの模様。各車、最高速度200km/hを超えた（ターボディーゼル：202km/h／2.0ツインスパーク：212km/h／2.0ターボ：229km/h／3.0 V6：234km/h）。

表：2.0ツインスパークのテスト結果。ABS（1987年当時オプション）が搭載されていなくてもブレーキの制動力は優秀だが、ペダルのフィールはややスポンジーでダイレクト感に欠ける。

QUATTRORUOTE ROAD TEST

最高速度		発進加速	
5速使用時	212.36	速度（km/h）	時間（秒）
燃費（5速コンスタント）		0−60	4.3
速度（km/h）	km/ℓ	0−80	6.5
60	19.8	0−100	9.5
80	16.7	0−120	13.1
100	14.2	0−140	17.7
120	12.0	制動力	
140	10.0	初速（km/h）	制動距離（m）
追越加速（5速使用時）		60	16.3
速度（km/h）	時間（秒）	80	29.0
70−100	10.3	120	65.3
70−140	26.4	140	88.9

by ピニンファリーナ
164のデザインは、ボディだけでなく、インテリアやエルゴノミックスに至るまですべてピニンファリーナが手掛けた。インテリアの広さではクラス最高水準を誇る。トランクルーム容量（504ℓ）もやはり最高水準。吹き出し口が11ヵ所あるフルオートエアコン（オプション）と、トランクスルーのスキーバッグも用意されている（一部グレードには標準装備）。

と、かなり意欲的だった。しかし、経済的な理由から、すべてフィアットが得意とする技術を駆使して開発されているのも事実。前輪駆動もマクファーソン・ストラットも、当然"ミラノの"偉大なアルファ・ロメオの伝統には馴染まない。とはいえ、エクステリアデザイン、空力性能、インテリアはアルファ・ロメオと長い付き合いがあり、世界的に認められた著名なピニンファリーナに委ねられた。すでにフィアット／ランチア／サーブが同一シャシーを使用していたため、その経験に助けられ、プロジェクト164は加速度的な進展を見せる。一方で開発テストは厳格を極めた。50台の量産試作車は2ヵ月間で200万kmを走行し（特に峠道は1450回通過した）、また別のグループはテストトラックで距離を重ね、細部に至るまでリファインした。実際、アルファ・ロメオの近年の弱点は品質の問題だったので、そうした弱点を完全に払拭するために164のロードテストは発売後にまで及んだのである。

1987年9月にこの新フラッグシップは早くも完成し、フランクフルト・ショーで発表される。搭載されたエンジンは、最高出力145psの2ℓ4気筒ツインスパーク、188psの3ℓV6、かなり高水準の114psを誇る2.5ℓターボディーゼルだった。164はフィアット傘下で生み出された最初のアルファ・ロメオとなり、根っからのアルフィスタたちは前輪駆動化を快く思わなかったが、全体的には好評を博し、1990年までの発売から3年間で14万8473台も売れたことがそれを裏づけている。横置きエンジン＋前輪駆動のメリットとしては、重量増の抑止、車室内やトランクルームの容量の拡大、メカニカルノイズの低減や、ノーマルスピード時のハンドリングが（悪天候でも）良く、安全といったことが挙げられる。実際そうした特徴は、最初のクワトロルオーテ・ロードテストでも実証され、居住性と快適さの項目にそれぞれ五つ星が付いた。「75ではあまりにうるさかったパワフルなエンジンのノイズが、164では高速走行時によ

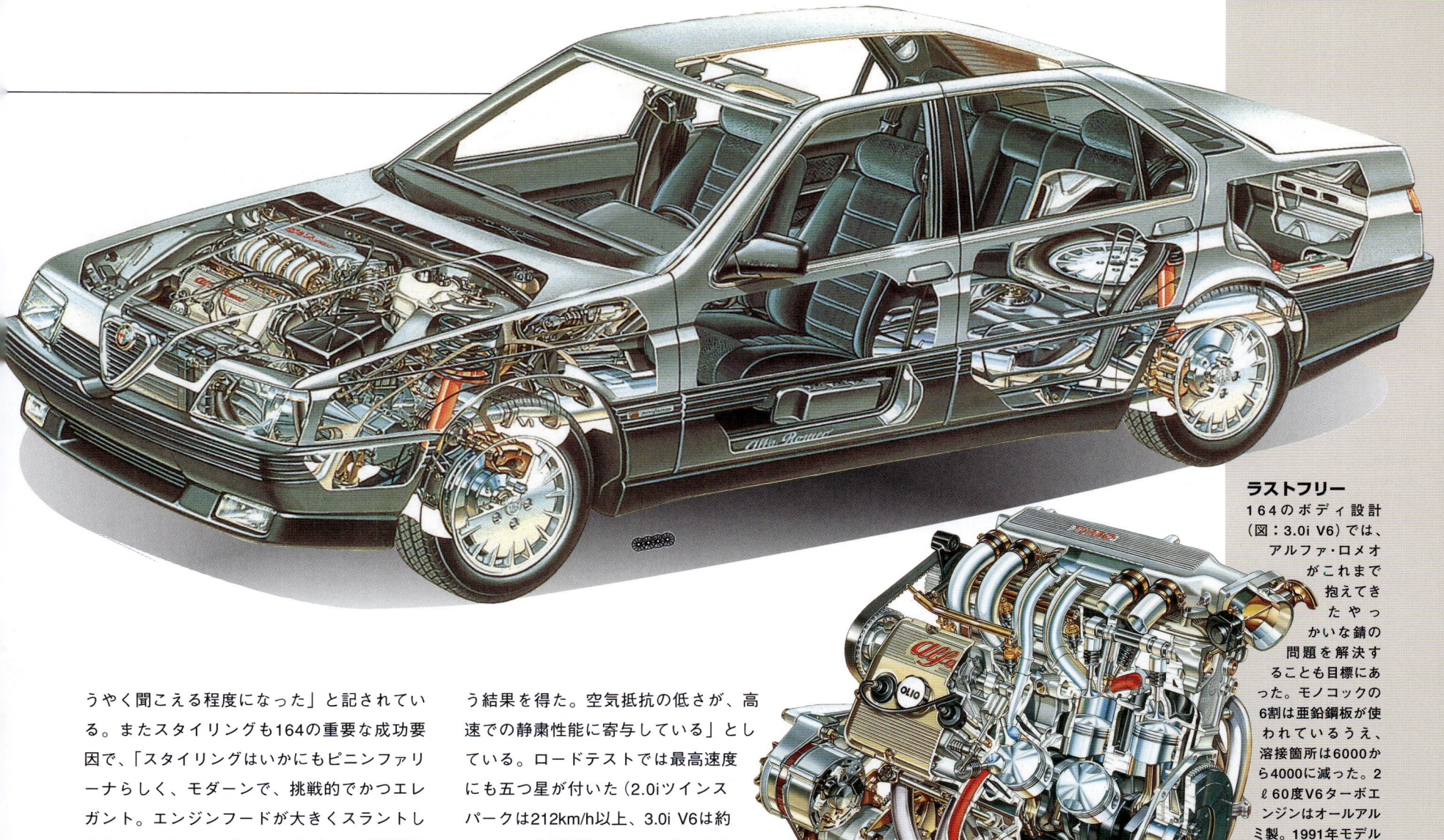

うやく聞こえる程度になった」と記されている。またスタイリングも164の重要な成功要因で、「スタイリングはいかにもピニンファリーナらしく、モダーンで、挑戦的でかつエレガント。エンジンフードが大きくスラントしたウェッジシェイプのサイドビューが特徴的だ」と評している。空力性能も特筆すべき点で「164とテーマは同一のシャシーを用いているが、164の方が空力は優れている。本誌のテストでもCd値は公表値と同じ0.309という結果を得た。空気抵抗の低さが、高速での静粛性能に寄与している」としている。ロードテストでは最高速度にも五つ星が付いた（2.0iツインスパークは212km/h以上、3.0i V6は約235km/hを記録）。エアロダイナミックなスタイル、高性能エンジン、軽量ボディ（先代フラッグシップ、アルファ6より18〜11％軽量化）のおかげで、燃費の項目でも高い評価（四つ星）を獲得、特に高速走行で良さ

ラストフリー
164のボディ設計（図：3.0i V6）では、アルファ・ロメオがこれまで抱えてきたやっかいな錆の問題を解決することも目標にあった。モノコックの6割は亜鉛鋼板が使われているうえ、溶接箇所は6000から4000に減った。2ℓ60度V6ターボエンジンはオールアルミ製。1991年モデルは210ps／6000rpm（105.2ps/ℓ）を発揮。

Passione Auto・**Quattroruote** 159

リノベーション

1991年、164のマイナーチェンジ版が登場（下写真は2.0iツインスパーク）。ブレーキ／ステアリング／電気系統／エアコン性能が向上し、ダッシュボード回りのデザインが一新された。2.0i V6ターボ（4318.5万リラ）もラインナップに加わり、このV6は排気量が2ℓへ縮小され、ターボが装着された（最高出力207ps／最高速度240km/h）。1992～93年には、3ℓV6エンジンが24バルブ化された（クアドリフォリオの最高出力232ps／6300rpm／最高速度245km/h／7407.2万リラ）。

が際立ち、164 V6の140km/h走行時の燃費は10.5km/ℓだった。ルノー25 V6ターボやサーブ9000ターボ16など、出力が同等のライバル（いずれも最高速度は164に劣る）の中では最高水準だ。

こうして欧州のグランドトゥアラーの中で競争力を得るという目標は達成されたが、ドライビングにおけるアルファ・ロメオらしさは影を潜めた。すなわち、スポーティな走りを実現するには高性能であることは確かに重要だが、それだけでは足りない。ステアリングとスロットルからのフィードバックが車全体に迅速かつ正確に伝わり、瞬時に反応することが不可欠なのだが、こうした性能は前輪駆動ではなかなか実現が難しい。というのも前輪駆動では、前輪だけがトラクションとステアという相反するふたつの機能をこなさなければならないのに加え、フロントヘビーなためかなりのイナーシャが生じるのである。164のエンジニアたちは高性能エンジンを搭載することで、前輪駆動でありながらノーマルスピード域でのスタビリティと安全性をうまく両立させた。しかし、マクファーソン・ストラットでは、いくら巧妙にチューニングしてあるとはいえ、スポーツドライビングの要となる瞬発性が得られない。「アルファはスポーティな走りよりも、快適性やステアリングの軽さを重視したようだ。実際ステアリングはスローで、コーナーでは早めにステアしたほうが良い。反応に時間が掛かるからだ。特に高速ではそれが顕著になる。また、きついコーナーやS字ではラインを保つのにかなりの力が要る」とクワトロルオーテ誌は評した。

スポーツドライビングの魅力に欠けるという問題は、1988年初頭に発売された164 2.0iターボ（その性能は3ℓクラスに匹敵し、2ℓでトップクラス）でさらに著しくなった。この4気筒ターボはV6 3.0iに比ベトルクが太く（29mkg、V6 3.0iは25mkg）、トルクステアが顕著で、前輪駆動の問題がいっそう浮き彫りになってしまった。「コーナリング進入時も、

ローエンドとハイエンドモデル

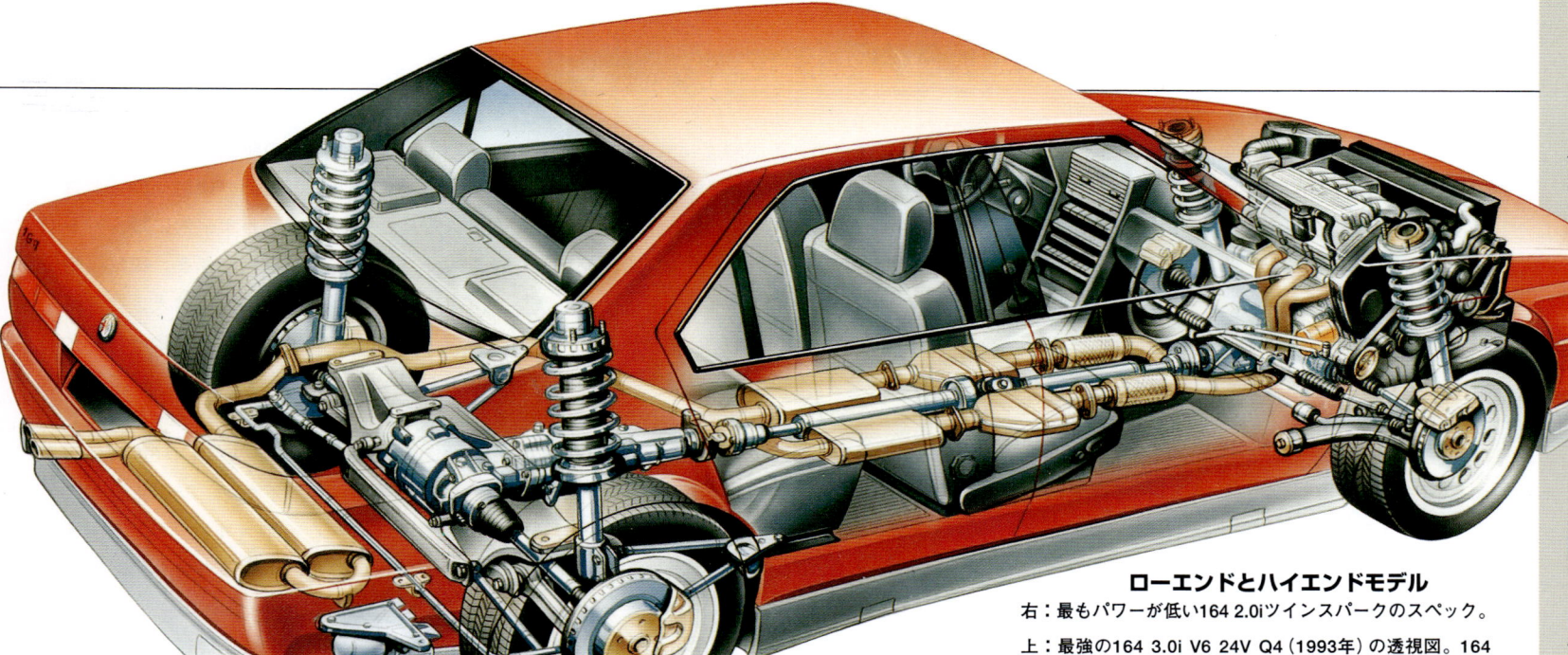

右：最もパワーが低い164 2.0iツインスパークのスペック。
上：最強の164 3.0i V6 24V Q4（1993年）の透視図。164 3.0i V6 24V Q4はパーマネント四駆で、電子制御ビスカス・カップリングは後方に配置され、ギアボックスは6段、エンジンはクアドリフォリオと同様24バルブ（231ps）。
下：スポーティな3.0i V6 24Vクアドリフォリオ。

ライン修正時も、ステアリングレスポンスはもっとクイックであるべきだし、そのレスポンスは唐突にではなく、もっと緩やかにあるべきだ。また、トルクステアでステアリングホイールに強いキックバックがあり、特にフロントホイールの左右の路面状況が異なるときはそれが強い」とクワトロルオーテは評している。

164のラインナップは進化を続け、早い段階でキャタライザー仕様やハイパフォーマンス仕様（1990年発表のクアドリフォリオ3.0i V6／最高出力197ps／最高速度237km/h）がラ

テクニカルデータ
164 2.0i ツインスパーク

【エンジン】＊形式：水冷直列4気筒／横置き ＊総排気量：1962cc ＊最高出力：145ps／5800rpm ＊最大トルク：19.8mkg／4700rpm ＊タイミングシステム：DOHC／2バルブ ＊燃料供給／イグニション：電子制御インジェクション／ダブル・イグニッション

【駆動系統】＊駆動形式：FWD ＊変速機：前進5段／手動 ＊タイア：185/70VR14

【シャシー／ボディ】＊形式：4ドア・セダン ＊乗車定員：5名 ＊サスペンション（前）：独立＝マクファーソン・ストラット／コイル, テレスコピックダンパー, スタビライザー ＊サスペンション（後）：独立＝マクファーソン・ストラット／コイル, テレスコピックダンパー, スタビライザー ＊ブレーキ（前）：ベンチレーテッド・ディスク（ABSオプション）＊ブレーキ（後）：ディスク（ABSオプション）＊ステアリング形式：ラック・ピニオン（パワーアシスト）

【寸法／重量】＊ホイールベース：2660mm ＊全長×全幅×全高：4555×1760×1400mm ＊車重：1200kg

【性能】＊最高速度：210km/h ＊平均燃費：8.3ℓ/100km

安定とスポーティネス

下：164 3.0i V6 24V Q4のクワトロルオーテ・ロードテスト（1993年11月号）の模様。表：そのテスト結果。Q4は164のスポーツ性能を最もよく体現している。快適さを多少損なったが、4つのタイヤでトラクションを得ることで、前輪駆動の限界を打ち破った。「体勢と方向を変える際のシャープな反応が、快い走りを生むハンドリングを可能にする」とクワトロルオーテ誌は評した。

インナップに加わった。1991年には快適さとクォリティを向上させたマイナーチェンジ版が登場する。この改良版は164の変遷を辿っていくうえで重要なモデルであり、ボディには防錆性に優れる亜鉛鋼板を採用、エアコンが強力になり、ブレーキのキーキー音が低減された。ステアリングにはさらに重要な変更が施されており、ステアリングへのキックバックを減らし、かつレスポンスを向上させるために、ステアリングギアボックスにベアリングとエラスティックダンパーが追加された。また、付加価値税率が倍に（36％）引き上げられたことを受け、新型2ℓV6ターボ（最高出力200ps以上／最高速度240km/h）を追加、さらに1992年にはアメリカ市場も視野に入れて開発されたスーパー（3ℓV6 24バルブエンジン／最高出力211ps／最高時速240km/h）とクアドリフォリオ（3ℓV6 12バルブエンジン／最高出力232ps／最高時速245km/h）の3バージョンが加わり、マイナーチェンジ版は充実した。

結局、164の発売当初からのセールスポイントであるスポーツセダンに本当の意味で到達するには、1993年11月に発売されたQ4（クアドリフォリオ4×4）の登場を待たなければならなかった。Q4ではメカニズムとダイナミック性能が一新された。3ℓV6 24バルブ・エンジン（最高出力231ps）に目立った変化はないが、トランスミッションは大きな進化を遂げた。Q4のトランスミッションはデフを3つ有する四輪駆動用で、センターデフ（重量配分をより良くするため後方に配置）が電子制御でフロントとリアへの駆動力配分を連続的に変化させることで、ステア状態やロードコンディションの如何を問わず、常にニュートラルなトラクションが確保できる。四輪駆動化にしたことに伴い、ボディには大きな変更が施され、剛性と強度はさらに高まった。そして、クロスレシオ6段ギアボックスと電子制御サスペンションが、スポーティなハンドリングを完全なものにしている。164Q4は販売台数こそ多くはなかったが、8803.7万リラという価格がアルファ・ロメオのブランドイメージを大いに高めた。その後もいくつかの小変更を経て、164は10年に渡った生産を1997年に終え、その生涯を閉じた。総生産台数は26万8757台に及んだ。

QUATTRORUOTE ROAD TEST

最高速度		70—160	33.1
5速使用時	240.46	**発進加速**	
燃費（5速コンスタント）		速度（km/h）	時間（秒）
速度（km/h）	km/ℓ	0—60	3.5
60	12.1	0—100	7.7
90	10.4	0—130	12.4
100	9.8	0—180	25.5
120	8.6	**制動力**	
140	7.6	初速（km/h）	制動距離（m）
160	6.6	80	25.0
180	5.8	100	39.1
追越加速（5速使用時）		120	56.3
速度（km/h）	時間（秒）	140	76.6
70—80	3.2	160	100.1

164コンセプトモデル
プロテオのメカニズムは、2年後に発売される四輪駆動の164Q4を先取りしたものだった。しかし、このV6エンジンはさらにパワフルだった（最高出力256ps）。最高速度は250km/h。

変幻自在
1991年のジュネーヴ・ショーでアルファはこの未来的な"コンセプトカー"を発表する。走行可能であったが、生産台数はたった1台だけ。名前はギリシャ神話の神の名をとりプロテオ（Protèo＝ポセイドン）と命名された。
プロテオ変幻自在。ふたつパーツから成る開閉可能なルーフを生かし、スパイダーからクーペへ、クーペからスパイダーへと変身する。

SZ／RZ

テクニカルデータ
SZ（1989）

【エンジン】＊形式：水冷60度V型6気筒／縦置き ＊総排気量：2959cc ＊最高出力：210ps／6200rpm ＊最大トルク：25.0mkg／4500rpm ＊タイミングシステム：SOHC／2バルブ ＊燃料供給：電子制御マルチポイント・インジェクション

【駆動系統】＊駆動形式：RWD ＊変速機：トランスアクスル・前進5段／手動 ＊タイヤ：（前）205/55ZR16，（後）225/50ZR16

【シャシー／ボディ】＊形式：2ドア・クーペ ＊乗車定員：2名 ＊サスペンション（前）：独立＝ダブルウィッシュボーン／コイル，テレスコピックダンパー（マニュアル・クリアランスコントロール付），スタビライザー ＊サスペンション（後）：固定＝ド・ディオン，ラジアスアーム，パナールロッド，ワッツリンク／コイル，テレスコピックダンパー（マニュアル・クリアランスコントロール付） ＊ブレーキ（前）：ベンチレーテッド・ディスク ＊ブレーキ（後）：インボード・ディスク ＊ステアリング形式：ラック・ピニオン（パワーアシスト）

【寸法／重量】＊ホイールベース：2510mm ＊全長×全幅×全高：4060×1730×1310mm ＊車重：1280kg

【性能】＊最高速度：245km/h ＊平均燃費：9.9ℓ/100km

75進化系
SZ／RZのメカニカル・コンポーネンツ（透視図はロードスターのRZ）は、基本的にレース仕様の75と同じで、縦置きエンジンが前方に置かれ、後輪を駆動、ギアボックスはデフと一体で後方に配置されるトランスアクスル方式。

派手なデザイン、2シーター、210psのV6エンジン、限定生産。これがSZをSZたらしめる所以だ。SZは、ステファノ・イアコポーニ（アルファのテクニカルディレクター）、ワルター・デ・シルヴァ（アルファのチェントロ・スティーレ所長）、ジョルジオ・ピアンタ（アルファ・コルセ）、エリオ・ザガート、ジャンニ・ザガート、ジュゼッペ・ビッザッリーニから成る小さなチームが設計開発した。このビポスト（2シーター）は、レース仕様の75のシャシーとメカニカル・コンポーネンツをベースに、ミラノ郊外のテラッツァーノ・ディ・ローにあるザガート工場で、スチール製のシャシーに熱硬化樹脂とグラスファイバーで造られたボディを載せて組み立てられた。吸排気系を改良し、新しいカムプロファイルを採用、インジェクションとイグニッションのマネジメントシステムをボッシュ・モトロニックに改良した結果、75のV6より出力が約25ps向上し、Cd値0.30／0－100km/h＝7.5秒／最高速度241km/hという驚くべき性能を誇る。SZの足回りは油圧によって車高調整が可能で、マニュアル操作で車高を40mm上げることができる。1992年末にはロードスターのRZも追加され、SZとRZ合わせて998台が生産された。

**カペッリの
サーキットラン**

クワトロルオーテによるスキッドテストの模様（1990年5月号、バロッコにて）。操縦するのはイヴァン・カペッリ。カペッリのSZに対する印象は良かった。「この6気筒は上出来だ。——サーキットでの心地良いサウンドもまた気分を盛り上げてくれる」

QUATTRORUOTE ROAD TEST

最高速度	
5速使用時	241.04

燃費（5速コンスタント）

速度（km/h）	km/ℓ
60	15.3
80	14.1
100	12.5
120	10.8
140	9.1
160	7.5
180	6.4

追越加速（5速使用時）

速度（km/h）	時間（秒）
70−80	2.9
70−120	13.8
70−160	26.7

発進加速

速度（km/h）	時間（秒）
0−60	3.7
0−100	7.5
0−140	13.2
0−180	22.4
0−200	29.0

制動力

初速（km/h）	制動距離（m）
60	14.9
80	26.5
100	41.3
120	59.5
140	81.0

90年代 夢を実現するテクノロジー

イタリアで1990年に新車登録された91％はセダンで、高級車が増加傾向にあったが、それらに新しさはなかった。しかし1995年になると、販売された車の2割以上をクーペ／ステーションワゴン／SUV／モノスペース／スポーツカーなどが占めるようになった。その後90年代を通してそうしたトレンドが続き、名だたるメーカーもこぞって人々の感性に訴えかけるニッチな車を発売した。小型車にも重要な変化が起き、実用的なだけでは済まされなくなり、もはやコンパクトカーにすら最先端技術が備わる時代になった。いっぽう、環境問題の取り組みでも、ささやかだが意義深い成果が見受けられた。

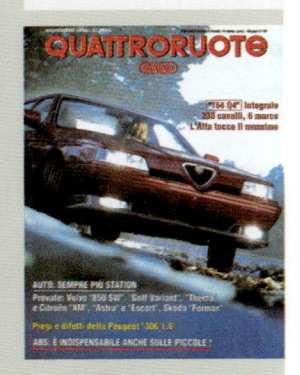

最高を極めたアルファ

「ジュネーヴ・ショー：比類なき、並外れたアルファ」プロトタイプのプロテオを紹介したクワトロルオーテ1991年3月号には、そんなタイトルが付けられた。
1993年11月号では、164Q4に対して「アルファ、極みに達する」という文字が躍っている。アルファ・ロメオのイメージはどこまでも高く。

▶ 1990年

クワトロルオーテがテストしたニューカマーは、ランボルギーニLM002（最高速度200km/hのオフロードカー）、ルノー・クリオ（サンクの後継／日本名ルーテシア）、BMW 3シリーズ（E36）など。新生ブガッティがEB110を発売。GMはスポーツカーの性能を持つ世界初の電気自動車、インパクトを発売。発売から42年間で510万台が生産されたシトロエン2CVが生産終了。トヨタ・カローラは1500万台という大きな目標を突破し、イタリアではますます日本車が売れるようになる。新型のフォード・エスコートには、初めてヨーロッパ単一価格が適用された。マセラーティとイノチェンティがフィアット傘下に。後部座席のシートベルト着用の義務化。高速道路にテレパス（ノンストップ料金システム、日本のETCに相当）が導入される。

▶ 1991年

輸入車が引き続きイタリア車のシェアを脅かし、1985年に63％だったイタリア車のシェアは53％に落ち込む。この年のデビューは、メルセデス・ベンツSクラス（W140／技術の粋を集めたモデル）、ホンダNSX（フェラーリを強く意識したモデル）、インドのマルチ800（旧型スズキ・アルト）、フォルクスワーゲン・ゴルフⅢ（世界中で大ヒット）、セアト・トレド（フォルクスワーゲン傘下の初めてのセアト）、ホンダ・シビック（VTEC搭載）、プジョー106（気品ある小型車）、フェラーリ512TR（テスタロッサに代わるモデル）、オペル・アストラ（栄光のカデットの後継）。高速道路料金が全車種に対し同一料金となる。携帯電話が車内でも新しいステータスシンボルとなる。

▶ 1992年

この年、自動車販売台数が過去最高を記録（238万9395台）。主な新型車はアウディ100（静粛性に優れた車）、ニッサン・マイクラ（K11マーチ／最新のメカニズムを積んだ小型車）、フィアット・チンクエチェント（126の後継）、クライスラー・ボイジャー（エスパスの競合モデル）、トヨタ・プレヴィア（日本名エスティマ／モノスペース人気がますます高まる）、フェラーリ456GT（5.5ℓエンジンはフェラーリの市販車では最大排気量）。ディーゼル車は特別自動車税の課税対象から外れる（ただし新規登録してから3年間のみ）。自動車の自主整備が禁止となる。

▶ 1993年

販売台数は前年より70万台減少し、自動車市場は低迷。
この年発売されたのは、フォード・モンデオ（Dセグメントで初のエアバッグ標準装備）、オペル・コルサとセアト・イビーサ（それぞれマイクラに対抗する欧州車）、プジョー306、ランチア・デルタ（2代目）、ルノー・トゥインゴ（最小モノスペース）、フィアット・プント（フィアットの社運をかけたモデル）、クーペ・フィアット（フィアットのニッチマーケット参入）。メルセデス190に代わりCクラス（W202）がデビュー。シトロエンBXに代わりエグザンティアが登場。ポルシェが30年ぶりに911をモデルチェンジ（993）する。

▶ 1994年

自動車市場は前年よりさらに冷え込む（登録台数はわずか164.6万台）。この年のデビュー

は、ルノー・ラグナ、トヨタ・スープラ（JZA80）、フェラーリF355、ヒュンダイ・アクセント（ポニーは生産終了）、BMW 3シリーズ・コンパクト（E36）、7シリーズ（E38）、ランチアk（カッパ）、ジャガーXJ。
フォード・フィエスタが小型車で初めてエアバッグを標準装備。フィアット・ウリッセとランチアZ（ゼータ）の発売で、モノスペースがさらに増えた。デザイン一新のフォルクスワーゲン・ポロⅢ。オペル・ティグラ（コルサをベースにした小型クーペ）が大ヒット。ホンダがローバーをBMWに売却。ブガッティのオーナーであるロマーノ・アルティオーリがロータスも買収。防犯装置イモビライザーが開発される。バンコマット（銀行のATM）が高速道路に登場。

▶ 1995年

三菱とボルボの共同開発によりカリスマが誕生。フォード・エスコート、オペル・ベクトラ、メルセデスEクラス（W210）、ニッサン・マキシマ（A32セフィーロ）、ニッサン・アルメーラ（N15パルサー）、ローバー400（ホンダの影響をいまだに強く感じさせる）、ホンダ・シビックも登場。世代交代も進み、プジョー405に代わり406、ランチアY10に代わりY（イプシロン）、シトロエンAXに代わりサクソ、フィアット・ティーポに代わりブラーヴォとブラーヴァ（日本名ブラビッシモ）がデビュー。ルノーはメガーヌで対抗。新型フォード・フィエスタは高級車の風格さえ備えていた。フェラーリF50の価格は8億リラ。

▶ 1996年

この年発売されたのはフォルクスワーゲン・シャラン（フォルクスワーゲンのモノスペース）、メルセデス・ベンツSLK（R170）、ルノー・メガーヌ・セニック、ルノー・クリオのマイナーチェンジモデル、ランチアkシリーズ2（ステーションワゴンとクーペも）。その他、フィアット・マレーア、BMW Z3ロードスター（E36）、アウディA3、フォルクスワーゲン・パサートⅣ、ポルシェ・ボクスター、フェラーリ550マラネロ、フォードKaもデビュー。ヨーロッパではこの年もゴルフが最も売れた（13年連続）。

▶ 1997年

ルノー・エスパス、ジャガーXK8クーペ、セアト・アローザ、プジョー406ブレーク、BMW 5シリーズ・ツーリング（E39）、シトロエン・ベルランゴ、シトロエン・クサラ、メルセデスAクラス（W168）、サーブ9-5、フィアット・パリオ・ウィークエンドがこの年デビューした。ゴルフはヨーロッパ人気ナンバーワンの座をプントに明け渡す。

▶ 1998年

イタリアの自動車税制が変わり、従来のように排気量にではなく最高出力に応じて課税されるようになる。
この年の膨大な新車リストの中で記憶しておきたいのは、アウディS4、アウディA6アヴァント、大宇マティス、フィアット・セイチェント、フィアット・ムルティプラ、フォード・フォーカス、ランドローバー・フリーランダー、ヒュンダイ・アトス、マツダ626（カペラ）、メルセデスMクラス（W163）、オペル・ザフィーラ、オペル・アストラ、プジョー206、ルノー・グランエスパス、トヨタ・アヴェンシス、フォルクスワーゲン・ルポ。
SUV人気が定着。ランボルギーニがアウディ傘下に入る。

▶ 1999年

この年はスポーツカーが数多く発表され、フェラーリ360モデナ、メルセデスCLクラス（W215）、オペル・スピードスター、アウディTTロードスター、アストン・マーティンDB7ヴァンティッジ、パガーニ・ゾンダがデビューした。また、100周年を迎えたフィアットからプントがリリースされたほか、アウディA2、ルノー・アヴァンタイム、プジョー607、ランチア・リブラ、ジャガーSタイプ、ローバー75らが登場。他にはモノスペースのシトロエン・ピカソやシティオフローダーのBMW X5が目新しかった。
クワトロルオーテ1月号では、次世紀を担う100以上のニューモデル予想が発表された。

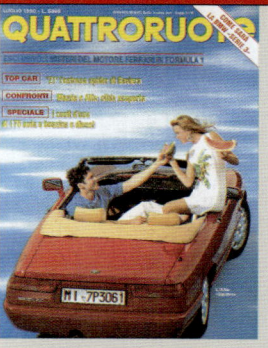

お墨付き
アルファ・スパイダー2.0を彩るのは、多くのカップルを代表する若いふたり（1990年7月号）。
なんとシューマッハまでもが147のステアリングを握った（2000年11月号）。

155

テムプラ／デドラの兄弟車

1992年1月、フィアットと力を結集して作り上げたアルファ・ロメオの新しいミドルクラスがデビューした。四輪独立サスペンションのシャシーをベースにしている。ツインスパークは排気量1.8ℓと2.0ℓの2シリーズがある。フィアットとランチアの兄弟モデルを手掛けたI.DE.Aが155（写真下は1.8）もデザインした。

多くのアルフィスタには不評だったものの、フラッグシップの164で5年前に前輪駆動への移行を果たしたアルファ・ロメオは、今回はさらに自信を持ってこの技術的問題に取り組み、1992年1月に高級中型セダン、155を発表する。それに伴い75の生産は終了となった（生産期間に7年間）。

フィアット傘下でグループ内の力を集結させ開発した横置きエンジン／前輪駆動のアルファは、これが2台目となる。実際シャシーは、出力向上にに合わせて剛性を上げた以外は、フィアット・テムプラやランチア・デドラのそれと共通（ホイールベースは2.54m）。サスペンションもデドラと同様で、独立リアサスペンションのトレーリングアームとプレスのアッパーアームとの間にコイルが配置されており、そしてそのアッパーアームはブッシュを介してボディに取り付けられ、それぞれトランスバースアームによって繋がっている。この独創的な技術は、ランチア・デドラに欠かせないセールスポイントであるコンフォート性能（NVHの低減）と大容量のトランクルームの実現（実に525ℓ）を主眼において開発されている。

しかし155は、"スポーツカーづくりの使命を持つメーカー、アルファ・ロメオの伝統的かつスポーティネスを裏づけるまったく新しいモデル"というアピールで発表された。その根拠は、基本的にエンジンとデザインにある。4気筒DOHCツインスパーク・ユニット（1.8と2.0）には最新技術が用いられ、新しいシリンダーヘッド、電子制御インジェクション、第3世代の可変バルブタイミング（特許取得）を採用して高性能化され（72ps/ℓ）、触媒装着による出力低下のハンディキャップを完全に払拭した。これに類似した技術はV6（排気量は再びオリジナルと同じ2.5ℓに戻り、165ps/66ps/ℓ）と4気筒2.0ターボ16バルブ（186ps/93ps/ℓ）にも使われて、どのエンジンも鋭い加速を誇り（0－100km/hが7～11.7秒）、最速仕様では225km/hに達する。翌年にはターボディーゼルの1.9と2.5（最高出力はそれぞれ

QUATTRORUOTE ROAD TEST

	1.6	Q4
最高速度		
5速使用時	193.95	228.15
燃費 (5速コンスタント)		
速度 (km/h)		km/ℓ
90	14.3	11.4
100	13.5	10.5
120	11.5	9.1
130	10.5	8.4
160	───	6.0
追越加速 (5速使用時)		
速度 (km/h)		時間 (秒)
70─100	11.7	6.4
70─120	20.1	10.5
70─130	24.9	12.6
70─160	───	20.6
発進加速		
速度 (km/h)		時間 (秒)
0─60	4.2	3.1
0─80	7.4	4.8
0─100	11.1	7.0
0─120	15.8	8.8
0─130	18.7	11.5
0─160	───	18.1
制動力		
初速 (km/h)		制動距離 (m)
60	14.2	13.9
80	25.2	24.6
100	39.4	38.5
130	66.6	65.0
140	───	75.4

90psと125ps）が発売された。

一方でボディに関しては、「進化したスポーツカーという開発コンセプトをエレガントに表現した」とエンジニアは述べ、サイドビューは「ウェッジシェイプのラインと高いリアデッキが特徴で、車が持つ力強さをあますことなく表現している」とした。空気抵抗は3ボックスのDセグメント・セダンとしてはきわめて低い（Cd値0.29）。しかし、クワトロルオーテ誌が実施した155 1.8iツインスパークの初めてのロードテストでは（1992年2月号）、アルファ・ロメオの真の伝統からは程遠いということを露呈してしまった。「155はなによりもスポーティ・イメージを前面に押し出そうとしている。しかし、確かにアグレッシブなデザインが躍動感を感じさせるものの、スポーツカーらしさよりもエレガントさの方が勝っており、その点は164と少し似ている」それでもステアリングレスポンスに関しては、164より敏捷性が高まったことが認められた。

4WDスポーツカー
下：155で最も高性能かつスポーティな2.0iターボ16V Q4（四輪駆動／最高出力186ps）の1992年12月号クワトロルオーテ・ロードテストの模様。左表は、1.6i TS 16Vとの性能比較（1996年7月号）。

164の発売から数年の経験を積み、164よりボディをコンパクトにした結果（ホイールベースで4.5％短縮）、前輪駆動に付きもののイナーシャが明らかに低減された。ただし、「快適さを追求するあまりサスペンションがソフトになり、積極的な走りをしているとロールが少し気になる」、また「ステアリングの性質によって、コーナーへの進入が若干遅くなる」と評したが、その力学的挙動についてクワトロルオーテ誌は、一流のテストドライバーにその最終的な見極めを委ねた。F1ドライバーでフェラーリのテストドライバーも務めるジャンニ・モルビデッリがその人だ。以下がモルビデッリの所見である。「走り始めた途端、グリップがものすごく良いと感じた。足回りは基本的に安定志向でトリッキーな感じはない。限界まで踏んでもふんばりが利き、わずかにアンダーステアを伴うが、ドライバーは充分な安心感を持てるので、公道走行にはこのアンダーステアは適正だと思う。確かに、アルファに心底惚れている人には少し不満かもしれない。75のように後輪駆動であれば、ステアリングホイールやスロットルペダルへのレスポンスはもっと俊敏で正確になり、よりスポーティな走りが可能だが、前輪駆動には無理な話だ。とは言え、新しい四輪駆動のQ4は、きっと大きな満足を与えてくれるだろう」

モルビデッリの目に狂いはなかった。実際、アルファ・ロメオは155のスポーツカーらしいイメージを最初からアピールしようとして、

快適な車内

車内も、フィアットとランチアの兄弟モデルの良さが活かされている。ホイールベースが2.54mとかなり長く、全幅も1.7mあるため広々としている。

下：1.8のインテリア。

171ページ下：2.0のインテリア。

右上：触媒付きの1.7iツインスパーク（116ps）。

右下：1.9ターボディーゼル（90ps）。

V6も

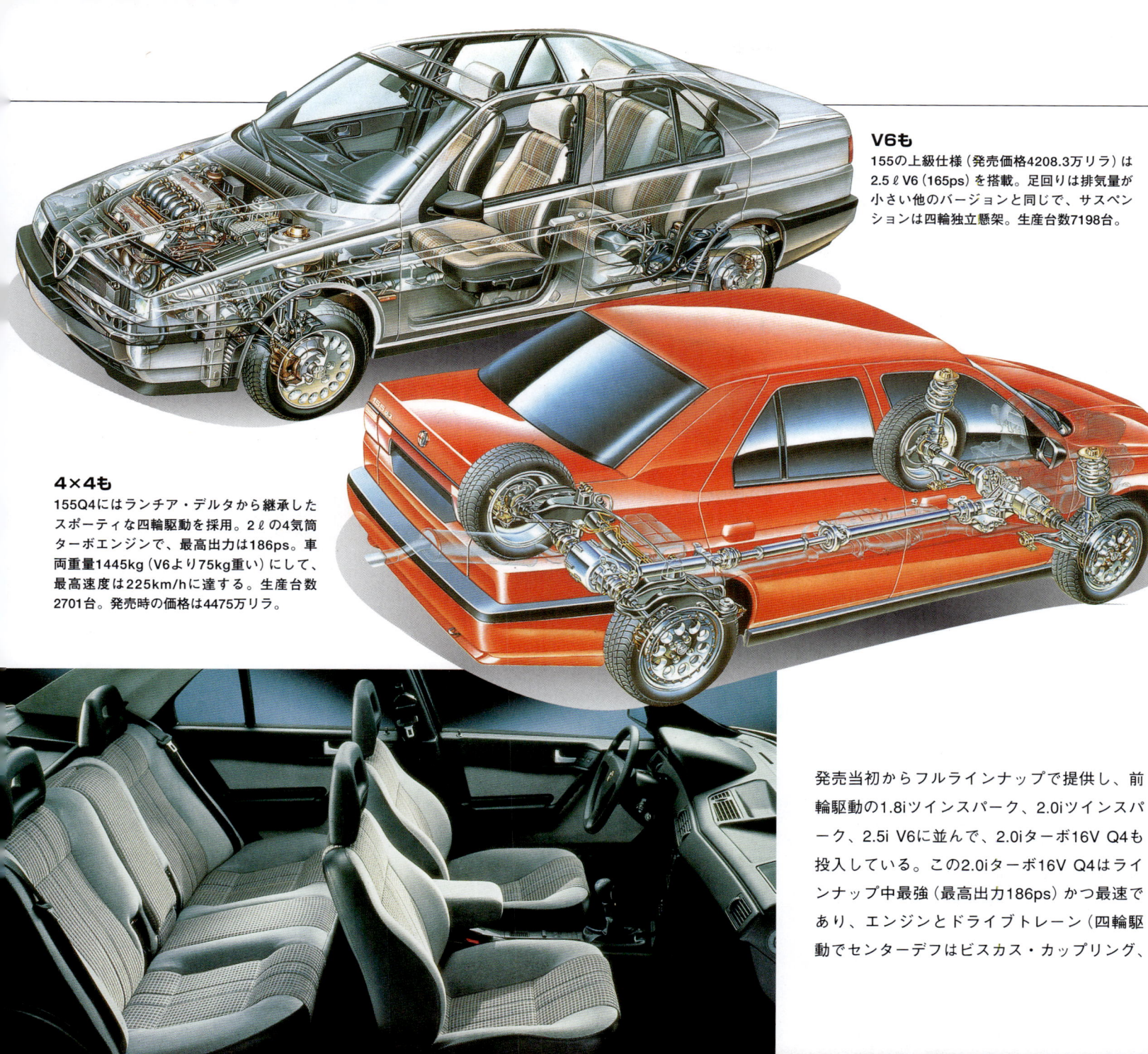

155の上級仕様（発売価格4208.3万リラ）は2.5ℓ V6（165ps）を搭載。足回りは排気量が小さい他のバージョンと同じで、サスペンションは四輪独立懸架。生産台数7198台。

4×4も

155Q4にはランチア・デルタから継承したスポーティな四輪駆動を採用。2ℓの4気筒ターボエンジンで、最高出力は186ps。車両重量1445kg（V6より75kg重い）にして、最高速度は225km/hに達する。生産台数2701台。発売時の価格は4475万リラ。

発売当初からフルラインナップで提供し、前輪駆動の1.8iツインスパーク、2.0iツインスパーク、2.5i V6に並んで、2.0iターボ16V Q4も投入している。この2.0iターボ16V Q4はラインナップ中最強（最高出力186ps）かつ最速であり、エンジンとドライブトレーン（四輪駆動でセンターデフはビスカス・カップリング、

テクニカルデータ
155 1.8i ツインスパーク

【エンジン】＊形式：水冷直列4気筒／横置き ＊総排気量：1773cc ＊最高出力：126ps／6000rpm ＊最大トルク：19.8mkg／4700rpm ＊タイミングシステム／イグニッション：DOHC／2バルブ／ツインスパーク ＊燃料供給：電子制御マルチポイント・インジェクション／ボッシュ・モトロニックM1.7

【駆動系統】＊駆動形式：FWD ＊変速機：前進5段／手動 ＊タイア：185/60HR14

【シャシー／ボディ】＊形式：4ドア・セダン ＊乗車定員：5名 ＊サスペンション（前）：独立＝マクファーソン・ストラット／コイル，テレスコピックダンパー，スタビライザー ＊サスペンション（後）：独立／トレーリングアーム／コイル，テレスコピックダンパー，スタビライザー ＊ブレーキ（前）：ベンチレーテッド・ディスク（ABSオプション） ＊ブレーキ（後）：ディスク（ABSオプション） ＊ステアリング形式：ラック・ピニオン（パワーアシスト）

【寸法／重量】＊ホイールベース：2540mm ＊全長×全幅×全高：4443×1700×1440mm ＊車重：1270kg

【性能】＊最高速度：200km/h ＊平均燃費：8.1ℓ／100km

新しいインテリア
マイナーチェンジで内装が変わったが、装備に変更はない。

下：2.0 16Vの新しいコクピット。その右はスーパー（4つのトリムレベルの最上級版）のインテリア。ステアリングホイールとインストルメントパネルはウッド製。

表：2.5ターボディーゼルのロードテスト結果（1993年8月）。

リアはトルセン・デフ）は、過去5年のWRCタイトルをすべて獲得した栄光のランチア・デルタをベースにしたものを搭載している。155Q4は発表後数ヵ月で店頭に並び、クワトロルオーテ1992年12月号にはコーナリングにおける挙動に関する測定値も盛り込んで、完全なロードテスト結果を掲載した。ロードテストで最高速度は公表値を超えて228km/hに達し、加速では五つ星を獲得、ブレーキ（最新の4チャンネル・6センサーABS装備）でもやはり五つ星を獲得した。サスペンションは電子制御式ダンパーを備え、スポーツモードにすると快適さは多少削がれるが、ロールは著しく減少する。「Q4はスポーツマインドを持ったドライバーに強い感動を与える。コーナーへの進入は容易で、ややアンダーステア気味にラインに落ち着く。コーナー脱出時の

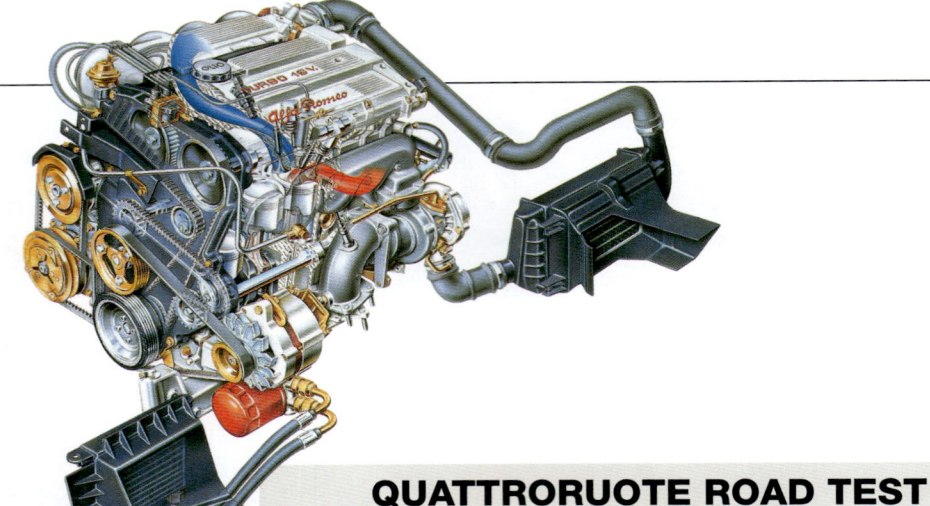

ターボとNA
上：155に搭載される4気筒エンジン2種。左はフィアットとランチアから流用した2.0iターボ（186ps）。右は2.0ツインスパーク16V（150ps）。

QUATTRORUOTE ROAD TEST

最高速度		70－130	17.2
5速使用時	196.01	発進加速	
燃費（5速コンスタント）		速度（km/h）	時間（秒）
速度（km/h）	km/ℓ	0－60	4.5
90	16.9	0－100	10.7
120	12.5	0－130	18.4
130	11.5	0－160	32.5
160	9.0	制動力	
追越加速（5速使用時）		初速（km/h）	制動距離（m）
速度（km/h）	時間（秒）	100	39.7
70－100	8.4	130	67.1
70－120	13.8	160	101.6

最終型

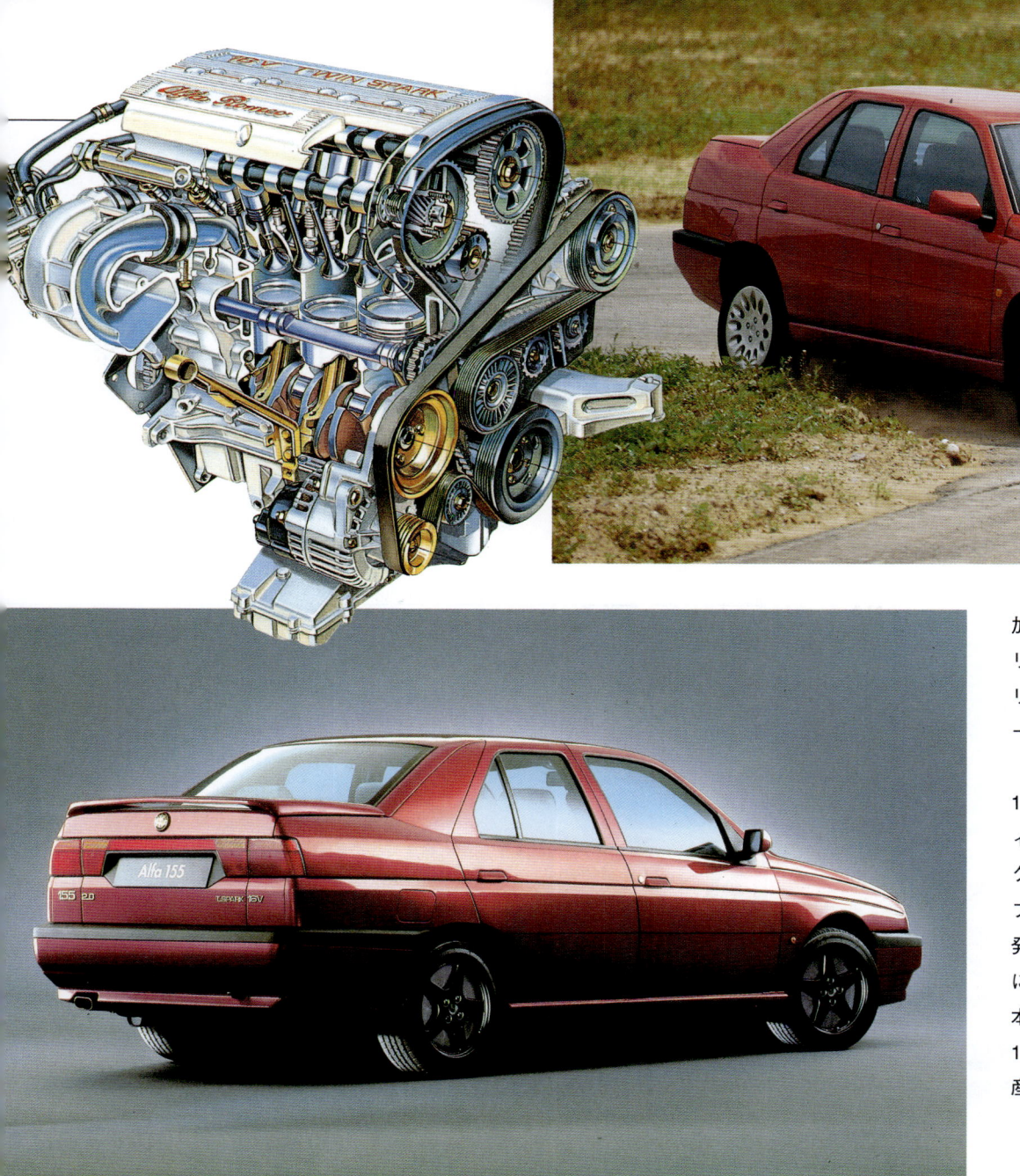

1995〜1997年は、新シリーズのツインスパーク16Vが販売された。可変バルブタイミングとバランサーシャフトを備えた（左上図）1.6ツインスパーク16Vは最高出力120ps（8333台生産）、1.8ツインスパーク16Vは140ps（3万247台生産）、2.0ツインスパーク16Vは150ps（2万1368台生産）、最高速度は195〜208km/h。4つのトリムレベル（ベーシック／L／S／スーパー）があり、価格は3075万リラ（1.6ベーシック）から3700万リラ（2.0スーパー）。この155の新シリーズはアルファの盾形グリルがクロムメッキされていることと、フェンダーがブリスター状に広くなっていることが目印。

左：S仕様（スポイラーとホイールが専用）で、オプションのスポーツキットを装着している。

加速では、徐々にではあるがセンターデフとリアデフがロックするのが感じられ、コーナリングは軽いオーバーステアに終わる」とロードテストでリポートされた。

その後1997年まで次々に新モデルを投入、1993年に1.9ターボディーゼル、2.5ターボディーゼル、より安価な4気筒1.7ツインスパーク（最高出力116ps）を発売、1995年に16バルブの新しいツインスパーク（1.6／1.8／2.0）が発売されて、ラインナップは拡充した。新たに投入されたこれらのモデルのボディは、基本的には変化せず、7年間の生産期間中に合計19万1949台が生産され、1年あたりの平均生産台数は164とほぼ同じだった。

Passione Auto・Quattroruote 173

155 レーシングモデル

1960年代後半にジュリア・クーペで200勝を挙げた伝説のGTAが帰ってきた。155 2.0ターボQ4（1992年発売）をベースにイタリア・スーパーツーリングカー選手権向けに開発されたレーシングマシーンに、GTAの名を冠したのだ。155 2.0ターボQ4は、正真正銘のハイパフォーマンス・レーシングマシーンと化した。2ℓ4気筒ターボエンジンの最高出力は量産モデルの186ps／6500rpmが、2.6barに過給圧を上げたことで400ps／6500rpmにまで向上し（そのため水を噴射してインタークーラーを冷却する）、トルクは量産モデルの30mkgが、51mkgと桁外れに太くなった。このトルクを4輪に伝えるためには強靭な専用6段ギアボックスが必要となる。最高速度が270km/hに達するこのマシーン、155GTAは、リファインされたサスペンション、強力なブレーキ、ピレリのスリックタイア245/645×

2台のフォーミュラの比較
下：DTM用に開発したV6 Tiの透視図。アルファはこのマシーンで'93年のDTMを制覇した。右図も155だが、イタリア・スーパーツーリングカー選手権用に開発したGTA。

DTMから——
上：'93年のDTMに参戦する155V6 Ti。
左：その透視図。

1 2.5ℓV6エンジン：最高出力430ps／11500rpm、4カム24バルブ、ドライサンプ
2 6段シーケンシャル・アルファ・ロメオ製ギアボックスとオイルタンク
3 3つのデフを有する四輪駆動
4 マクファーソン・ストラット・サスペンション
5 ベンチレーテッド・ディスクブレーキ
6 18インチ・タイア
7 カーボンファイバーも使用した新しいシャシーとボディ
8 ラジエター、トランスミッションオイルクーラー、インタークーラー

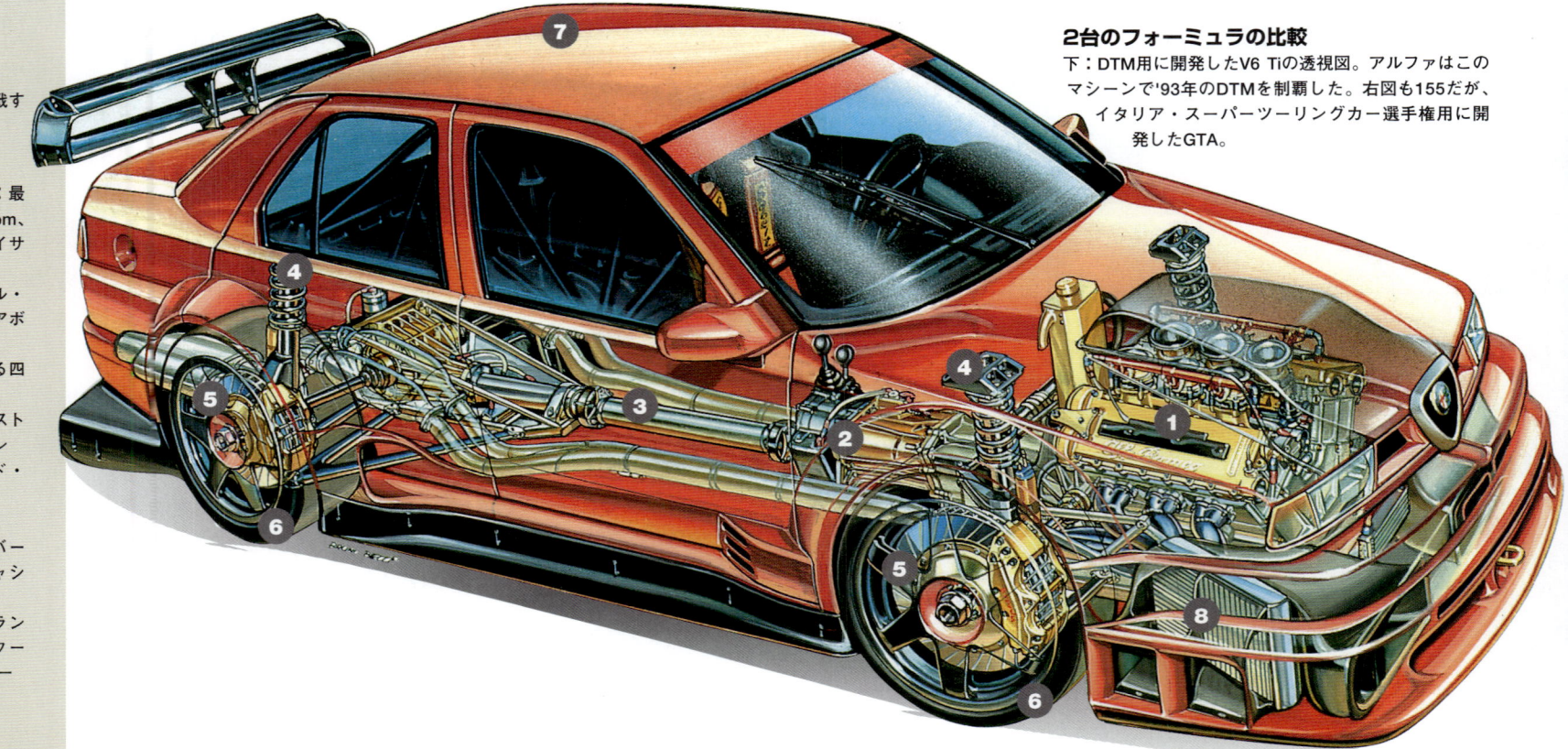

18も功を奏して、シーズン最初のレース、モンザでポールポジションを獲得し、1ラップの平均速度は191km/hを記録、4台の155GTAが1992年の選手権を席巻した。20戦中、ニコラ・ラリーニが9勝（ドライバーズタイトル獲得）、アレッサンドロ・ナンニーニが4勝、ジョルジオ・フランチアが3勝、アントニオ・タンブリーニが1勝と、合計17勝を挙げた。最終のポイントランキングでも1位から4位までをアルファのドライバーが独占した。

　1993年にはさらに高い目標、つまりドイツでF1並の人気を誇るDTM（ドイツ・ツーリングカー選手権）に参戦するため、155を根本的に改造した。DTMではイタリア・スーパーツーリングカー選手権よりずっと改造の自由が与えられている。こうして誕生した155 V6 Tiは、ターボではなくNAの2.5 V6エンジンを搭載、最高出力は420－450ps／11500－12000rpm、6段シーケンシャル・ギアボックスを備えており、新設計のボディストラクチャーの大部分にカーボンファイバーが使われ、巨大な254/650×18－19タイアを装着する。DTMでニコラ・ラリーニとアレッサンドロ・ナンニーニの2台の155Tiが12勝を挙げ、8勝の宿敵メルセデス・ベンツ190E EVOIIを下して栄光のタイトルを獲得、1996年まで国際レースの主役として活躍し続けた。

―― スーパートゥリズモに至るまで

下：イタリア・スーパーツーリングカー選手権で走行中の155 GTA。DTM用に開発したマシーンと基本設計は同じだが、違いも多い。

1　4気筒ターボ、最高出力400ps／6500rpm、DOHC16バルブ、ドライサンプ
2　6段アルファ・ロメオ製ギアボックス
3　3つのデフを持つ四輪駆動
4　マクファーソン・ストラット・サスペンション
5　ベンチレーテッド・ディスクブレーキ
6　18インチ・タイア
7　カーボンファイバーも使用した新シャシーとボディ
8　ラジエーターとオイルクーラー

Passione Auto・Quattroruote　175

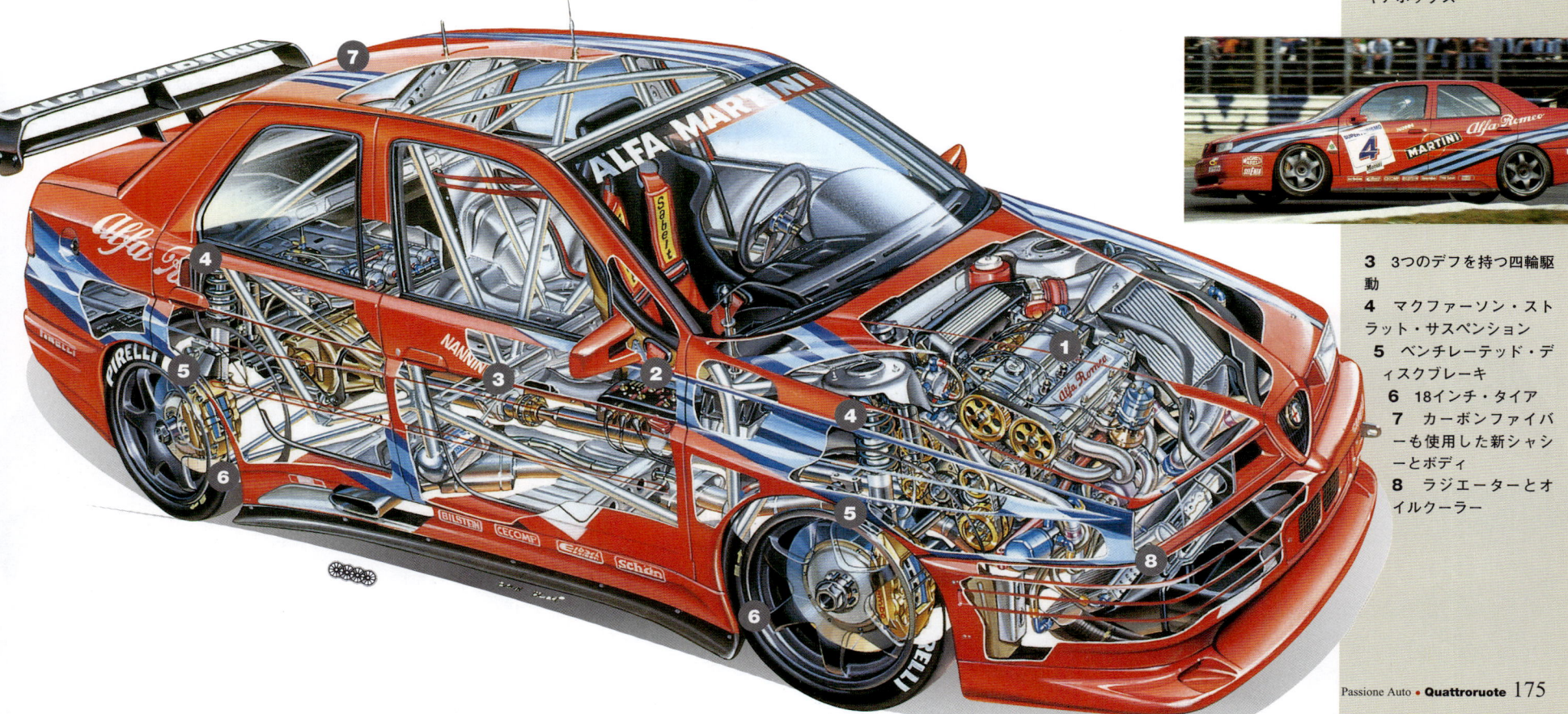

145

ツインスパークを横置きに搭載
145は皆が納得いくデザインだろう。精悍なフロントノーズが、スパッと切り落としたような高いテールによくマッチしている。

下左：1996年2.0i 16Vクアドリフォリオ。横置き直列4気筒ツインスパークを搭載した初めての145。

　33の後継モデルである145は、1994年のトリノ・ショーでデビューした。プロジェクト・ティーポ2から生まれたアルファは、155に次いで145が2台目になる。2ボックスの145の特徴的なアグレッシブで低く構えたフロントノーズは、洗練されており精悍で、アルファらしいハイデッキテールとよく溶け合っている。生まれ変わったチェントロ・スティーレ・アルファ・ロメオのデザインで、チェントロ・スティーレを率いるワルター・デ・シルヴァに145誕生について次のように語っている。「私は見通しが利く車を作りたかった。広いウィンドーが車を囲い、ドライバーもパセンジャーも車内と周囲の風景が一体化した空間にいられるようにしたかったのです」 実際、Bピラーの位置をセンターからずらした結果、ドア開口部を大きくし、サイドウィンドー端を後退させることができたので、外を見る視線を遮る物がなくなった。リアウィンドーも後退させてCピラーの角まで伸ばしたため、より良い視界が確保されている。"小型3ドア・スポーツカー"という定義が、典型的なアルファ・ロメオのフォルムを持つ145を最も端的に言い表しているだろう。盾形グリルからAピラーに向かって広がりを見せるラインは、反対に地面に向かって突き刺さっているかのようにも見え、シャープな印象を与えドライバーを活気づけるデザインである。

　ドアを開けてまず気づくのは、ドア内側トリムにエアコンのアウトレットとパワーウィンドー（1.3はオプション）スイッチが装備されており、フロントドア内側が機能を持ったことである。さらに右ドア内側には、冬に便利な傘入れ（革製）がオプション装着できる。ドアトリムからインストルメントパネルへは直線的に連なり、直感的な操作が可能で、仕様によっては4つのメーター（スピードメーター／レブカウンター／燃料計／水温計）を収めたメータークラスターに、ドアとテールゲートの半ドア警告灯も付く。車内は広々としていて、リアシートを倒せばトランク容量はより広くなり、1.3以外には分割可倒式のリア

QUATTRORUOTE ROAD TEST

最高速度

5速使用時	182.94

燃費（5速コンスタント）

速度（km/h）	km/ℓ
60	16.7
80	15.3
100	13.4
120	11.3
140	9.2
160	7.3

追越加速（5速使用時）

速度（km/h）	時間（秒）
70−100	11.3
70−120	20.5
70−130	25.1

発進加速

速度（km/h）	時間（秒）
0−60	4.6
0−80	7.3
0−100	11.3
0−120	19.8
0−140	23.5
0−160	34.8

制動力

初速（km/h）	制動距離（m）
60	14.6
80	25.9
100	40.5
120	58.4
140	79.5
160	103.6

最高のハンドリング
1994年8月号のクワトロルオーテ・ロードテストで測定された145 1.6L（ボクサー）のアンダーステア気味のハンドリングは、高速走行中のドライバーに自分が操っているシュアな感覚を与える。

クアドリフォリオのテスト

右上：クワトロルオーテ・ロードテストの際の145クアドリフォリオ（1995年12月号）。その下は、エクステリアに変更を受けた1999年1.9JTD。
左下：初期型のインストルメントパネル。
右下：最終型のインテリア。

　145は確かにフィアット・ティーポのシャシーをベースにしているが、技術的にはティーポと大きく異なり、ボクサーエンジンをギアボックスと共に、フロントアクスルより前にオーバーハングして縦置きに搭載している。フロントサスペンションはマクファーソン・ストラット、リアはトレーリングアームを持つ独立式が採用された。パッシブセーフティは入念に研究されており、プリテンショナー付きシートベルトや、火災時の燃料流出防止プリベントスイッチといった安全装置が備わっている。さらに、オプションでABSとエアバックも設定される。エンジンは当初4種で、4気筒ボクサー（1351cc／1596cc／1712cc 16バルブ）と、1929cc直列4気筒ディーゼルがあった。最上級仕様である2.0iツインスパーク16Vクアドリフォリオは翌年に発表されたが、最高出力150psとパワフルで、最高速は210km/hに達する。1996年のマイナーチェンジではエンジンが大きく変化を遂げ、1370cc／1598cc／1747ccのツインスパーク・エンジン（すべて16バルブ）が登場した。3年後の1999年には、ディーゼルに新しいJTD（コモンレール・ターボディーゼル：最高出力105ps／最高速度185km/h）が採用される。その際、外観にも小変更が加えられ、バンパーがボディ同色となり、フロントノーズに変更を受けるなど（ただし最高に美しいとは言えない）、ラインナップの若返りが図られた。

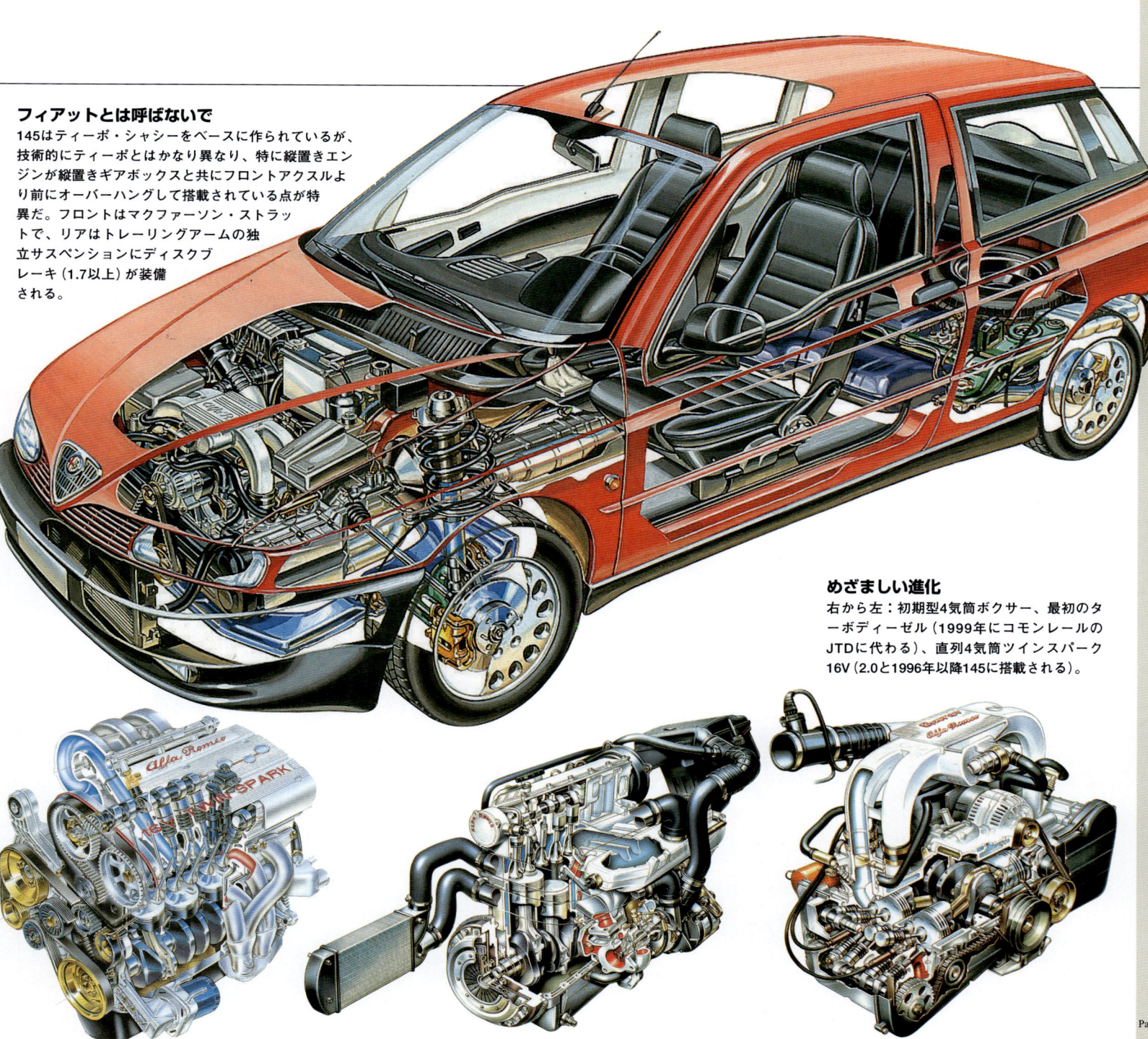

フィアットとは呼ばないで

145はティーポ・シャシーをベースに作られているが、技術的にティーポとはかなり異なり、特に縦置きエンジンが縦置きギアボックスと共にフロントアクスルより前にオーバーハングして搭載されている点が特異だ。フロントはマクファーソン・ストラットで、リアはトレーリングアームの独立サスペンションにディスクブレーキ（1.7以上）が装備される。

めざましい進化

右から左：初期型4気筒ボクサー、最初のターボディーゼル（1999年にコモンレールのJTDに代わる）、直列4気筒ツインスパーク16V（2.0と1996年以降145に搭載される）。

テクニカルデータ
145 1.3 IE

【エンジン】＊形式：水冷水平対向4気筒／縦置き ＊総排気量：1351cc ＊最高出力：90ps／6000rpm ＊最大トルク：11.8ｍkg／4400rpm ＊タイミングシステム：SOHC／2バルブ（ベルト駆動） ＊燃料供給：電子制御マルチポイント・インジェクション／マレリIAW

【駆動系統】＊駆動形式：FWD ＊変速機：前進5段／手動 ＊タイヤ：175/65TR14

【シャシー／ボディ】＊形式：2ドア・セダン ＊乗車定員：5名 ＊サスペンション（前）：独立＝マクファーソン・ストラット／コイル、テレスコピックダンパー、スタビライザー ＊サスペンション（後）：独立＝トレーリングアーム／コイル、テレスコピックダンパー ＊ブレーキ（前）：ディスク（ABSオプション） ＊ブレーキ（後）：ドラム（ABSオプション） ＊ステアリング形式：ラック・ピニオン（パワーアシスト）

【寸法／重量】＊ホイールベース：2540mm ＊全長×全幅×全高：4093×1712×1427mm ＊車重：1140kg

【性能】＊最高速度：178km/h ＊平均燃費：8.2ℓ/100km

146

145の5ドア仕様である146は、1994年末のボローニャ・モーターショーで発表された。146はメカニカル・コンポーネンツ、シャシー、その他すべてのパーツを3ドアの145と共有するコンパクトなセダンだ（テールゲートがわずかに突出しているため、2.5ボックスといえるだろう）。サイドビューの特徴は、フロント・スクリーンが大きく傾斜していることと、リアがあまりキックアップしていないことで、デザイナーのワルター・デ・シルヴァは「きわめてコンパクトで躍動感があるという印象を持たせた」と述べている。エンジンに関しても、146は145の遂げた進化に追従する。注目すべきは、目立つリアスポイラーを付けたTi（145クアドリフォリオに相当）が1996年に発売されたことだ。

アルファの情熱を持った5ドア
146はベースとなった145と同じメカニカル・コンポーネンツを採用（写真右：146のスポーティな性格をよく表している）。
下左：4人乗車でもたっぷりの車内。リアシートにヘッドレストがふたつある。
下右：高性能エアコン"クリマシステム"を装備したインストルメントパネル。

テクニカルデータ
146 1.6 IE

【エンジン】＊形式：水冷水平対向4気筒／縦置き ＊総排気量：1596cc ＊最高出力：103ps/6000rpm ＊最大トルク：13.7mkg/4500rpm ＊タイミングシステム：SOHC／2バルブ（ベルト駆動） ＊燃料供給：電子制御マルチポイント・インジェクション／ボッシュMP-3

【駆動系統】＊駆動形式：FWD ＊変速機：前進5段／手動 ＊タイア：175/65TR14

【シャシー／ボディ】＊形式：5ドア・セダン ＊乗車定員：5名 ＊サスペンション（前）：独立＝マクファーソン・ストラット／コイル，テレスコピックダンパー，スタビライザー ＊サスペンション（後）：独立＝トレーリングアーム／コイル，テレスコピックダンパー ＊ブレーキ（前）：ディスク（ABSオプション） ＊ブレーキ（後）：ドラム（ABSオプション） ＊ステアリング形式：ラック・ピニオン（パワーアシスト）

【寸法／重量】＊ホイールベース：2540mm ＊全長×全幅×全高：4250×1712×1427mm ＊車重：1175kg

【性能】＊最高速度：187km/h ＊平均燃費：8.2ℓ/100km

最小限のマイナーチェンジ

146のリアは、生産期間全般を通して実質的に変更されていない。一方のフロントは、145と同じように1999年に少しスタイルを変え、主な変更箇所はフロントノーズだった（右写真）。

GTV／SPIDER

グラントゥリズモ・ヴェローチェ、GTV

1995年にデビューしたアルファのニューファミリーに、アルファ・ロメオのハイパフォーマンス仕様に使われる伝説の名前が復活した。市場での大成功の要因は魅力溢れるエクステリアとエンジンにあった。同じく1995年にはオープンのスパイダーも発表された。

1995年のジュネーヴ・ショーはアルファ・ロメオにとって、ベルリネッタのGTVとスパイダーを発表する格好の舞台だった。アルファ・ロメオのチェントロ・スティーレとピニンファリーナの密接な協力によって誕生したこの2台は、双方とも強い個性を持ち、フロントエンドは特に際立っている。盾形グリルを含むエアインテーク配置は、ジュリエッタ・スプリントやジュリエッタ・スパイダーといった、最も愛されたアルファのそれを彷彿とさせる。樹脂製のエンジンフードが丸みを帯びていることや、彫りの深いサイドキャラクターラインが鋭くフロントへ向けて傾斜し、その先端がフロントホイールハウスへ突き刺さっているのも特徴的だ。GTVのリア3/4ビューは、50年代末にエリオ・ザガートが設計して少量生産されたSVZ（スプリント・ヴェローチェ・ザガート）と酷似している。GTVは美しく、そして速い車だ。いくつか用意されているエンジンの中で特に優れているのは、2.0 V6ターボと3.0 V6 NAで、どちらもアルファ・ロメオの伝統を裏切らない高性能を誇る。

GTVとスパイダーのテクノロジーの目玉は、ジオメトリー変化に応じてパッシブステアするマルチリンク・リアサスペンションが初めて搭載されたことである。このサスペンショ

"Z"の記憶
フロント3/4ビューも、1950年代末に数台しか製作されなかった伝説のジュリエッタ・スプリント・ヴェローチェ・ザガート（SVZ）に驚くほど似ている。GTVとスパイダーのフロントには、最も愛されたアルファの各モデルに使われたデザインモチーフが見られる。

テクニカルデータ
GTV 2.0i V6 turbo

【エンジン】＊形式：水冷60度V型6気筒／横置き ＊総排気量：1996cc ＊最高出力：200ps／6000rpm ＊最大トルク：27.6mkg／2400rpm ＊タイミングシステム：SOHC／2バルブ ＊燃料供給：電子制御マルチポイント・インジェクション／ボッシュモトロニックML4.1，ギャレットT25ターボチャージャー，空冷式インタークーラー

【駆動系統】＊駆動形式：FWD ＊変速機：前進5段／手動 ＊タイヤ：205/50ZR16

【シャシー／ボディ】＊形式：2ドア・クーペ ＊乗車定員：4名（2+2） ＊サスペンション（前）：独立＝マクファーソン・ストラット／コイル，テレスコピックダンパー，スタビライザー ＊サスペンション（後）：独立＝マルチリンク／コイル，テレスコピックダンパー，スタビライザー ＊ブレーキ（前）：ベンチレーテッド・ディスク，ABS ＊ブレーキ（後）：ディスク，ABS ＊ステアリング形式：ラック・ピニオン（油圧パワーアシスト）

【寸法／重量】＊ホイールベース：2540mm ＊全長×全幅×全高：4285×1780×1318mm ＊車重：1430kg

【性能】＊最高速度：235km/h ＊平均燃費：10.0ℓ/100km

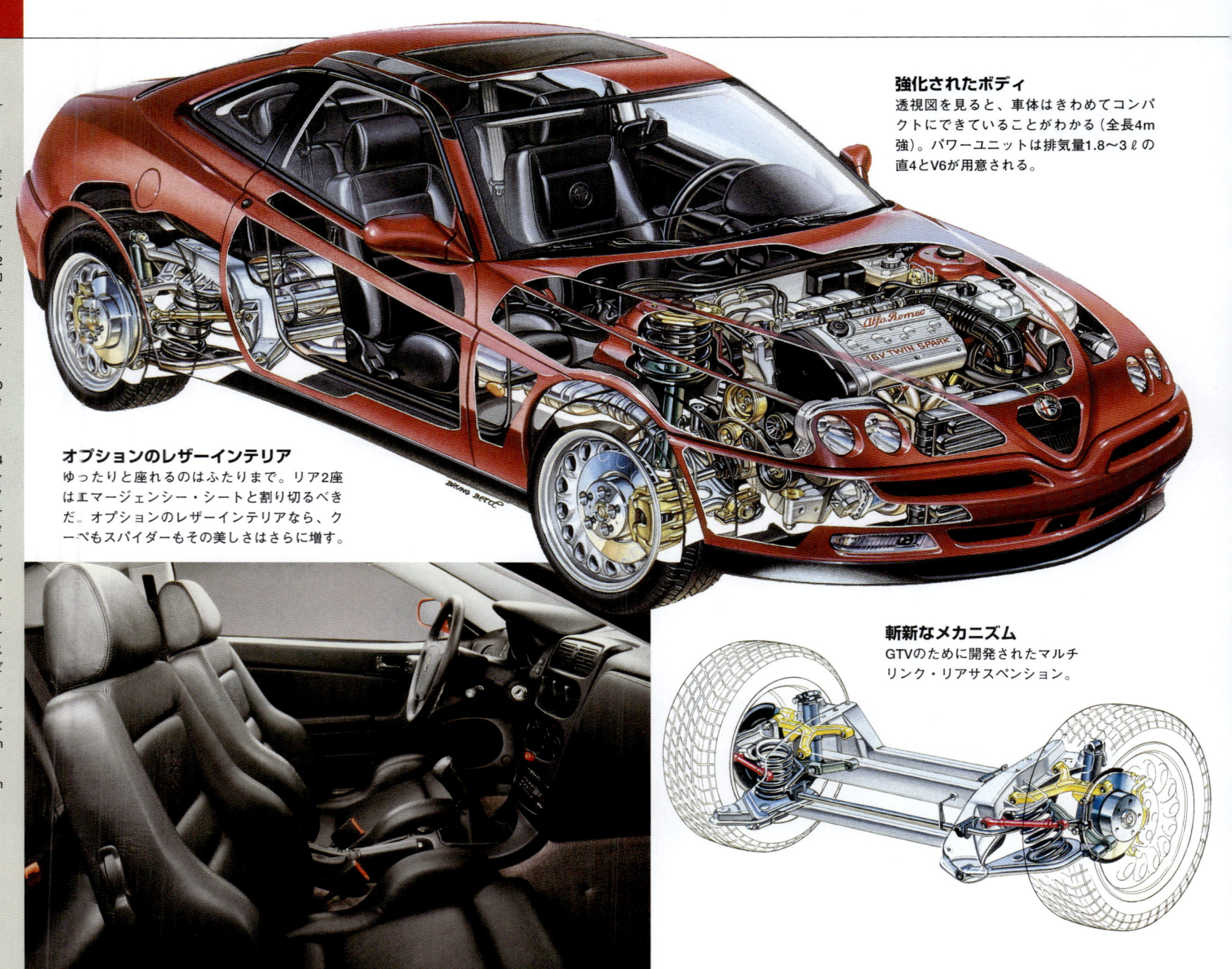

強化されたボディ
透視図を見ると、車体はきわめてコンパクトにできていることがわかる（全長4m強）。パワーユニットは排気量1.8～3ℓの直4とV6が用意される。

オプションのレザーインテリア
ゆったりと座れるのはふたりまで。リア2座はエマージェンシー・シートと割り切るべきだ。オプションのレザーインテリアなら、クーペもスパイダーもその美しさはさらに増す。

斬新なメカニズム
GTVのために開発されたマルチリンク・リアサスペンション。

ンは、スプリングやダンパーを必要以上に固めなくても優れた運動性能を発揮し、1995年7月号のロードテストでクワトロルオーテは次のように評している。「GTVのコーナリングがこれほどに素晴らしいのは、高いシャシー剛性に依るところも大きいが、何といってもサスペンションが大きく貢献している。——実際、スタビリティやハンドリング、それにプログレッシブなステアリングのレスポンスはリアに掛かっているのだから、リアサスペンションにここまで高度な技術を採用したのも納得がいく。オンロードでもサーキットでも、ドライでもウェットでも、常に良いフィーリングが得られる。そして、計測データがそのフィールの良さを裏づけている。したがって、この車の最も印象深い特徴は"挙動の一致"だと言える。つまり、フロントとリアのバランスが良く取れているのである。絶対的に信頼でき、直感的な走りができるので速い。とにかく速い」

GTVと共に発表されたスパイダーは、実はGTVとはかなり異なる部分を持つ。テールエンドはGTVよりももっとボリュームがあって丸みがかっており、サイドのキャラクターラインはよりはっきりとキャビン後部まで回りこみ、キャンバストップを格納した時に見えるU字型のトノーカバーの存在をアピールしている。電動トップはオプションとなる（オープン37秒／クローズ46秒）。GTVとスパイダーにはクラシックな4気筒DOHCツインスパーク・エンジン（排気量1.8ℓと2.0ℓ）も用意された。どちらのモデルもラゲッジスペースが限られているが、スパイダーに限っては、スペアタイアの代わりにパンク修理キット（応急修理用キットと電動コンプレッサー）を積めば、容量に多少の余裕ができる。

スポーツカーの復権・第3幕

2003年3月、アルファのスポーツカーにフェイスリフトの時が来た。ピニンファリーナが手掛けた今回のフェイスリフトでは、特にフロントエンドに大きな変更を受けた。流れるようなフロントデザインになり、ナンバープレートはついにバンパー横に設置、エアインテークが大型化した。インテリアにも変更を受け、銀色のセンターコンソールをひと目見ればその変化に気づく。メカニカル面では、アグレッシブな新エンジン（3.2ℓ V6／出力240ps）の導入が注目される。147GTAの流れを汲むこのパワーユニットは、最高速度255km/hをマークし、アルファ生粋のハイパフォーマンスが保証されている。今回、4気筒ガソリンユニットにはダイレクトインジェクションが装備され、その結果、燃費も含めて満足のいく性能が約束された。

マイナーチェンジ

1998年春、GTVとスパイダーにマイナーチェンジが施された。変更されたのは、フロントの盾形グリル（クロムメッキが施された）、バンパーのデザイン、ボディカラー（カラーバリエーションが一新）、ホイールである。フロントシートにはオプションでシートヒーター付電動タイプも用意される。

NUVOLA

クラシックな アヴァンギャルド

時を超えて、ワルター・デ・シルヴァ率いるアルファ・ロメオ・チェントロ・スティーレは、1996年に洗練されたモデルを提案した。そのヌヴォーラは、30年代のアルファの偉大な伝統への回帰という明確なデザインコンセプトから生まれている。

1996年パリ・サロンに出品されたヌヴォーラは、ワルター・デ・シルヴァ率いるアルファ・ロメオ・チェントロ・スティーレのデザインによるプロトタイプで、その外観はデザインの目標を明確に物語っている。30年代の古典的クーペ、つまり、スポーツカーでありながら上品でエレガントな雰囲気を有し、かつ均衡のとれたフォルムを追求していた時代の車が出発点にあったのは明らかだ。デ・シルヴァのチームにとっての、もうひとつの出発点は、そうした30年代のクーペは貴重でエクスクルーシブなものであり、あの名車の数々を生みだした生産手法（顧客のニーズと好みに応じて車と装備を作り上げていく方法）の本質がそこに反映されている、と考えることだった。ヌヴォーラのボディデザインは流麗で、エクステリアは簡素にしてエレガントと言え、派手な装飾はない。スペースフレームをベースとした構造は、最新技術を駆使しつつ、往年のカロッツェリアの製造技法を甦らせてい

ドライバーズシート回り

ヌヴォーラのインテリアはスポーティだ。シートはレザーで、インストルメントパネルはドライバーを包み込むような形をしており、主なメーターがステアリングホイールの上に位置するメーターナセルに収まっている。

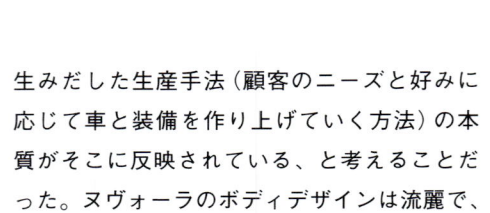

る。したがって、ヌヴォーラが与える特別な限定車という印象は、デザイン的技巧だけから生まれているわけではなく、明確な基本コンセプトの賜物なのだ。巨大なエンジンフードの下では2.5ℓ V6 24バルブ・ツインターボ・エンジン（最高出力300ps／6000rpm）が鼓動する。駆動方式は四輪駆動で、デフを3つ有し（ビスカス・カップリングとLSDを採用）、アルミ製スペースフレームが、アンチロールバー付きのダブルウィッシュボーン・サスペンションと、18インチ・タイアを支えている。

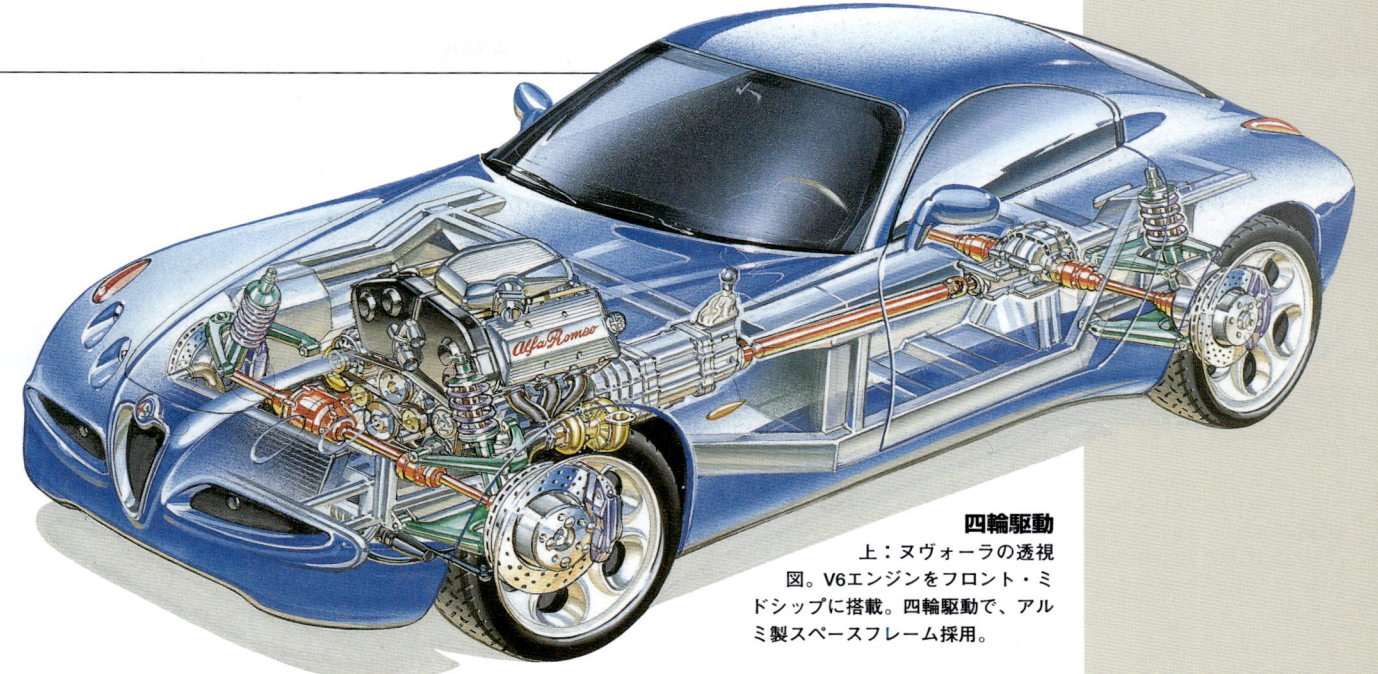

四輪駆動
上：ヌヴォーラの透視図。V6エンジンをフロント・ミドシップに搭載。四輪駆動で、アルミ製スペースフレーム採用。

最高に美しいボディ
滑らかで流れるようなフォルムに何の装飾もないヌヴォーラのボディ（全長約4.3m）は、ガラス繊維強化樹脂製である。

156 シリーズ1

156はアルファ・ロメオにとって、40年以上も前に作られたジュリエッタを彷彿とさせる車である。ジュリエッタの時と同じく、156は当時の最新技術と美的感覚に従って、アルファ・ロメオの真髄を新しい形で表現したDセグメント・セダンだ。完璧なまでに均整が取れたそのボディは、高性能かつ刺激的で、情熱的なアルファのパッションを体現するフォルムそのものである。つまり156はジュリエッタと同様、イメージに関しても販売に関しても、アルファ・ロメオ成功のターニングポイントになったのだ。156は1997年10月9日にリスボンで発表され、わずか4ヵ月間に9万台を受注、スポーツワゴンもラインナップに加わり、発売後4年間に50万台を全世界で販売、販売目標をほぼ達成するに至ったのである。また、市場のこうした評価を裏づけるかのように、1998年のヨーロッパ・カー・オブ・ザ・イヤーに始まり、世界中で36の賞に輝いた。

人気の要因は、ジュリエッタを想起させるモチーフをベースに、現代の美意識にマッチするようデザインされたためで、盾形グリルはフロントのセンターに座し、勢いよくバンパーを分断、エンジンフードには彗星の跡のようにプレスラインが入っており、盾形グリルが彗星の先頭のようにも見えて、ボディとともにあたかも彫刻のような存在感がある。コンパクトにまとまっているが、そのフォルムは伸びやかである。サイドビューは、ガラス面積に対してボディパネルの面積が広く（この点でもジュリエッタ、特にスプリントを意識しているようだ）、フロントドアハンドルがボディサイドの視覚的中心になっている。いっぽう、リアドアハンドルはウィンドーフレームの中に隠れ、リアドアは消えてしまったかのようだ。このように156のデザインは、まさにスポーツクーペの滑らかで流れるようなラインであり、どっしりタイアを構えた車、シュアな車、俊敏な車、安全な車といった感じを受ける。また美しさだけでなく機能性も追求しており、空気力学に則ってデザインされた結果、Cd値は0.31、CdS値（フロント部分に対する空気抵抗係数）に至っては0.639という低い値になった。空気抵抗が少ない要因は、効果的なフロントスクリーン角度、ボディにほぼ垂直なサイドウィンドー、包み込むようなリアウィンドー、サイドが絞り込まれたリアエンド、ルーフとリアウィンドーとトランクの連続性などにある。

技術的には164以来の方針に沿って前輪駆動技術が使われているが、いくつかの点で進化した。その中でも特筆すべきはボディのねじれ剛性の強化、そしてサスペンション設計の進化である。さらに、新世代ターボディーゼル・エンジンJTDの2仕様（4気筒1910cc

主役
156は発売直後から好評を博し、アルファ・ロメオ・ブランド復活の牽引役となった。ヨーロッパにおける年間総販売台数は、1998年の11万7500台から2001年の20万2100台へと伸びた（72％増）。

シュアなハンドリング
アルファ独自のハイマウントアッパーアーム・ダブルウィッシュボーン・フロントサスペンションと、ダイレクトなステアリングが、156にスポーツセダンの名にふさわしい正確なステア特性をもたらすと同時に、前輪駆動につきもののアンダーステアをほぼ払拭した。

テクニカルデータ
156 2.0i ツインスパーク キャタライザー

【エンジン】＊形式：水冷直列4気筒／横置き ＊総排気量：1970cc ＊最高出力：155ps／6400rpm ＊最大トルク：19.1mkg／3800rpm ＊タイミングシステム／イグニッション：DOHC／4バルブ／ツインスパーク ＊燃料供給：電子制御マルチポイント・インジェクション／ボッシュモトロニックM1.5.5

【駆動系統】＊駆動形式：FWD ＊変速機：前進5段／手動 ＊タイア：205/60R15 91V

【シャシー／ボディ】＊形式：4ドア・セダン ＊乗車定員：5名 ＊サスペンション（前）：独立＝ダブルウィッシュボーン／コイル, テレスコピックダンパー, スタビライザー ＊サスペンション（後）：独立＝マクファーソン・ストラット／コイル, テレスコピックダンパー, スタビライザー ＊ブレーキ（前）：ベンチレーテッド・ディスク, ABS ＊ブレーキ（後）：ディスク, ABS ＊ステアリング形式：ラック・ピニオン（油圧パワーアシスト）

【寸法／重量】＊ホイールベース：2595mm ＊全長×全幅×全高：4430×1745×1415mm ＊車重：1250kg

【性能】＊最高速度：216km/h ＊平均燃費：8.9ℓ/100km

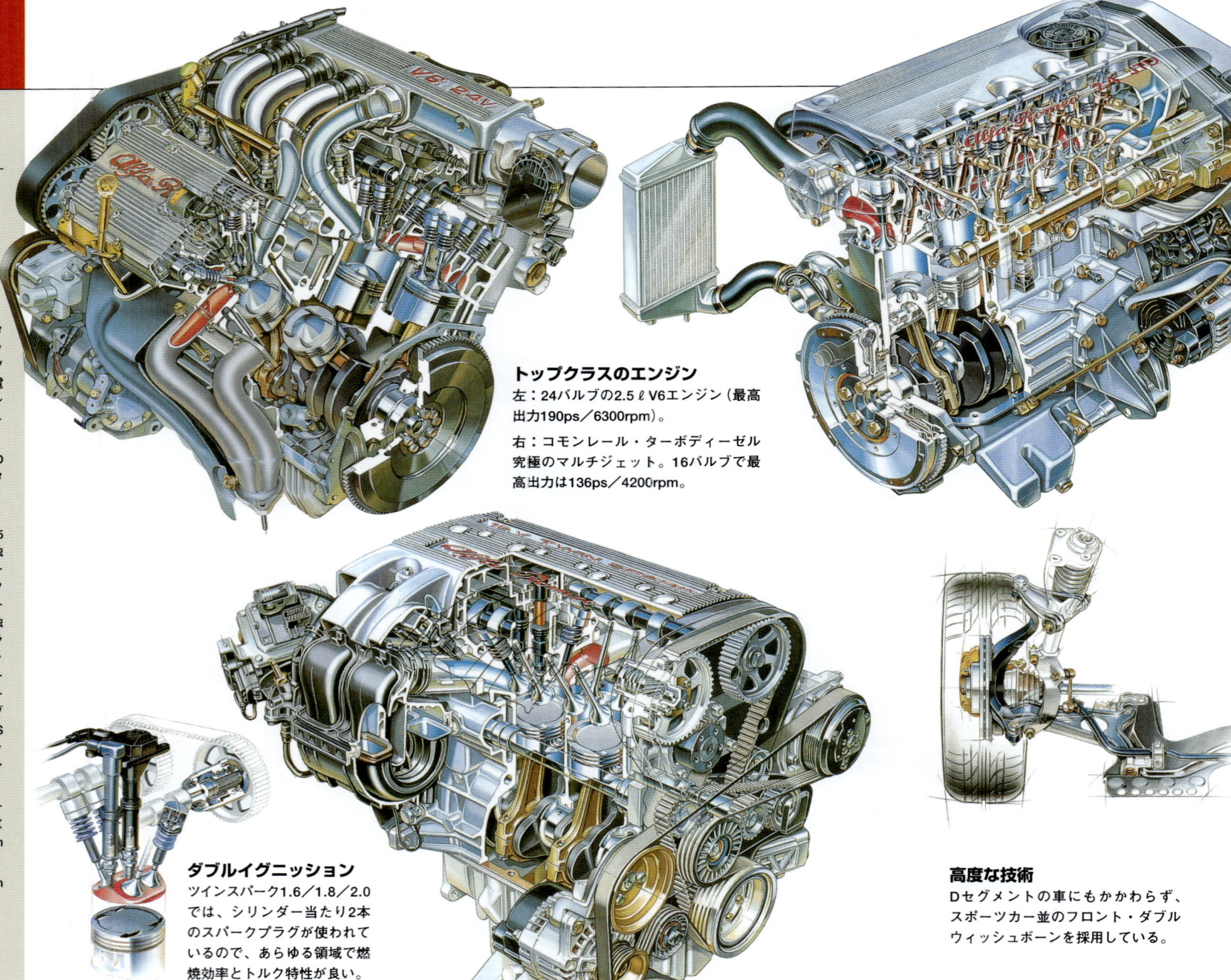

トップクラスのエンジン
左：24バルブの2.5ℓV6エンジン（最高出力190ps／6300rpm）。

右：コモンレール・ターボディーゼル究極のマルチジェット。16バルブで最高出力は136ps／4200rpm。

ダブルイグニッション
ツインスパーク1.6／1.8／2.0では、シリンダー当たり2本のスパークプラグが使われているので、あらゆる領域で燃焼効率とトルク特性が良い。

高度な技術
Dセグメントの車にもかかわらず、スポーツカー並のフロント・ダブルウィッシュボーンを採用している。

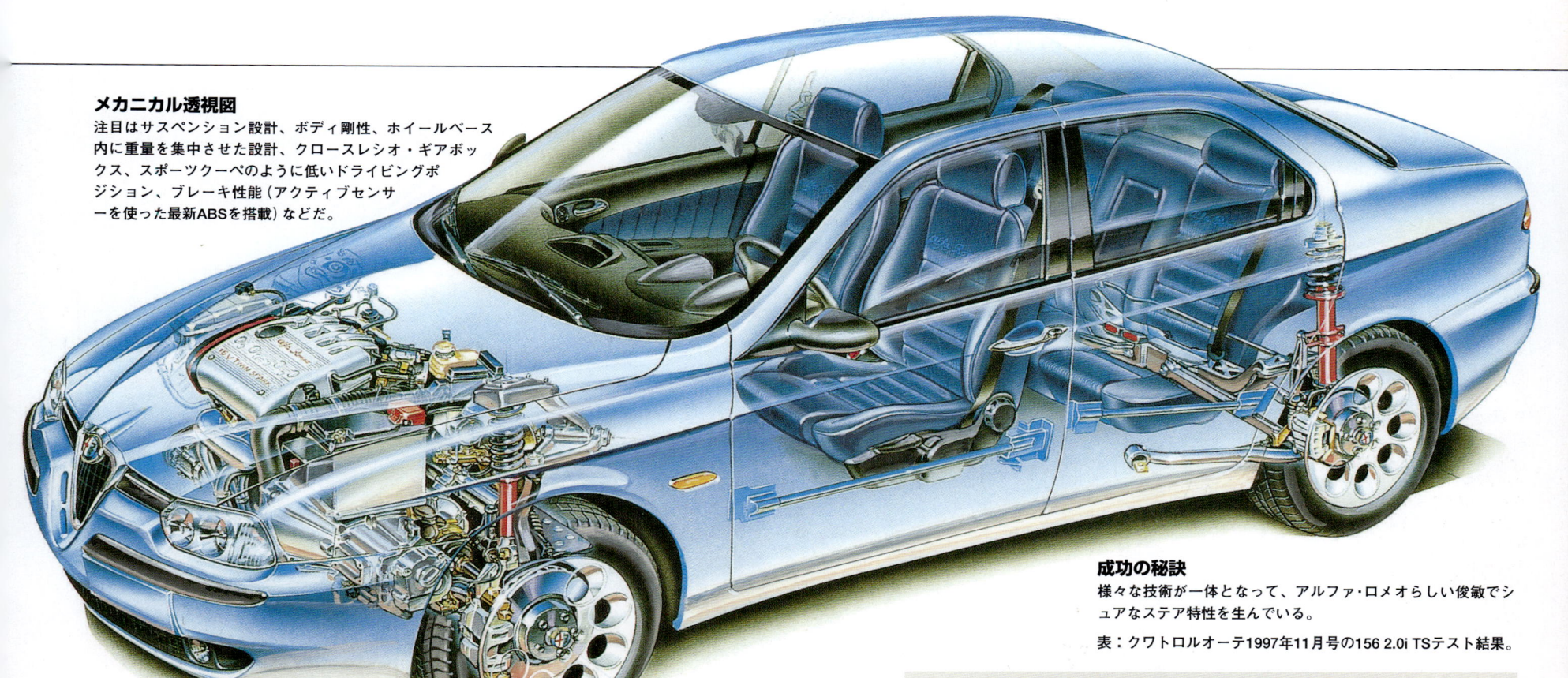

メカニカル透視図
注目はサスペンション設計、ボディ剛性、ホイールベース内に重量を集中させた設計、クロースレシオ・ギアボックス、スポーツクーペのように低いドライビングポジション、ブレーキ性能(アクティブセンサーを使った最新ABSを搭載)などだ。

成功の秘訣
様々な技術が一体となって、アルファ・ロメオらしい俊敏でシュアなステア特性を生んでいる。
表:クワトロルオーテ1997年11月号の156 2.0i TSテスト結果。

105psと5気筒2387cc 136ps)が搭載されたことは画期的だった。フィアットが開発し、ボッシュに譲渡した高圧コモンレール式(1350バール)の新しいダイレクト・インジェクション、ユニジェットを搭載していることが、このエンジンが新世代ディーゼル・エンジンと呼ばれる所以である。このユニジェットはパワーやドライバビリティ、静粛性を向上させた(エンジンノイズは最高8dB低減)。その後ライバルメーカーがこぞって導入したことからも、このシステムの素晴らしさがわかる。JTDの驚くほどのパワーと扱いやすさは評判となり、JTDの発売後は156の購入者のなんと51%が、156ターボディーゼルJTD(セダンもしくはスポーツワゴン)を選んでいる。

QUATTRORUOTE ROAD TEST

最高速度		70-130	18.8
5速使用時	213.22	**発進加速**	
130km/h時回転数	3850rpm	速度(km/h)	時間(秒)
燃費(5速コンスタント)		0-60	3.9
速度(km/h)	km/ℓ	0-100	9.0
60	19.3	0-120	12.5
90	15.7	0-130	14.5
100	14.5	0-160	22.9
120	12.3	**制動力**	
130	11.3	初速(km/h)	制動距離(m)
追越加速(5速使用時)		60	14.6
速度(km/h)	時間(秒)	100	40.6
70-100	9.8	130	68.6
70-120	15.8	140	79.5

156 Sportwagon

スポーツ仕様
もっと積載能力が高いワゴンはいくらでもあるが、スポーティなエレガントクーペとしての性格を打ち出している、アルファ・ロメオという"ブランド物"の156スポーツワゴンにとって、1180ℓのラゲッジスペースは充分な広さだろう。

　コンセプト段階から、156スポーツワゴン（Sportwagon）はまったく新しいモデルとして位置づけられた。基本的なメカニズムは156セダンと同じだが、性格は歴然と異なる。スポーツワゴンはよくあるファミリーカーではなく、フォルムも性質もスポーティで、広さが変わる広大なラゲッジスペース（最小360ℓ／最大1180ℓ）を持つアルファ・クーペなのだ。つまり、まさしくスポーツワゴンなのである。ボディはセダンからすっかり様変わりした。全長はセダンと変わらないのだが、視覚的には長く伸びて見え、サイドビューは鉛筆で線を1本スッと引いたようなすっきりしとしたキャラクターラインが特徴の流線型であり、3ライトのウィンドーグラフィックも均整がとれていて、リアまで段差や障害物がない。多くのステーションワゴンとは異なり、リアは取って付けたようなデザインではなく、見事にサイドと一体化しスラントしたテールゲートに繋がっている。テールエンドは剛性確保のためのアーチがあり、シャシー・ストラクチャーの一端を担っているので、スポーツワゴンもセダンと変わらぬ高い剛性を得ている。空力的にも優れており、Cd値はセダンより1ポイント低くなっている（セダンの0.31に対しスポーツワゴンは0.30）。

わずか0.5cmの差
ルーフを5mm高くしただけで（全長は1mmも変更されていない）、156セダンが大容量のスポーツワゴンに変身した。

楽々な積み降ろし
テールゲートはルーフ側に切れ込んで大きく開くので、かさばる荷物でも楽に積み込める。ラゲッジスペースは自在に広さを変えられる。

Nuova 156

未来のエンジン

156シリーズ1ではコモンレール・ターボディーゼルJTDが登場したが、2002年1月に発売されたヌオーヴァ・アルファ156は、その後重要な進化を遂げていくニューアルファ・エンジンの元祖になる、直噴ガソリン4気筒エンジン、JTSを世に送り出した。

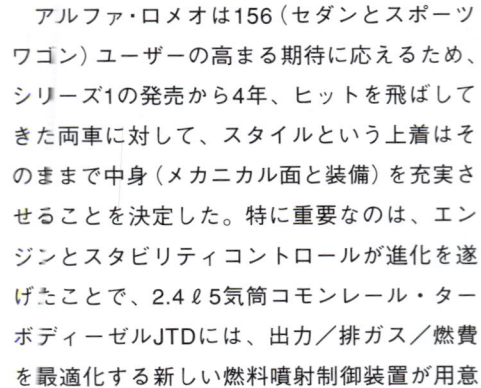

アルファ・ロメオは156（セダンとスポーツワゴン）ユーザーの高まる期待に応えるため、シリーズ1の発売から4年、ヒットを飛ばしてきた両車に対して、スタイルという上着はそのままで中身（メカニカル面と装備）を充実させることを決定した。特に重要なのは、エンジンとスタビリティコントロールが進化を遂げたことで、2.4ℓ5気筒コモンレール・ターボディーゼルJTDには、出力／排ガス／燃費を最適化する新しい燃料噴射制御装置が用意され、平均燃費（市街地・高速ミックスモード）が向上、出力も10ps高まり（140psから150psへ）、最高速度は212km/hになった。

今回の変更箇所でさらに重要なのは、2.0 4気筒ツインスパークに代わり、アルファ・エンジンのニューファミリーのスタートとなるべき直噴ガソリン2.0JTS（Jet Thrust Stoichiometric）が搭載されたことだ。アルファ・ロメオの従来の原則どおり、JTSはダイレクト・インジェクションのメリットを活かし、レスポンスと効率の双方を向上させた（シリンダーの充填効率が向上し、圧縮比は10.3：1から11.3：1に高まった）。このエンジンは最大トルク発生回転数付近から最高回転数に至るまではストイキ領域（空燃比14.7：1）で使用され

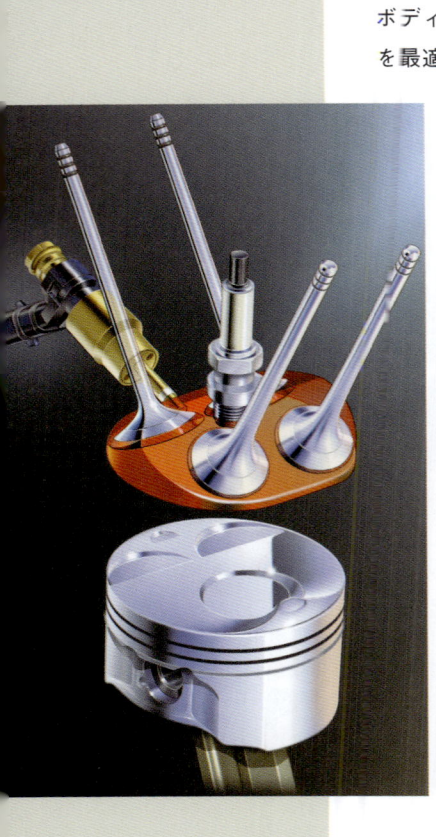

インテリアも変更

各種装備とステアリングホイールが新しくなり、インストルメントパネルはオンボードコンピューターのモニターが付いて充実した（オプションでカーナビゲーションの設定もあり）。デュアルゾーン・エアコンディショナーは標準装備。

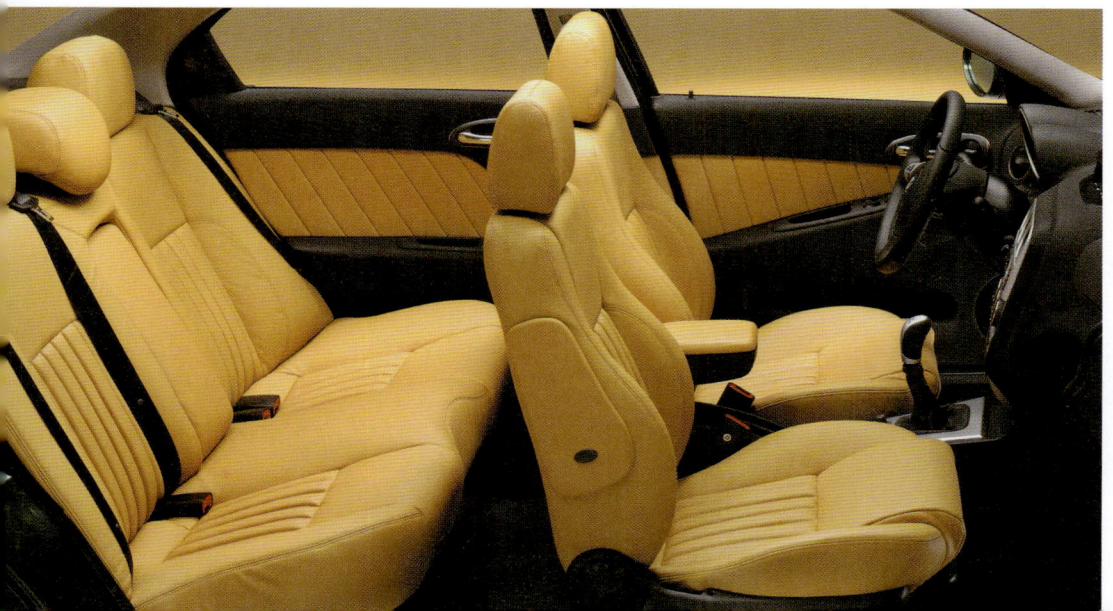

パワーを重視、1500rpm前後までの低回転域では空燃比25：1というリーンバーンになるため低燃費を実現している。出力が10ps、トルクが25mkg増したにもかかわらず、こうした効率の高さから、JTSは2005年導入予定のユーロ4排ガス規制をクリアしている。

変わらぬスタイル
ヌオーヴァ156とシリーズ1の外観上の違いは、バンパー形状やドアミラー（シリーズ1では黒だったのがボディと同色になった）などの細部だけ。ヌオーヴァ156ではキセノンヘッドライトも用意されている。

156 GTA

レーシングカーの直系

アルファ・ロメオの伝統の中で、GTAとは「日常の足にしながら、サーキットで勝利できる車」を意味する。156GTAは、156GTAコンペティツィオーネのロードゴーイングバージョン（ストラダーレ）である（2002年発売／セダンとスポーツワゴン）。

アルファ・ロメオの栄光の3文字、GTA。原点は1965年、アルファ・ロメオが当時絶大な人気を誇り、最も熱狂的だったレース、ヨーロッパ・ツーリングカー選手権への参戦を決めたところから始まる。カルロ・キティ（元フェラーリのF1エンジニア）が率いるアウトデルタにレーシングマシーンの開発を委ね、アルファ・ロメオはジュリア・スプリントGTで参戦した。ボディをアルミ化して徹底的な軽量化（GTA：Gran Turismo Alleggerita＝軽量化グラントゥリズモの意）が図られたこのマシーンの心臓、1600cc DOHCユニットはさながら爆弾と化し、出力は106psから170psへと向上した。この参戦は、GTAのレースデビューというよりも、GTAの襲来と言った方が正しかっただろう。なにしろ、それまで無敵だったロータスを破り、GTAは何年にも亘って優勝し続けたからだ。こうして始まったGTAの系譜は、その後70年代と90年代にそれぞれ別モデルが登場して継承され、現代の156GTAに至る。

156GTAのレース仕様である156GTAコンペティツィオーネ（competizione／出力270ps以上の2ℓツインスパーク）は、4年連続で圧倒的な勝利を収め、2002年にもヨーロッパ・タイトルを獲得した。「勝利の秘訣は、ベースとなった156にある」と無敵のGTAを開発したエンジニアは言う。「第一に、優れた空力特性。スポーティなハンドリングを実現するサスペンションも然り。それに、シャシー剛性の高さも決して忘れてはならない」アルファ・ロメオは156の輝かしいレース成績を記念し、GTAストラダーレ（stradale／セダンとスポーツワゴンの2タイプ）を生産することにした。搭載するエンジンは名高いV6 24バルブユニットで、排気量を3ℓから3.2ℓへと拡大してさらなる高性能化を図り、出力250ps／トルク30.6mkgを実現、最高速度はGTAコンペティツィオーネと変わらない250km/hだ。

この優れたエンジンに相応しいスポーツサスペンション、17インチ・ホイールと225/45ZR17タイア、305mm径のフロント・ディスクブレーキ、6段ギアボックス、クラッチの大径化、よりシャープなステアリングなどがGTA専用のセッティングである。さらに、最新システムのスタビリティコントロールとトラクションコントロールも装備されている。

視覚化されたパワー
156GTAを250km/hまで引っ張る3.2ℓ V6 24バルブユニット（250ps）の実力が、スポーティで戦闘的なエクステリア（スポイラー／グリル）やインテリア（ペダル類）にもよく表現されている。

斬新なプロファイル
スポーツサスペンションで車高が低くなったことと、大きな17インチ・アルミホイール（タイアは225/45）を採用してトレッドが広がったことにより、ホイールハウスとフェンダーのデザインを一新、ブリスターフェンダーになった。

156 GTA Racing

徹底的に軽量化した GTアレッジェリータ

2002年のヨーロッパ・ツーリングカー選手権用レーシングマシーンは、レギュレーションの影響でプロダクションモデルとの類似点が多い。特に規制が厳しかったのはパワーで、270ps強に抑えられた。徹底した軽量化により、156GTAレーシングの車両重量は規定の1140kg（ドライバー込み）を下回り、重心を下げるために20kgのバラストを使うことができた。

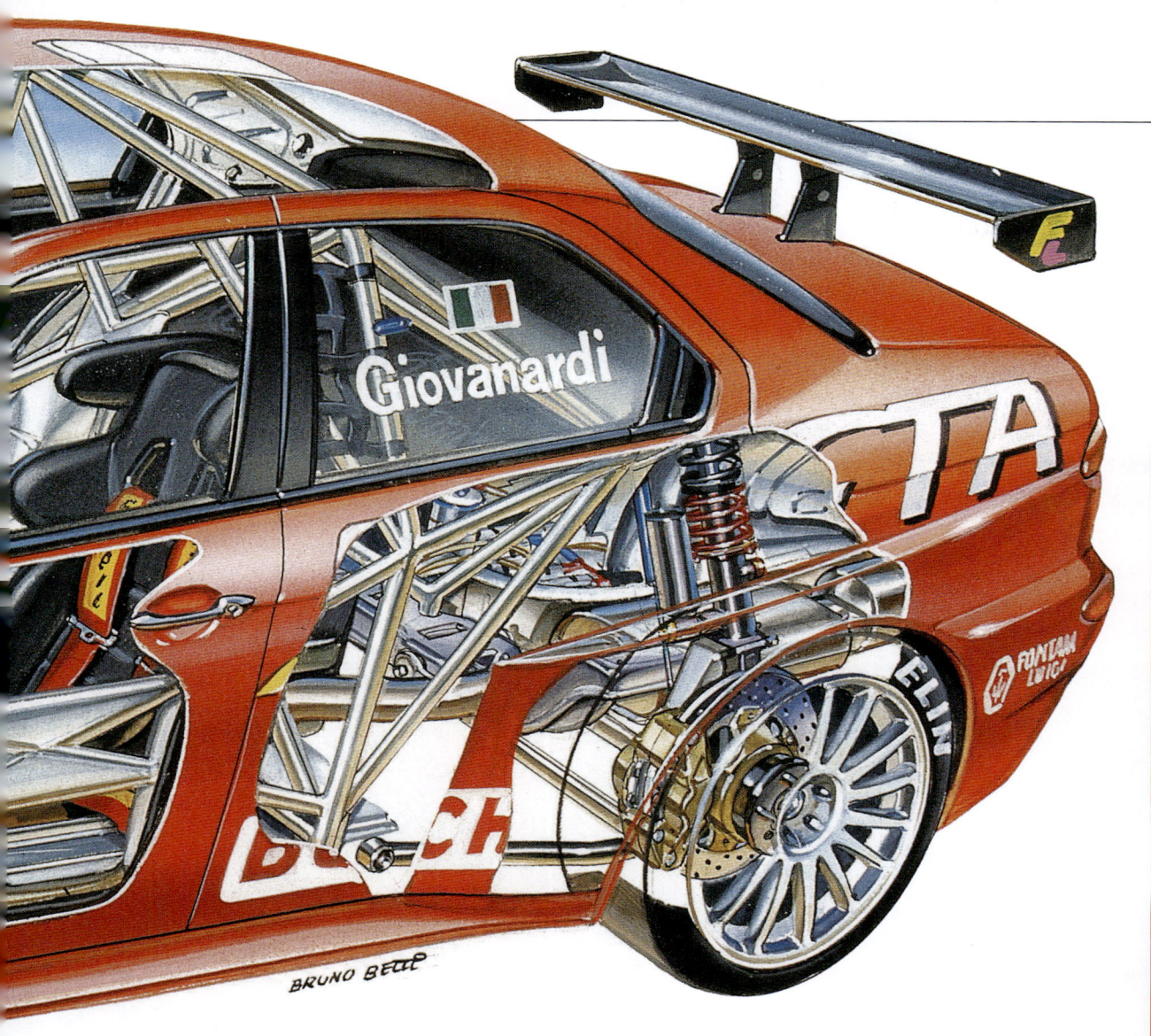

スチールOK、カーボンNO
プロダクションモデルのボディパネル、ロールケージ、キャビンの補強にはスチールが使われている。カーボンとチタンは使用禁止。

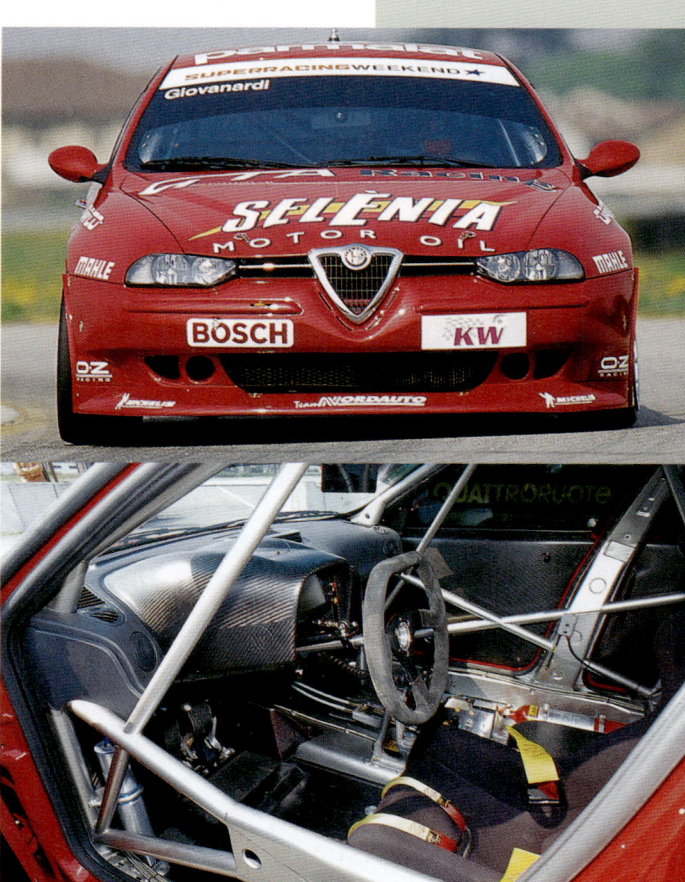

レーストラックを風と共に駆け抜ける
ベースモデルの優れた空力特性とコーナリング時のクイックな挙動。それが、156GTAレーシングの強さの秘密である。156GTAレーシングは、何度もヨーロッパ・チャンピオンの座に輝いているファブリツィオ・ジョヴァナルディ（2002年も優勝）と、ニコラ・ラリーニ（元F1パイロット）に委ねられた。

Passione Auto • Quattroruote 199

166

164が10年間に及ぶ務めを終えて引退し、新しいフラッグシップとして登場したのが166である。アルファ・ロメオ・チェントロ・スティーレは156で用いた手法を166にも採用し、特にスタイリングに関しては、166も156と同様、控えめで簡素な表現手段を用いている。そのため166は、フラッグシップ・サルーンであることをさり気なく表現しながら、アルファを象徴する"スポーティネス"もダイレクトに伝えてくる。きわめてシンプルなライン、最小限に抑えたボリューム感が、信頼性、安全性、パワーというキャラクターを表現している。フロントは、アルファの特徴をさらに雄弁に物語る。エナメルのエンブレムを冠した盾形グリル、インテークが付いた"口ひげ"、ヘッドライト、Vを描くキャラクターライン(エンジンの存在を強調するかのようにエンジンフード全体に伸び、ボディ全体を包み込む勢い)など、どれを取ってもアルファらしい。

美しくスリークなエクステリアだけでなく、インテリアも興味深い。居住性は164とほと

種の進化
下:166のサイドビュー。エレガントだが攻撃的でもあるラインが際立つ。アルファ・ロメオの新しいフラッグシップ。1998年末にデビューした。

初めは936だった
上:初期プロトタイプの1台。社内のプロジェクト名は936だった。出発点である164からフロントマスク、ウェストライン、ウィンドーといった特徴を継承した。

んど変わらず、フロントシートは抜群に広く、リアシートもほどほどに広い（かなりの長身の人に限って、頭とひざが天井やフロントシートバックに触れる）。ベロアやレザーがオプションで用意されているインテリアトリムも印象的だ。インストルメントパネルは完全に新しくなり、ドライバーの目前に位置するメーターナセルには主なメーター（スピード／レブ／水温／燃料）と各種警告灯、チェックコントロールが見やすく配置されている。メーター地は白だが、オプションで黒地も選べる。その他のスイッチ類はドライバー側を向いたセンタークラスターに装備され、フルオートエアコン／オーディオシステム／トリップコンピュータは標準装備、GSM携帯電話／カーナビゲーションシステムはオプションで、こうした機能はすべて5インチのカラーモニターに表示される。

その他にも、クルーズコントロールや、雨滴を感知して自動制御するレインセンサー付きワイパーといったエレクトロニクス・デバイスが備え付けられている。ドライビングシートはスポーティな形状に仕上がっており、パワーシートの調節幅は大きく、座面はかなりしっかりできている。ほぼ垂直なステアリングホイールはチルトとリーチ調整ができるので、最適なポジションを簡単に見つけられ、ペダルとシフトレバーも、スムーズな操作が

QUATTRORUOTE ROAD TEST

	2.0	2.5
最高速度		
Dレンジ6速固定時	237.38	224.20
燃費		km/ℓ
速度(km/h)		
60	17.1	12.9
90	14.6	11.4
120	11.5	9.4
130	10.5	8.7
追越加速(5速使用時)		
速度(km/h)		時間(秒)
70—100	10.9	4.4
70—120	16.2	8.1
70—130	19.0	10.7

	2.0	2.5
発進加速		
速度(km/h)		時間(秒)
0—60	3.9	5.4
0—100	8.6	11.5
0—120	11.4	15.2
0—130	13.2	17.7
0—140	15.5	20.4
制動力		
初速(km/h)		制動距離(m)
60	14.5	14.0
100	40.4	39.0
130	68.2	65.9
160	103.3	99.8

文句なしの性能
1998年10月号のクワトロルオーテ・ロードテストで、2.0 V6 ターボと2.5 V6 ATは、加速／追い越し加速／最高速度の各項目で最高の結果を出した。

テクニカルデータ
166 2.0i ツインスパーク16V

【エンジン】＊形式：水冷直列4気筒／横置き ＊総排気量：1970cc ＊最高出力：155ps／6400rpm（2000年10月より150ps／6300rpm） ＊最大トルク：19.1mkg／2800rpm（2000年10月より19.5mkg／3800rpm） ＊タイミングシステム／イグニッション：DOHC／4バルブ／ツインスパーク ＊燃料供給：電子制御マルチポイント・インジェクション／ボッシュ・モトロニックM1.5.5

【駆動系統】＊駆動形式：FWD ＊変速機：前進5段または6段／手動 ＊タイヤ：205/55WR16

【シャシー／ボディ】＊形式：4ドア・セダン ＊乗車定員：5名 ＊サスペンション（前）：独立＝ダブルウィッシュボーン／コイル，テレスコピックダンパー，スタビライザー ＊サスペンション（後）：独立＝マルチリンク／コイル，テレスコピックダンパー，スタビライザー ＊ブレーキ（前）：ベンチレーテッド・ディスク，ABS ＊ブレーキ（後）：ディスク，ABS ＊ステアリング形式：ラック・ピニオン（パワーアシスト）

【寸法／重量】＊ホイールベース：2700mm ＊全長×全幅×全高：4720×1815×1416mm ＊車重：1420kg

【性能】＊最高速度：213km/h（2000年10月より211km/h） ＊平均燃費：10.3ℓ／100km

行なえるように配置されている。ワルター・デ・シルヴァは「技巧を凝らしつつも、表現が華美にならないようにインテリアを作り込んだ。センタークラスターには小物入れがあり、車内の至るところに小物用のスペースがあることにお気づきいただけると思う。その他の細部を見ても、この車内は寛げてシンプルな、いかにも家庭的という空間に最大限近づくよう考えられているのがおわかりいただけるだろう」と語る。

技術的側面に目を移すと、"マンマ"、すなわち母である164から166に受け継がれたものはほんの僅かで、ほとんどのものが166のために専用に開発されていることがわかる。フロント部を一新、様々な箇所が強化され、衝撃吸収効率を高めるため変形するパーツが多用されるようになった。革新的なサスペンションを採用したことに伴い、リアも一新されている。ボディ上部（エンジンフード／ドア回り／ルーフ）は新設計なのがひと目でわかるが、166では特に側面衝突対策が重視された。アルファ・ロメオと言えば5段ギアボックスやDOHCエンジンありきという時代は過去のものとなり、今やアルファ・ロメオという概

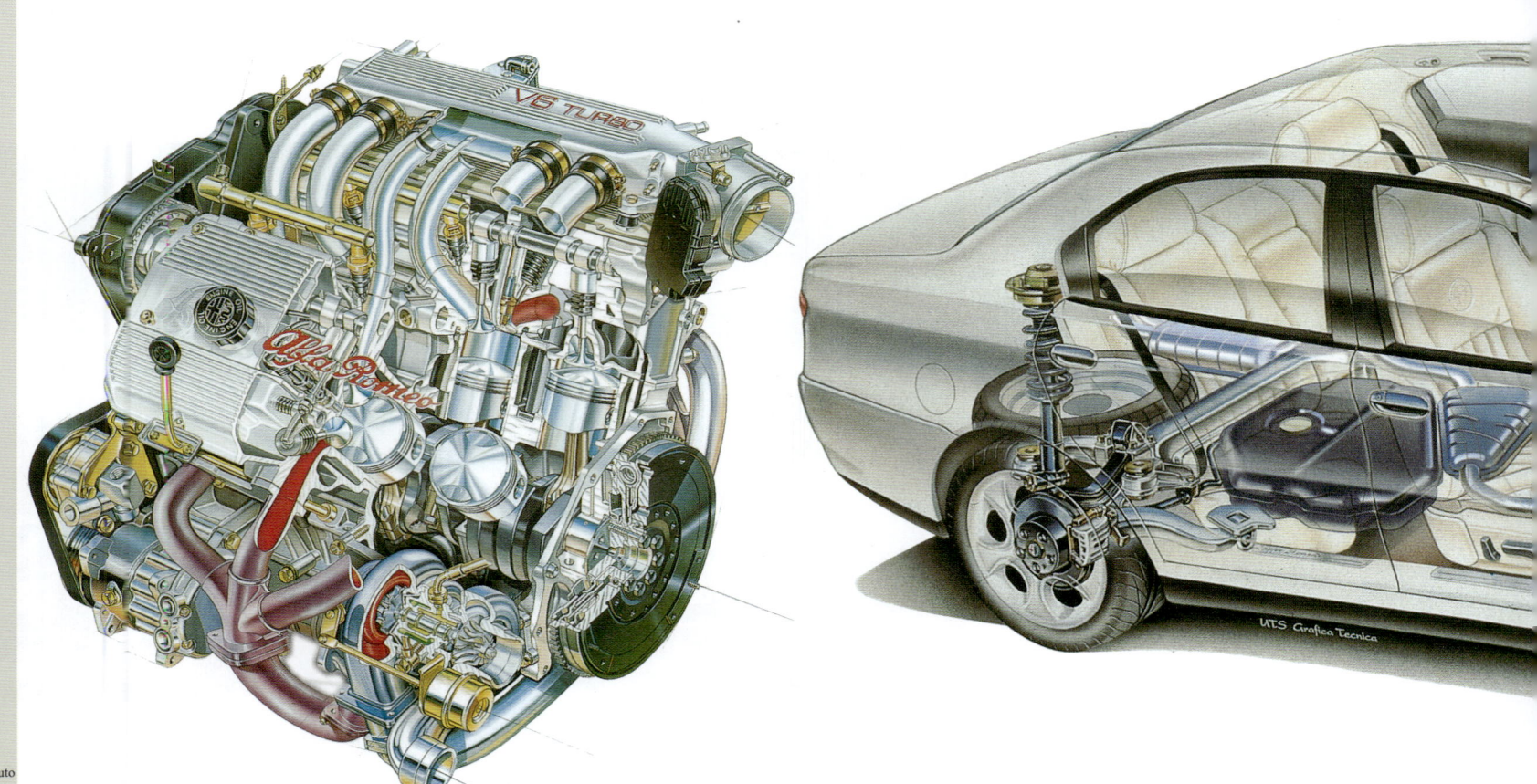

傑出したテクノロジー

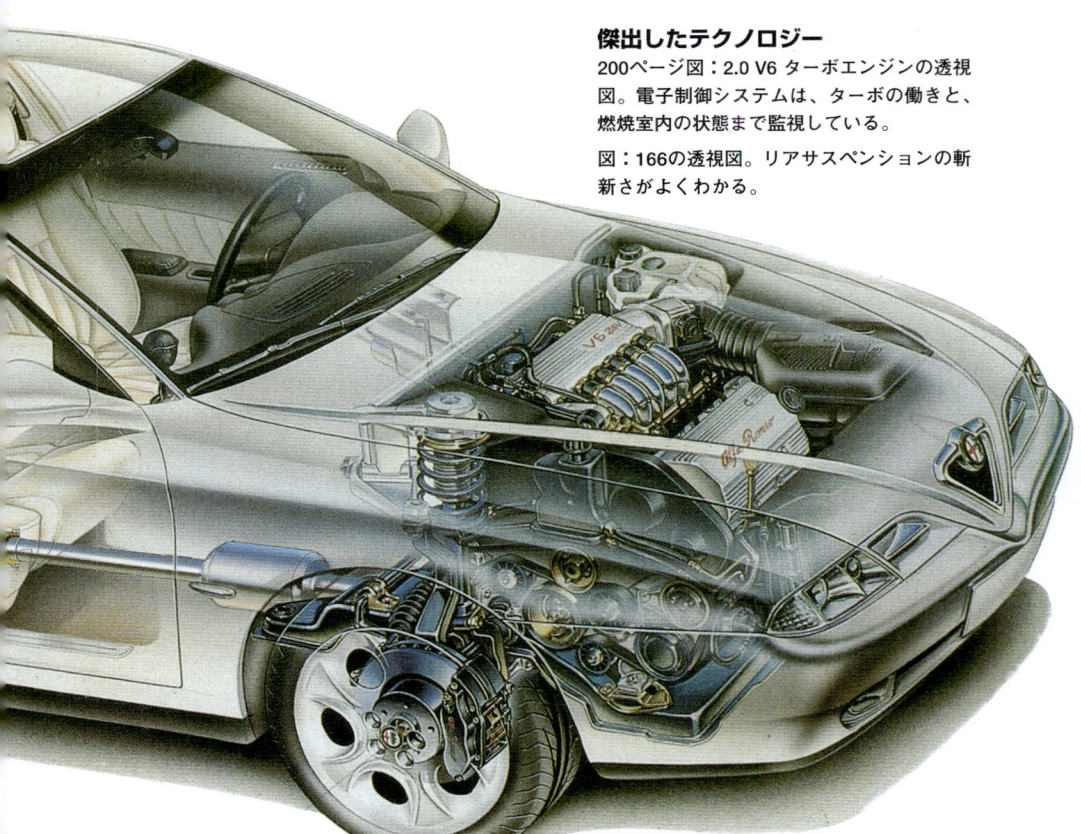

200ページ図：2.0 V6 ターボエンジンの透視図。電子制御システムは、ターボの働きと、燃焼室内の状態まで監視している。

図：166の透視図。リアサスペンションの斬新さがよくわかる。

念はもっと広がり、166を単にエンジンやギアボックスだけで定義することは不可能になってしまった。ディーゼルも過去のイメージとは異なり、攻撃的で紛れもないスポーティネスを保ちつつ、燃費も大幅に改善されている。ガソリンエンジンは直4とV6で、排気量は2ℓから3ℓ。ギアボックスは5段もしくは6段MTと、ドライバーの運転パターンやロードコンディションに合わせて最適なギアシフトを行なうAT、スポルトロニック・トランスミッションがある。

166は一見するとフロントヘビーな印象を受けるが、ひとたび走らせると、それがまったくの思い違いであることがわかる。これだけのパワーと重量を持つ前輪駆動車ならば当然アンダーステアが出ると思いがちだが、タ

インテリアはアラカルトで

インテリアはエクストラチャージなしで、スポーティ／クラッシック（写真上）／エレガントの3タイプから選べる。またオプションで、レッドとブルーのレザーも用意されている。

左上：166のインストルメントパネル。センターにはカーナビゲーションも装備。

ツインモード・トランスミッション

スポルトロニック（4段電子制御AT）にはふたつのモードがある（下図）。A図では、変速はコンピュータ制御されている。例えば2速でコーナーに入る場合、スロットルポジションなどの状況を認識して、3速にシフトアップせずに2速を保ってエンジンブレーキを与え、コーナー脱出時の加速に備える。S図のスポーツモード・ポジションでは、シーケンシャルモードもセレクト可能。

ーンインの際の良好なレスポンスがフロントから伝わり、軽いアンダーステアが若干感じられただけだった。これは、サスペンションに依るところが大きい。リアサスペンションに斬新なマルチリンクを採用した結果、4輪（すべて独立）のあらゆるアライメント調整が可能になったが、このリアサスペンションの最も革新的な点はインテグラルアームにある。インテグラルアームはアッパーアームとロアアームに固定されずに、これ自体が3つのアームを持つ複雑なシステムとなっていて、ピボット部の弾性ブッシュを介して自在に動く。こうしたサスペンションによって、ロードホールディングの要であるアームのジョイント部分の横方向の剛性を損なうことなく、最高の快適性が実現した。ハイマウントにアッパーアームが配置されたダブルウィッシュボーンのフロントサスペンションは、ロールやステアリング操作の動きの中で、タイヤのグリップを最大に保ちながら、車輪のキャンバーを効率良く保つ。

車両重量1500kg／全長4.72m／全幅1.81mの166のボディは、非常にコントローラブルだ。ドライ路面でのフロントサスペンションは、コーナーの出口付近でフルスロットルを与えてもトルクステアを適切にコントロールする。いっぽう、ウェットではASR（アンチ・スリップ・レギュレーション＝トラクションコントロール）が威力を発揮するが、3.0i V6 24Vにはアルファ・ロメオ初のスタビリティコントロールであるVDC（ビークル・ダイナミック・コントロール）が標準装備され、コーナリング時のスライドのリスクを減らし、凍結やウェット路面といった悪条件下でも適切なラインを保ち続けることができる。また、滑りやすい状況でいきなり変速したときにはMSR（トルク制御システム）が作動、エンジントルクを制御し、タイヤがロックして発生するスライドを防ぐ。ASRをオフに設定することもでき、ブレーキでスライドコントロールしながらフルパワーを与えられるので、真のスポーツドライビングも可能である。

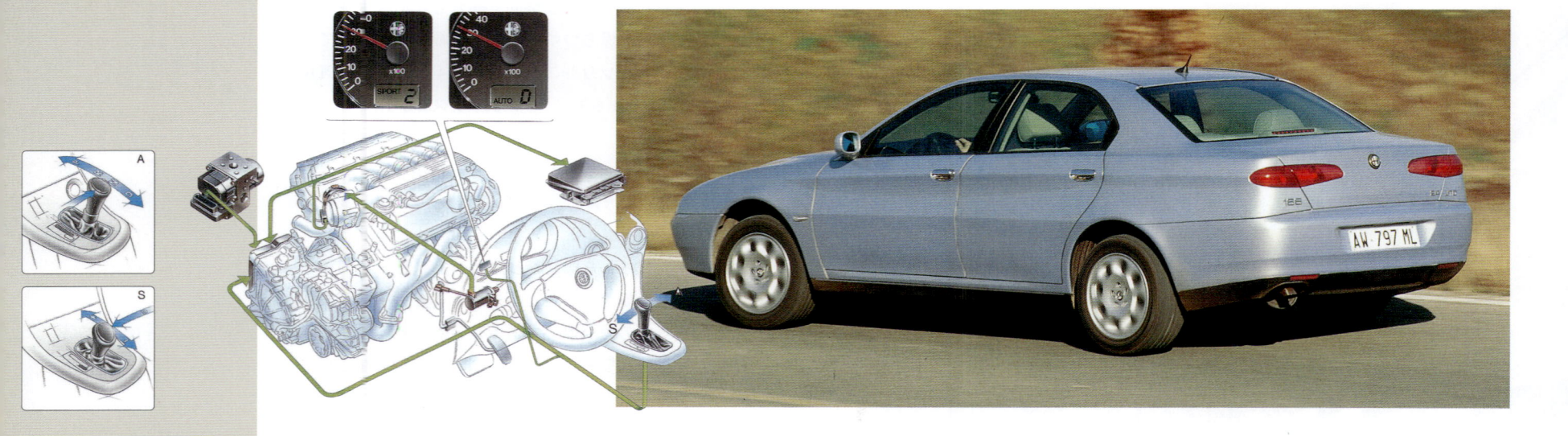

**ベルトーネ・ベッラ
(Bertone Bella)**

ベルトーネは1999年のジュネーヴ・ショーに、166の3.0 V6エンジンを搭載した4シーターのプロトタイプ、ベッラを出品した。いかにもアルファのスポーツカーらしいフォルムを世に問うたコンセプトカーで、フロントノーズと目立たないテールが美しい。インテリアも斬新で、インストルメントパネルに太陽光線を吸収し熱気を排出するポリエステル製パネルが使われている。

147

シューマッハもご満悦
右：ムジェッロでミハエル・シューマッハと写真に収まる147。

下：クワトロルオーテ・ロードテスト（2000年11月号）の1.6iツインスパーク（120ps）。

　アルファ・ロメオの最新モデル147は2000年のトリノ・ショーで正式デビューした。単に145と146に代わるモデルとして開発されたのではなく、156がDセグメントで成功したのを受け、ライバルひしめくCセグメントでもヒットを飛ばすことを狙って開発された。156とはシャシーとメカニカルコンポーネンツを共用している。スタイルに関しても156から受けるのと同じ印象を受け、アグレッシブなフロントノーズ、リアフェンダーの筋肉質なフォルム、幅広いトレッド、切れ込んだテールゲート、156よりやや短いホイールベースとやや高い全高によるプロポーションなど、どこをとっても無関心ではいられない。今やアルファ・ロメオのスポーティネスとは、高性能とスポーティなスタンスが単に融合しただ

けのものではなく、スポーツカーのこれまでの歩みに深く絡んでいる価値感のすべて、つまり、優雅、洗練、独自性、斬新さといった価値のすべてを兼ね備えた美の様式となりつつあり、147にもそれが反映されている。

　大きなエンジンフードにもVのラインが走り、途切れることなくあの盾形グリルに連なっている。しかし、147はAピラーの付け根のすぐ近く、フロントスクリーン下とぶつかったところから稜線が出ていて、往年の名車を彷彿とさせるグラマラスなフェンダーライン

QUATTRORUOTE ROAD TEST

	1.6	1.9JTD		1.6	1.9JTD
最高速度			**発進加速**		
5速使用時	197.98	187.69	速度(km/h)	時間(秒)	
燃費(5速コンスタント)			0−60	4.3	4.5
速度(km/h)		km/ℓ	0−80	6.8	7.3
80	16.6	26.9	0−100	10.5	10.9
100	14.0	22.0	0−120	14.4	15.7
120	11.7	17.7	0−160(1.9は0−150)	29.3	27.5
150	8.9	12.7	**制動力**		
追越加速(5速使用時)			初速(km/h)	制動距離(m)	
速度(km/h)	時間(秒)		60	14.3	14.5
70−100	10.5	7.1	100	39.7	40.3
70−120	18.1	12.4	130	67.2	68.1
70−140	26.8	19.6	150	89.4	90.6

強力なグリップ

1.6ツインスパークと2.0セレスピードは、クワトロルオーテ・ロードテストで完璧なロードホールディングを見せつけた。スタビリティコントロール(VDC)を搭載していることも大きい。

表：1.6と1.9JTDの性能比較(2001年4月号に掲載)。

接続中……
右:カーナビゲーション／GSM携帯電話／CDプレーヤー／音声指令／SOS機能を搭載した"コネクト・ナビ+"の大きなカラーモニター。

から、柔らかい膨らみを持ったエンジンフードのセンター部分を分けている。盾形グリルに関しては、形の連続性や象徴性は保たれたうえで若干手が加わって美しい仕上がりとなり、50年代の伝説、ジュリエッタの盾形グリルに例えることもできるだろう。ボディは3ドアと5ドアがあり、156でも使われた手法だが、5ドアではリア・ドアハンドルが黒いウィンドーフレームの中に隠されている。

同じメカニズム
透視図から156との血縁関係が読み取れる。156からはプラットフォームも継承している。

ステアリングホイールを握ると、4気筒16バルブエンジンの優れた性能が実感できる。クワトロルオーテ・ロードテスト（2000年11月号）でもそれは実証されている。「147 1.6ツインスパークのスロットルコントロールは、従来のように金属ケーブルで伝えられるのではなく電子制御されている。専門的にはEGASと呼ばれるシステムだが、要するにスロットル・ポジショニング・スイッチがスロットルバルブを作動させるサーボモーターに繋がっているのである。5段ギアボックスは適度なステップアップ比であるが、1速と2速の間隔が開きすぎている。——この排気量にしては、出足は最高だ。少し練習すれば0—100km/hを10.5秒で加速でき、0—1kmを31.8秒で走行できる」メカニカル・コンポーネンツは156と同じで、156を信頼できる車として

豪華オプション
上：オプションのレザーインテリア。
左下：ツインスパーク16Vユニット。
右下：VDCスタビリティコントロール。

テクニカルデータ
147 1.6i TS 16V

【エンジン】＊形式：水冷直列4気筒／横置き ＊総排気量：1598cc ＊最高出力：105ps／5600rpm ＊最大トルク：14.3mkg／4200rpm ＊タイミングシステム／イグニッション：DOHC／4バルブ／ツインスパーク ＊燃料供給：電子制御マルチポイント・インジェクション／ボッシュモトロニックME7.1

【駆動系統】＊駆動形式：FWD ＊変速機：前進5段／手動 ＊タイア：185/65R15 88H

【シャシー／ボディ】＊形式：3／5ドア・セダン ＊乗車定員：5名 ＊サスペンション（前）：独立＝ダブルウィッシュボーン／コイル, テレスコピックダンパー, スタビライザー ＊サスペンション（後）：独立＝マクファーソン・ストラット／コイル, テレスコピックダンパー, スタビライザー ＊ブレーキ（前）：ベンチレーテッド・ディスク, ABS ＊ブレーキ（後）：ディスク, ABS ＊ステアリング形式：ラック・ピニオン（油圧パワーアシスト）

【寸法／重量】＊ホイールベース：2546mm ＊全長×全幅×全高：4170×1729×1442mm ＊車重：1190kg

【性能】＊最高速度：185km/h ＊平均燃費：8.5ℓ/100km

隠れたドアハンドル
147には3ドアと5ドアがある（写真下と隣ページ写真）。5ドアでは、リア・ドアハンドルがウィンドーフレームの中に隠れている。156でも見られるデザイン手法だ。

知らしめたメカニズムだが、テールエンドが短い147に合わせて若干チューニングが変わっている箇所がある。その他、横置きエンジン／前輪駆動／ハイマウントアッパーアーム・ダブルウィッシュボーン・フロントサスペンションと、2本のパラレルアームとストラットを持つ最新のマクファーソン・ストラットを奢られたリアサスペンションが踏襲された。

147に"華を添える技術"の中で注目に値するのが"コネクト・ナビ+"で、CD付きカーオーディオ／GSM携帯電話／カーナビゲーション／音声指令／SOS機能（緊急時にアルファ・ロメオ・コールセンターと直接通話して救急医療、応急修理、情報を求められる）といった機能が搭載されており、すべての情報はインストルメントパネル中央の大きなカラーディスプレイでひと目で把握できる。147は安全対策でも最高水準に達し、6エアバッグ／サイドインパクトビーム／コラプシブルステアリング／プリテンショナーとフォースリミッター付きフロントシートベルトを装備、リア中央席にもヘッドレストとプリテンショナー付きシートベルトが付いた。

車の心臓部には、ガソリンユニットが3種用意されている。2種のチューニングの1.6ℓ（出力105ps／最高速度185km/hと、可変バルブタイミング付きの出力120ps／最高速度195km/h）と、出力150ps（最高速度208km/h）を誇る2.0ℓユニットだ。ここにコモンレール・ターボディーゼルの1.9 JTD（出力110ps／最高速度189km/h）も加わると、147のフルラインナップが完成する。JTDにはボッシュが開発した改良型インジェクション、ユニジェットと可変ピッチタービンのターボチャージャーが備えられている。

2000年12月のボローニャ・モーターショーでは、147のレーシングバージョンである2.0スペル・プロドゥツィオーネ（Super Produzione＝スーパー・プロダクション）が発表された。2.0スペル・プロドゥツィオーネはあらかじめレース装備を整えた状態で販売され、パワーユニットは標準モデルの2.0iツインスパーク16Vをレース用にレギュレーションに即してチューンしている（出力約

147レース仕様
下：スーパープロダクション・カテゴリー用に2000年に開発。標準モデルから改造した箇所は、ボディ（ロールケージで補強）、エンジン（出力220ps）、ホイール（15インチ・マグネシウムホイール）、ブレーキ（ブレンボ製ベンチレーテッド）などだ。

220ps／7800rpm）。その内容は、レース用カムシャフトに変更、禁止されている可変バルブタイミングを外し、フライホイールの軽量化、インテーク・マニフォールドを改良、エグゾーストを4 in 1（フォー・イン・ワン）のタコ足にする、などである。ギアボックスは基本的に標準仕様のマニュアル・ギアボックスだが、ギアを軽量化、強化クラッチにして、クロースレシオ化を図っている。サスペンションはユニバル（unibal）と呼ばれ、スタビライザー／スプリング／4段可変ダンパーを備える。フロントブレーキにはブレンボの4ポッド・キャリパーとベンチレーテッド・ディスクを装着する。その他には、ロールケージ／バケットシート／デタッチャブル・ステアリングホイール／5点式シートベルトが装備される。

147 GTA

グラン・トゥリズモ・アッレッジェリータ、GTA
アルフィスタの心に1965年の伝説のスポーツカーを呼び起こす3文字。2002年、147の最強バージョンにもこの栄光の名が与えられた。

　大きな期待に応えて、今ここにGTAが帰ってきた。GTA、それはアルファ・ロメオの心に宿る重要な3文字、スポーティという概念を他のどんな言葉よりも明確かつ確実に呼び起こす3文字だ。オールアルミ製のDOHCエンジン／5段ギアボックス／後輪駆動／ペラルマン（アルミ合金）製のボディや、走行中にリアアクスルが左右に揺れるのを防ぐCRBBを持つディファレンシャルを備えた1965年のジュリアGTAのことだと思われただろうか。いや、147の"超強化"仕様である147GTA（2002年12月発売）がデビューしたのだ。ボディの至るところから滲み出る闘争心は、まさに往年の輝かしいジュリアGTAから継承したものだ。

　とはいえ、147GTAを前にしても、真のハイパフォーマンス・マシーンという強烈な印象は受けない。マッスルカーと呼べるパーツもそれほど多くない。フロントノーズには大きなスポイラーにふたつのエアインテークが開いているが、サイドスカートはさほど主張せず、底部にエアベントが付いたリアバンパーは控えめに大型化されているにすぎない。一方でインテリアは、外観よりもう少しレーシングモチーフが多く、バケットシート／サテン調のメタルパーツ／人間工学に基づいたステアリングホイール／スポーティなペダルなどが装備されている。革巻きのシフトレバーは理想的なポジションにあって、ごく自然に手が届く。インストルメントパネルのスピードメーターは300km/hまで刻まれており、その他のメーター類もかつてのアルファのレーシングマシーンに装備されていた物を彷彿とさせ、感傷的なアルフィスタの目を楽しませてくれる。

　そしてエンジンを始動させた時、アルフィスタにとって至福の時が訪れる。250psのV6ユニットがフロントに横置きで搭載されているが、可変バルブタイミングや可変吸気システムのような最新の技術を、この3.2ℓユニット（166やGTVの直系）に採用しなかったのは適切な判断だった。エンジンは金属音ではなく、かつての自然吸気ユニットが発していた

QUATTRORUOTE ROAD TEST

アルファの走る宝石たち

147GTAの隣を走るのは1970年ジュリア1750GTAm。後ろは1953年6C 3000CMと1952年1900 C52ディスコ・ヴォランテ。

表：クワトロルオーテ・ロードテスト2002年12月号の結果。

最高速度		追越加速 (6速使用時)		0—100	6.8
6速使用時	240.85	速度 (km/h)	時間 (秒)	0—120	8.8
燃費 (5速コンスタント)		70—80	2.4	0—130	9.9
速度 (km/h)	km/ℓ	70—100	7.3	0—150	13.2
70	18.8	70—120	12.5	制動力	
90	14.8	70—140	18.3	初速 (km/h)	制動距離 (m)
100	13.2	発進加速		60	13.7
120	10.8	速度 (km/h)	時間 (秒)	100	38.1
130	9.8	0—60	3.5	130	64.5
150	8.1	0—80	4.8	200	152.5

Passione Auto • **Quattroruote** 213

**メーターは
300km/hまで表示**

右上：GTAのテールエンド。エアベントがリアバンパー下部にあるのが特徴。

右下：フロントはフェンダーフレアが広がり、エアーインテークの数が増えているのがわかる。

下：インストルメントパネルとスポーティなペダル類。スピードメーターは300km/hまで刻まれている。

あの、ミュージックと聞き紛う、素晴らしいサウンドを奏でる。これは"ノスタルジア作戦"だろうか。おそらくそうだろう。だが、ひとたび147GTAを走らせると、その走行性能に思わず息を呑む。1500kgという車重をものともせず、0ー100km/hを6.8秒でこなし、最高速度は241km/hに達する（クワトロルオーテ　ロードテスト値）。高速走行中、リアにはスタビリティが、フロントにはコントロール性が求められるが、147GTAはまさにそのようにチューンされているため、高速走行中にもそのパフォーマンスを最大限に発揮できる。コーナリング時のGTAは、瞬時にアウト側のタイアに荷重をかけ、地面にしっかりと根を

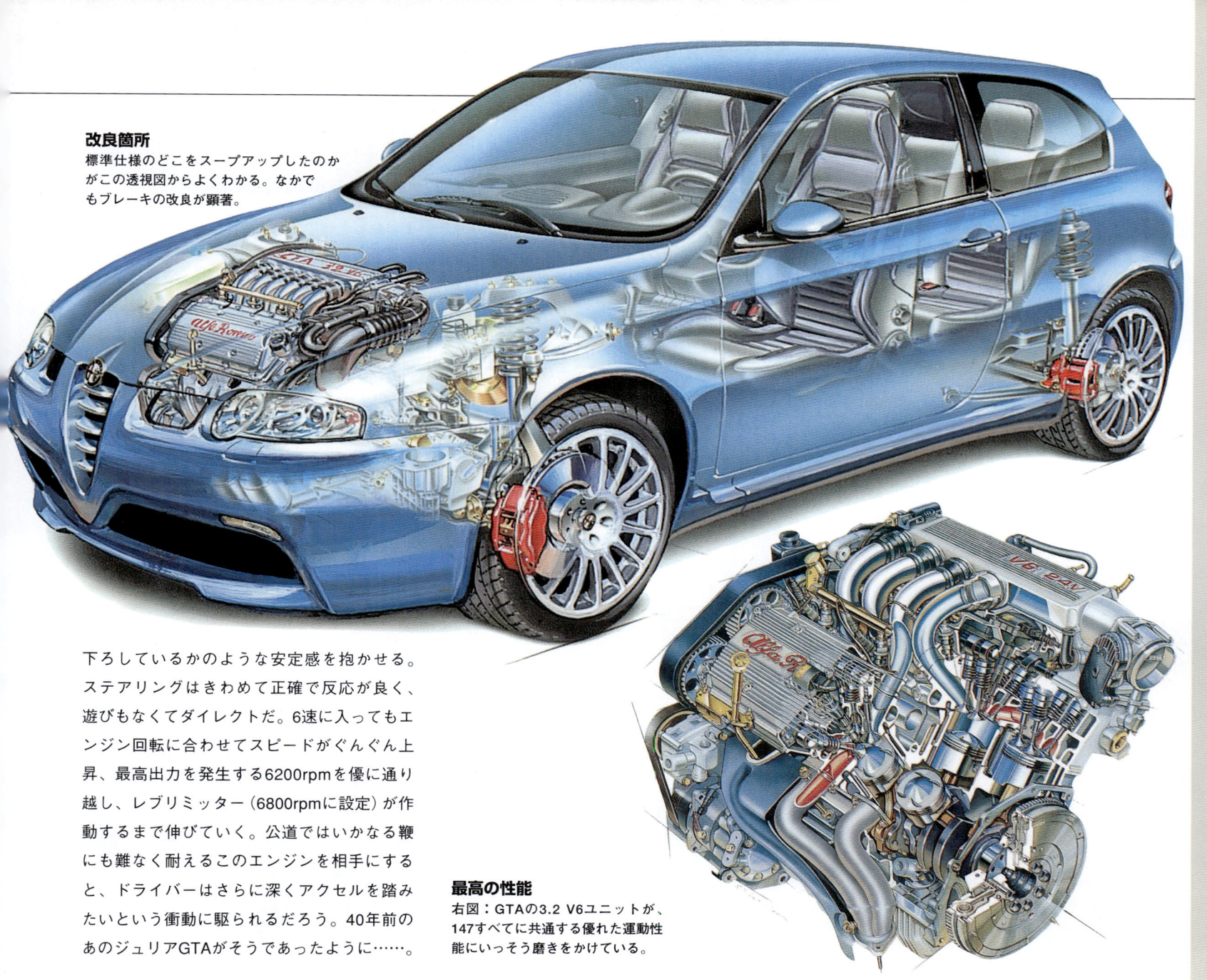

改良箇所
標準仕様のどこをスープアップしたのかがこの透視図からよくわかる。なかでもブレーキの改良が顕著。

テクニカルデータ
147 3.2 V6 24V GTA

【エンジン】＊形式：水冷60度V型6気筒／横置き ＊総排気量：3179cc ＊最高出力：250ps／6200rpm ＊最大トルク：300Nm／4800rpm ＊タイミングシステム：DOHC／4バルブ ＊燃料供給：電子制御マルチポイント・インジェクション／ボッシュモトロニックME7.3.1

【駆動系統】＊駆動形式：FWD ＊変速機：前進6段／手動 ＊タイア：225/45ZR17

【シャシー／ボディ】＊形式：3ドア・セダン ＊乗車定員：5名 ＊サスペンション（前）：独立＝ダブルウィッシュボーン／コイル, テレスコピックダンパー, スタビライザー ＊サスペンション（後）：独立＝マクファーソン・ストラット／コイル, テレスコピックダンパー, スタビライザー ＊ブレーキ（前）：ベンチレーテッド・ディスク, ABS＋VDC ＊ブレーキ（後）：ディスク, ABS＋VDC ＊ステアリング形式：ラック・ピニオン（パワーアシスト）

【寸法／重量】＊ホイールベース：2546mm ＊全長×全幅×全高：4213×1764×1412mm ＊車重：1360kg

【性能】＊最高速度：246km/h ＊平均燃費：8.7ℓ/100km

下ろしているかのような安定感を抱かせる。ステアリングはきわめて正確で反応が良く、遊びもなくてダイレクトだ。6速に入ってもエンジン回転に合わせてスピードがぐんぐん上昇、最高出力を発生する6200rpmを優に通り越し、レブリミッター（6800rpmに設定）が作動するまで伸びていく。公道ではいかなる鞭にも難なく耐えるこのエンジンを相手にすると、ドライバーはさらに深くアクセルを踏みたいという衝動に駆られるだろう。40年前のあのジュリアGTAがそうであったように……。

最高の性能
右図：GTAの3.2 V6ユニットが、147すべてに共通する優れた運動性能にいっそう磨きをかけている。

Passione Auto • Quattroruote 215

BRERA

最先端技術と高級感
ドアは油圧ダンパーが作用して上に開く。洗練されたインテリアには、数々の技巧が凝らされ、アルミパーツがレザーシートによくマッチする。メーター類はふたつに分けられて、ドライバーの目の前に置かれる。

　2002年ジュネーヴ・ショーのイタルデザイン・ブースの花形はブレラだった。"世紀のデザイナー"ジョルジェット・ジウジアーロがデザインしたこの惚れ惚れするクーペには、過去の名車の記憶がはっきりと刻まれている。なによりもまず思い浮かぶのは、ジウジアーロがベルトーネに所属していた1964年にデザインしたプロトタイプ、カングーロだ。ブレラの個性は強烈で、過去と未来が見事に融合している（ジウジアーロが今後手掛けるアルファ・ロメオの新モデルには、ブレラのデザインが根底に流れるものになることが決まっている）。エンジンフードは50年代の車のように、アルファのアイデンティティである、盾形グリルに向かって伸びるセンターの盛り上がりに沿って切れ込みが入っており、日常点検はそのフードを開ければよいが、ヘビーメインテナンス時にはエンジンフードを完全に外してしまうことができる。リアは156や147との血縁関係を感じさせるが、ジウジアーロはジュリエッタ・スプリントの面影をそこにうまく組み合わせている。テールエンドのデザインには思わず目を奪われるが、シンプルで最小限のサイズに抑えられているサイドウィンドー、小さなラゲッジペース、開閉可能なリアウィンドー、上に跳ね上げて開く大きな2枚のドアも特徴的だ。ブレラのディメンション（全長4.4m／全幅1.894m）は現代の大型クーペ並みだが、滑らかで丸みがかったラインからか、その大きさをほとんど感じさせない。最先端技術がうまくデザイン表現されているのはインテリア細部も同様で、光に応じて透明度を変える調光ガラスルーフがその最たる例である。"咲き誇る花"、ジウジアーロはブレラをそう称した。たとえ限定・少量であってもブレラが生産化されることはまずないだろう。しかしブレラは、21世紀におけるアルファのモデルの規範となっていくのである。

ジウジアーロのマッスルカー
ジョルジェット・ジウジアーロがジュネーヴ・
ショーで発表したブレラは、"マッスルカー"
のように力強いが、そのフォルムは
丸みがかかって滑らかである。

テクニカルデータ 各シリーズの代表モデル

年式	モデル名	エンジン型式	排気量(cc)	最高出力(ps/rpm)	カムシャフト/バルブ数	燃料供給方式	ボディ形式	ホイールベース(mm)	全長×全幅×全高(mm)	車両重量(kg)	最高速度(km/h)
1950-1954	1900	直列4気筒	1884	80/4800	DOHC/2	キャブレター	セダン	2630	4400×1600×1490	1100	150
1954-1958	1900 Super	直列4気筒	1975	90/5200	DOHC/2	キャブレター	セダン	2630	4400×1600×1490	1140	160
1954-1957	1900 T.I. Super	直列4気筒	1975	115/5500	DOHC/2	キャブレター×2	セダン	2630	4400×1600×1490	1140	180
1951-1955	1900 Sprint	直列4気筒	1884	100/5500	DOHC/2	キャブレター	クーペ	2500	4405×1630×1350	1050	180
1955-1958	1900 Super Sprint	直列4気筒	1975	115/5500	DOHC/2	キャブレター×2	クーペ	2500	4475×1630×1325	1000	180
1955-1963	Giulietta	直列4気筒	1290	53/5500	DOHC/2	キャブレター	セダン	2380	3990×1550×1400	870	136
1957-1961	Giulietta t.i. I	直列4気筒	1290	65/6150	DOHC/2	キャブレター	セダン	2380	4033×1555×1405	908	155
1961-1964	Giulietta t.i. II	直列4気筒	1290	74/6300	DOHC/2	キャブレター	セダン	2380	4106×1555×1500	980	155
1954-1965	Giulietta Sprint	直列4気筒	1290	65/6000	DOHC/2	キャブレター	クーペ	2380	3980×1540×1320	880	165
1956-1962	Giulietta Sprint Veloce	直列4気筒	1290	79/6500	DOHC/2	キャブレター×2	クーペ	2380	3980×1540×1320	780	170
1957-1962	Giulietta Sprint Speciale	直列4気筒	1290	97/6500	DOHC/2	キャブレター×2	クーペ	2250	4120×1660×1280	950	183
1962-1964	Giulia 1600 Sprint	直列4気筒	1570	91/6200	DOHC/2	キャブレター	クーペ	2380	3980×1540×1348	975	170
1963-1965	Giulia 1600 SS	直列4気筒	1570	112/6500	DOHC/2	キャブレター×2	クーペ	2250	4120×1660×1280	1025	191
1960-1962	Giulietta SZ I	直列4気筒	1290	98/6500	DOHC/2	キャブレター×2	クーペ	2250	3920×1540×1250	854	189
1955-1959	Giulietta Spider I	直列4気筒	1290	65/6000	DOHC/2	キャブレター	スパイダー	2200	3860×1580×1335	860	155
1956-1959	Giulietta S. Veloce I	直列4気筒	1290	80/6300	DOHC/2	キャブレター×2	スパイダー	2200	3860×1580×1335	865	170
1959-1961	Giulietta Spider II	直列4気筒	1290	79/6300	DOHC/2	キャブレター	スパイダー	2250	3900×1540×1310	930	157
1959-1961	Giulietta S. Veloce II	直列4気筒	1290	96/6500	DOHC/2	キャブレター×2	スパイダー	2250	3900×1540×1310	930	173
1962-1965	Giulia 1600 Spider	直列4気筒	1570	91/6200	DOHC/2	キャブレター×2	スパイダー	2250	3900×1540×1310	960	171
1957-1962	2000 Berlina	直列4気筒	1975	105/5800	DOHC/2	キャブレター	セダン	2720	4715×1700×1505	1400	160
1957-1961	2000 Spider	直列4気筒	1975	115/5900	DOHC/2	キャブレター×2	スパイダー	2500	4500×1655×1380	1260	171
1960-1962	2000 Sprint	直列4気筒	1975	115/5900	DOHC/2	キャブレター×2	クーペ	2580	4550×1706×1380	1300	172
1962-1969	2600	直列6気筒	2584	130/5900	DOHC/2	キャブレター	セダン	2720	4700×1700×1480	1420	173
1962-1966	2600 Sprint	直列6気筒	2584	145/5900	DOHC/2	キャブレター×3	クーペ	2580	4580×1706×1380	1370	197
1962-1965	2600 Spider	直列6気筒	2584	145/5900	DOHC/2	キャブレター×3	スパイダー	2500	4500×1690×1380	1330	197
1962-1965	Giulia 1600 TI	直列4気筒	1570	90/6000	DOHC/2	キャブレター	セダン	2510	4140×1560×1430	1060	169
1963-1965	Giulia 1600 TI Super	直列4気筒	1570	112/6500	DOHC/2	キャブレター×2	セダン	2510	4115×1560×1430	960	189
1964-1967	Giulia 1300	直列4気筒	1290	80/6000	DOHC/2	キャブレター	セダン	2510	4115×1560×1430	1000	161
1965-1967	Giulia 1600 Super	直列4気筒	1570	98/5500	DOHC/2	キャブレター×2	セダン	2510	4140×1560×1430	1020	175
1969-1972	Giulia 1300 TI	直列4気筒	1290	85/6000	DOHC/2	キャブレター	セダン	2510	4160×1560×1430	1000	168
1969-1970	Giulia 1600 S	直列4気筒	1570	96/5500	DOHC/2	キャブレター	セダン	2510	4115×1560×1430	1060	172
1969-1970	Giulia 1600 Super	直列4気筒	1570	104/5500	DOHC/2	キャブレター×2	セダン	2510	4115×1560×1430	1020	175
1970-1972	Giulia 1300 Super	直列4気筒	1290	88/5500	DOHC/2	キャブレター×2	セダン	2510	4160×1560×1430	1030	166
1976-1978	Giulia Diesel	直列4気筒	1760	50/3800	SOHC/2	インジェクション	セダン	2510	4185×1560×1430	1130	133
1963-1966	Giulia 1600 Sprint GT	直列4気筒	1570	106/6000	DOHC/2	キャブレター×2	クーペ	2350	4080×1580×1315	1040	179
1965-1969	Giulia 1600 Sprint GTA	直列4気筒	1570	115/6000	DOHC/2	キャブレター×2	クーペ	2350	4080×1580×1315	745	185
1965-1968	Giulia 1600 Sprint GT Vel.	直列4気筒	1570	110/6000	DOHC/2	キャブレター×2	クーペ	2350	4080×1580×1328	1020	182
1966-1968	Giulia 1300 GT Junior	直列4気筒	1290	88/5500	DOHC/2	キャブレター×2	クーペ	2350	4080×1580×1328	990	175
1967-1969	Giulia 1750 GT Veloce	直列4気筒	1779	114/5000	DOHC/2	キャブレター×2	クーペ	2350	4080×1580×1328	1040	187

年式	モデル名	エンジン型式	排気量 (cc)	最高出力 (ps/rpm)	カムシャフト/バルブ数	燃料供給方式	ボディ形式	ホイールベース (mm)	全長×全幅×全高 (mm)	車両重量 (kg)	最高速度 (km/h)
1968-1975	Giulia 1300 GTA Junior	直列4気筒	1290	96/6000	DOHC/2	キャブレター×2	クーペ	2350	4080×1580×1328	760	175
1969-1971	Giulia 1300 GT Junior	直列4気筒	1290	88/5500	DOHC/2	キャブレター×2	クーペ	2350	4080×1580×1328	990	175
1971-1976	Giulia 2000 GT Veloce	直列4気筒	1962	131/5500	DOHC/2	キャブレター×2	クーペ	2350	4100×1580×1328	1040	198
1963-1967	Giulia TZ	直列4気筒	1570	113/6500	DOHC/2	キャブレター×2	クーペ	2200	3950×1510×1200	660	215
1966-1968	Spider 1600 Duetto	直列4気筒	1570	110/6000	DOHC/2	キャブレター×2	スパイダー	2250	4250×1630×1290	990	182
1967-1969	Spider 1750 Veloce	直列4気筒	1779	114/5000	DOHC/2	キャブレター×2	スパイダー	2250	4250×1630×1290	1040	188
1968-1969	Spider 1300 Junior	直列4気筒	1290	88/5500	DOHC/2	キャブレター×2	スパイダー	2250	4250×1630×1290	990	168
1971-1977	Spider 2000 Veloce	直列4気筒	1962	131/5500	DOHC/2	キャブレター×2	スパイダー	2250	4120×1630×1290	1040	198
1975-1982	Spider 2000 Veloce	直列4気筒	1962	128/5300	DOHC/2	キャブレター×2	スパイダー	2250	4120×1630×1290	1040	194
1971-1982	Spider 2.0i	直列4気筒	1962	129/5800	DOHC/2	インジェクション	スパイダー	2250	4120×1630×1290	1107	190
1986-1989	Spider 1.6	直列4気筒	1570	101/5500	DOHC/2	キャブレター×2	スパイダー	2250	4270×1630×1290	1020	180
1986-1989	Spider 2.0	直列4気筒	1962	125/5300	DOHC/2	キャブレター×2	スパイダー	2250	4270×1630×1290	1040	190
1986-1994	Spider 2.0i catalyser	直列4気筒	1962	117/5800	DOHC/2	インジェクション	スパイダー	2250	4270×1630×1290	1070	190
1990-1994	Spider 1.6	直列4気筒	1570	106/6000	DOHC/2	キャブレター×2	スパイダー	2250	4270×1630×1290	1070	180
1990-1994	Spider 2.0i	直列4気筒	1962	122/5800	DOHC/2	インジェクション	スパイダー	2250	4270×1630×1290	1110	192
1967-1969	33 Coupe stradale	90°V型8気筒	1995	230/8800	DOHC/2	インジェクション	クーペ	2350	3970×1710×990	700	260
1968-1972	1750	直列4気筒	1779	114/5000	DOHC/2	キャブレター×2	セダン	2570	4390×1570×1420	1110	180
1971-1974	2000	直列4気筒	1962	131/5500	DOHC/2	キャブレター×2	セダン	2570	4390×1570×1420	1110	190
1974-1976	2000	直列4気筒	1962	128/5300	DOHC/2	キャブレター×2	セダン	2570	4390×1570×1420	1110	189
1970-1977	Montreal	90°V型8気筒	2593	200/6500	DOHC/2	インジェクション	クーペ	2350	4220×1672×1205	1330	220
1971-1975	Alfasud 1.2 4 door	水平対向4気筒	1186	63/6000	SOHC/2	キャブレター	セダン	2455	3890×1590×1370	830	152
1973-1977	Alfasud 1.2 2 door	水平対向4気筒	1186	68/6000	SOHC/2	キャブレター	セダン	2455	3926×1590×1370	810	161
1975-1979	Alfasud 1.2 4 door N/L	水平対向4気筒	1186	63/6000	SOHC/2	キャブレター	セダン	2455	3926×1590×1370	860	155
1977-1978	Alfasud 1.3 4 dr. Super	水平対向4気筒	1286	68/6000	SOHC/2	キャブレター	セダン	2455	3935×1590×1370	870	155
1977-1978	Alfasud 1.3 2 door ti	水平対向4気筒	1286	76/6000	SOHC/2	キャブレター	セダン	2455	3926×1590×1370	870	169
1980-1982	Alfasud 1.5 4 door	水平対向4気筒	1286	84/5800	SOHC/2	キャブレター	セダン	2455	3978×1590×1370	885	166
1981-1982	Alfasud 1.3 ti 3 door	水平対向4気筒	1351	86/5800	SOHC/2	キャブレター×2	セダン	2455	3978×1616×1370	895	173
1981-1982	Alfasud 1.5 ti 3 door	水平対向4気筒	1490	95/5800	SOHC/2	キャブレター×2	セダン	2455	3978×1616×1370	895	174
1982-1984	Alfasud 1.5 ti 3 dr. Q.V.	水平対向4気筒	1490	105/6000	SOHC/2	キャブレター×2	セダン	2455	3978×1616×1370	895	183
1972-1975	Alfetta 1.8	直列4気筒	1779	122/5500	DOHC/2	キャブレター×2	セダン	2510	4280×1620×1430	1060	130
1975-1981	Alfetta 1.6	直列4気筒	1570	109/5600	DOHC/2	キャブレター×2	セダン	2510	4240×1620×1430	1060	175
1977-1978	Alfetta 2.0	直列4気筒	1962	122/5300	DOHC/2	キャブレター×2	セダン	2510	4385×1640×1430	1140	184
1978-1981	Alfetta 2.0 L	直列4気筒	1962	130/5400	DOHC/2	キャブレター×2	セダン	2510	4385×1640×1430	1140	186
1978-1981	Alfetta 2.0 Turbodiesel	直列4気筒	1995	82/4300	SOHC/2	インジェクション	セダン	2510	4385×1640×1430	1270	155
1978-1981	Alfetta 2.0i	直列4気筒	1962	111/5400	DOHC/2	インジェクション	セダン	2510	4500×1640×1430	1230	179
1982-1983	Alfetta 2.0i Q. Oro	直列4気筒	1962	125/5300	DOHC/2	インジェクション	セダン	2510	4385×1640×1430	1140	180
1974-1976	Alfetta GT 1.8	直列4気筒	1779	122/5500	DOHC/2	キャブレター×2	クーペ	2400	4190×1660×1330	1054	195
1976-1980	Alfetta GT 1.6	直列4気筒	1570	109/5600	DOHC/2	キャブレター×2	クーペ	2400	4190×1660×1330	1080	179
1976-1980	Alfetta GTV 2.0	直列4気筒	1962	122/5300	DOHC/2	キャブレター	クーペ	2400	4205×1660×1330	1080	194

年式	モデル名	エンジン型式	排気量(cc)	最高出力(ps/rpm)	カムシャフト/バルブ数	燃料供給方式	ボディ形式	ホイールベース(mm)	全長×全幅×全高(mm)	車両重量(kg)	最高速度(km/h)
1979-1980	Alfetta GTV 2.0 Turbodelta	直列4気筒	1962	150/5500	DOHC/2	キャブレター×2	クーペ	2400	4205×1660×1330	1080	205
1980-1986	Alfetta GTV 6 2.5i	60°V型6気筒	2492	158/5600	SOHC/2	インジェクション	クーペ	2400	4260×1664×1330	1210	204
1983-1986	Alfetta GTV 2.0	直列4気筒	1962	130/5400	DOHC/2	キャブレター×2	クーペ	2400	4260×1664×1330	1110	188
1978-1979	Alfasud Sprint 1.3	水平対向4気筒	1351	79/6000	SOHC/2	キャブレター	クーペ	2455	4020×1620×1305	890	168
1978-1980	Alfasud Sprint 1.5	水平対向4気筒	1490	84/5800	SOHC/2	キャブレター	クーペ	2455	4020×1620×1305	890	170
1978-1982	Alfasud Sprint 1.3 Veloce	水平対向4気筒	1351	86/5800	SOHC/2	キャブレター×2	クーペ	2455	4020×1620×1305	915	170
1979-1983	Alfasud Sprint 1.5 Veloce	水平対向4気筒	1490	95/5800	SOHC/2	キャブレター×2	クーペ	2455	4020×1620×1305	915	175
1983-1987	Sprint 1.5 Q. Verde	水平対向4気筒	1490	105/6000	SOHC/2	キャブレター×2	クーペ	2455	4024×1620×1297	915	185
1987-1989	Sprint 1.7 Q. Verde	水平対向4気筒	1712	114/5800	SOHC/2	キャブレター×2	クーペ	2465	4024×1620×1305	915	202
1977-1981	Giulietta 1.3	直列4気筒	1357	95/6000	DOHC/2	キャブレター×2	セダン	2510	4210×1650×1400	1100	166
1977-1981	Giulietta 1.6	直列4気筒	1570	109/5600	DOHC/2	キャブレター×2	セダン	2510	4210×1650×1400	1100	174
1979-1981	Giulietta 1.8	直列4気筒	1779	122/5300	DOHC/2	キャブレター×2	セダン	2510	4210×1650×1400	1100	180
1981-1985	Giulietta 2.0	直列4気筒	1962	130/5400	DOHC/2	キャブレター×2	セダン	2510	4210×1650×1400	1100	184
1982-1985	Giulietta 2.0 Ti	直列4気筒	1962	130/5400	DOHC/2	キャブレター×2	セダン	2510	4210×1650×1400	1100	187
1983-1985	Giulietta 2.0 Turbodiesel	直列4気筒	1995	82/4300	SOHC/2	インジェクション	セダン	2510	4210×1650×1400	1230	158
1983-1984	Giulietta 2.0 Turbodelta	直列4気筒	1962	170/5000	DOHC/2	キャブレター×2	セダン	2510	4210×1650×1400	1140	206
1979-1983	Alfa 6 2.5	60°V型6気筒	2492	158/5600	SOHC/2	キャブレター×6	セダン	2600	4760×1684×1425	1470	193
1983-1986	Alfa 6 2.0	60°V型6気筒	1996	135/5600	SOHC/2	キャブレター×6	セダン	2600	4679×1684×1425	1470	185
1983-1986	Alfa 6 2.5i Quadrif. Oro	60°V型6気筒	2492	158/5600	SOHC/2	インジェクション	セダン	2600	4679×1684×1425	1470	188
1983-1987	Alfa 6 Turbodiesel 5	直列5気筒	2494	105/4300	SOHC/2	インジェクション	セダン	2600	4679×1684×1425	1580	169
1983-1985	33 1.2	水平対向4気筒	1186	68/6000	SOHC/2	キャブレター	セダン	2455	4015×1612×1340	890	162
1983-1985	33 1.3	水平対向4気筒	1351	79/6000	SOHC/2	キャブレター	セダン	2455	4015×1612×1340	890	167
1983-1984	33 1.5/1.5 Q. Oro	水平対向4気筒	1490	84/5800	SOHC/2	キャブレター×2	セダン	2455	4015×1612×1340	890	171
1984-1986	33 1.5 Quadrifoglio Verde	水平対向4気筒	1490	105/6000	SOHC/2	キャブレター×2	セダン	2455	4022×1612×1340	890	185
1986-1988	33 1.7 Quadrifoglio Verde	水平対向4気筒	1712	114/5800	SOHC/2	キャブレター×2	セダン	2465	4015×1612×1345	910	200
1986-1988	33 1.8 Turbodiesel	直列3気筒	1779	72/4000	SOHC/2	インジェクション	セダン	2455	4040×1612×1345	1010	165
1986-1988	33 1.8 TD Giardinetta	直列3気筒	1779	72/4000	SOHC/2	インジェクション	ステーションワゴン	2455	4167×1612×1345	1025	165
1988-1989	33 1.7 IE	水平対向4気筒	1712	107/5800	SOHC/2	インジェクション	セダン	2465	4015×1612×1345	930	188
1988-1989	33 1.7 IE Sport W. Q.V.	水平対向4気筒	1712	102/5500	SOHC/2	インジェクション	ステーションワゴン	2465	4142×1612×1345	945	185
1990-1992	33 1.7 IE 16V Q.V.	水平対向4気筒	1712	133/6500	DOHC/4	インジェクション	セダン	2475	4075×1614×1350	1000	207
1991-1994	33 Permanent 4	水平対向4気筒	1712	133/6500	DOHC/4	インジェクション	セダン	2470	4075×1614×1375	1070	202
1991-1994	33 Q. Verde Sport W.	水平対向4気筒	1712	129/6500	DOHC/4	インジェクション	ステーションワゴン	2470	4200×1614×1375	1085	195
1984-1986	Alfa 90 1.8	直列4気筒	1779	120/5300	DOHC/2	キャブレター×2	セダン	2510	4392×1638×1420	1080	185
1984-1986	Alfa 90 2.0	直列4気筒	1779	128/5400	DOHC/2	キャブレター×2	セダン	2510	4392×1638×1420	1080	190
1984-1986	Alfa 90 2.0 Injection	直列4気筒	1779	128/5400	DOHC/2	インジェクション	セダン	2510	4392×1638×1420	1090	190
1984-1986	Alfa 90 Turbodiesel	直列4気筒	2393	110/4200	SOHC/2	インジェクション	セダン	2510	4392×1638×1420	1250	175
1984-1986	Alfa 90 2.5i Q. Oro	60°V型6気筒	2492	158/5600	SOHC/2	インジェクション	セダン	2510	4392×1638×1420	1170	205
1985-1986	Alfa 90 V6 Injection	60°V型6気筒	1996	132/5600	SOHC/2	インジェクション	セダン	2510	4392×1638×1420	1170	195
1985-1988	75 1.6	直列4気筒	1570	110/5800	DOHC/2	キャブレター×2	セダン	2510	4330×1630×1400	1060	180

年式	モデル名	エンジン型式	排気量 (cc)	最高出力 (ps/rpm)	カムシャフト／バルブ数	燃料供給方式	ボディ形式	ホイールベース (mm)	全長×全幅×全高 (mm)	車両重量 (kg)	最高速度 (km/h)
1985-1988	75 1.8	直列4気筒	1779	120／5300	DOHC／2	キャブレター×2	セダン	2510	4330×1630×1400	1060	190
1985-1988	75 2.0	直列4気筒	1962	128／5400	DOHC／2	キャブレター×2	セダン	2510	4330×1630×1400	1080	195
1985-1988	75 2.5i Quadrifoglio Verde	60°V型6気筒	2492	156／5600	SOHC／2	インジェクション	セダン	2510	4330×1630×1400	1160	205
1985-1988	75 2.0 Turbodiesel	直列4気筒	1995	95／4300	SOHC／2	インジェクション	セダン	2510	4330×1630×1400	1190	175
1986-1988	75 1.8i Turbo	直列4気筒	1779	155／5800	DOHC／2	インジェクション	セダン	2510	4330×1660×1400	1130	205
1986-1988	75 1.8i Turbo Evoluzione	直列4気筒	1762	155／5800	DOHC／2	インジェクション	セダン	2510	4360×1660×1400	1150	210
1987-1988	75 2.0i Twin Spark	直列4気筒	1962	148／5800	DOHC／2	インジェクション	セダン	2510	4330×1660×1400	1120	205
1987-1988	75 3.0 V6 America	60°V型6気筒	2959	188／5800	SOHC／2	インジェクション	セダン	2510	4420×1660×1400	1250	220
1987-1990	164 2.0i Twin Spark	直列4気筒	1962	145／5800	DOHC／2	インジェクション	セダン	2660	4555×1760×1400	1200	210
1987-1990	164 2.5 Turbodiesel	直列4気筒	2499	114／4200	SOHC／2	インジェクション	セダン	2660	4555×1760×1400	1320	195
1987-1990	164 3.0i V6	60°V型6気筒	2959	188／5600	SOHC／2	インジェクション	セダン	2660	4555×1760×1400	1300	230
1988-1990	164 2.0i Turbo	直列4気筒	1995	171／5250	DOHC／2	インジェクション	セダン	2660	4555×1760×1400	1260	223
1991-1992	164 2.0i V6 turbo	60°V型6気筒	1996	207／6000	SOHC／2	インジェクション	セダン	2660	4555×1760×1400	1440	240
1993	164 3.0i V6 24V Q4	60°V型6気筒	2959	231／6300	DOHC／4	インジェクション	セダン	2660	4555×1760×1390	1700	237
1989-1994	SZ	60°V型6気筒	2959	210／6200	SOHC／2	インジェクション	クーペ	2510	4060×1730×1310	1280	245
1989-1994	RZ	60°V型6気筒	2959	210／6200	SOHC／2	インジェクション	ロードスター	2510	4060×1730×1300	1380	230
1992-1993	155 1.8i Twin Spark	直列4気筒	1773	126／6000	DOHC／2	インジェクション	セダン	2540	4443×1700×1440	1270	200
1992-1993	155 2.0i Twin Spark	直列4気筒	1995	141／6000	DOHC／2	インジェクション	セダン	2540	4443×1700×1440	1290	205
1992-1997	155 2.5i V6	60°V型6気筒	2492	165／5800	SOHC／2	インジェクション	セダン	2540	4443×1700×1440	1370	215
1992-1997	155 2.0i Turbo 16V Q4	直列4気筒	1995	186／6000	DOHC／4	インジェクション	セダン	2540	4443×1700×1440	1445	225
1993-1995	155 1.9 Turbodiesel	直列4気筒	1929	90／4100	SOHC／2	インジェクション	セダン	2540	4443×1700×1440	1320	180
1993-1995	155 2.5 Turbodiesel	直列4気筒	2499	125／4200	SOHC／2	インジェクション	セダン	2540	4443×1700×1440	1420	195
1995-1997	155 1.6 Twin Spark 16V	直列4気筒	1598	120／6300	DOHC／4	インジェクション	セダン	2540	4443×1700×1440	1300	195
1995-1997	155 1.8 Twin Spark 16V	直列4気筒	1747	140／6300	DOHC／4	インジェクション	セダン	2540	4443×1700×1440	1300	205
1995-1997	155 2.0 Twin Spark 16V	直列4気筒	1970	150／6200	DOHC／4	インジェクション	セダン	2540	4443×1700×1440	1400	208
1994-1996	145 1.3 IE	水平対向4気筒	1351	90／6000	SOHC／2	インジェクション	セダン	2540	4093×1712×1427	1140	178
1994-1996	145 1.6 IE	水平対向4気筒	1596	103／6000	SOHC／2	インジェクション	セダン	2540	4093×1712×1427	1140	185
1994-1996	145 1.7 IE 16V	水平対向4気筒	1712	129／6500	DOHC／4	インジェクション	セダン	2540	4093×1712×1427	1190	200
1994-1999	145 1.9 TD L	直列4気筒	1929	90／4100	SOHC／2	インジェクション	セダン	2540	4093×1712×1427	1210	178
1995-2000	145 2.0i Twin Spark 16V	直列4気筒	1970	150／6200	DOHC／4	インジェクション	セダン	2540	4093×1712×1427	1240	210
1996-1999	145 1.4 Twin Spark 16V	直列4気筒	1370	103／6300	DOHC／4	インジェクション	セダン	2540	4093×1712×1431	1135	185
1996-1999	145 1.6 Twin Spark 16V	直列4気筒	1598	120／6300	DOHC／4	インジェクション	セダン	2540	4093×1712×1431	1185	195
1996-1999	145 1.8 Twin Spark 16V	直列4気筒	1747	140／6300	DOHC／4	インジェクション	セダン	2540	4093×1712×1431	1200	205
1996-2000	145 1.9 Turbodiesel JTD	直列4気筒	1910	105／4000	SOHC／2	インジェクション	セダン	2540	4093×1712×1431	1210	185
1995-2000	GTV 2.0i V6 turbo	60°V型6気筒	1996	200／6000	SOHC／2	インジェクション	クーペ	2540	4285×1780×1318	1430	235
1998→	GTV 3.0i V6 24V	60°V型6気筒	2959	220／6300	DOHC／4	インジェクション	クーペ	2540	4285×1780×1318	1415	240
1995-2000	GTV 1.8i Twin Spark 16V	直列4気筒	1747	144／6500	DOHC／4	インジェクション	クーペ	2540	4285×1780×1318	1350	210
1995→	GTV 2.0i Twin Spark 16V	直列4気筒	1970	150／6200	DOHC／4	インジェクション	クーペ	2540	4285×1780×1318	1370	215
1995-2000	Spider 2.0i V6 turbo	60°V型6気筒	1996	200／6000	SOHC／2	インジェクション	スパイダー	2540	4285×1780×1315	1420	228

年式	モデル名	エンジン型式	排気量(cc)	最高出力(ps/rpm)	カムシャフト/バルブ数	燃料供給方式	ボディ形式	ホイールベース(mm)	全長×全幅×全高(mm)	車両重量(kg)	最高速度(km/h)
1995-1998	Spider 3.0i V6	60°V型6気筒	2959	192/5600	SOHC／2	インジェクション	スパイダー	2540	4285×1780×1315	1420	225
1998→	Spider 3.0i V6 24V	60°V型6気筒	2959	218/6300	DOHC／4	インジェクション	スパイダー	2540	4285×1780×1315	1415	233
1995-2000	Spider 1.8i T. Spark 16V	直列4気筒	1747	144/6500	DOHC／4	インジェクション	スパイダー	2540	4285×1780×1315	1350	205
1995→	Spider 2.0i T. Spark 16V	直列4気筒	1970	150/6200	DOHC／4	インジェクション	スパイダー	2540	4285×1780×1315	1370	210
1995-1996	146 1.3 IE	水平対向4気筒	1351	90/6000	SOHC／2	インジェクション	セダン	2540	4250×1712×1427	1150	179
1995-1996	146 1.6 IE	水平対向4気筒	1596	103/6000	SOHC／2	インジェクション	セダン	2540	4250×1712×1427	1175	187
1995-1996	146 1.7 IE 16V	水平対向4気筒	1712	129/6500	DOHC／4	インジェクション	セダン	2540	4250×1712×1427	1225	202
1995-1999	146 1.9 Turbodiesel	直列4気筒	1929	90/4100	SOHC／2	インジェクション	セダン	2540	4093×1712×1427	1245	179
1996-1999	146 1.4 Twin Spark 16V	直列4気筒	1370	103/6300	DOHC／4	インジェクション	セダン	2540	4257×1712×1426	1160	187
1996-1999	146 1.6 Twin Spark 16V	直列4気筒	1598	120/6300	DOHC／4	インジェクション	セダン	2540	4257×1712×1426	1190	197
1995-1999	146 1.8 L Twin Spark 16V	直列4気筒	1747	140/6300	DOHC／4	インジェクション	セダン	2540	4257×1712×1426	1215	207
1996-1999	146 2.0 ti Twin Spark 16V	直列4気筒	1970	150/6200	DOHC／4	インジェクション	セダン	2540	4257×1712×1426	1275	215
1999-2000	146 1.9 turbodiesel JTD	直列4気筒	1910	105/4000	SOHC／2	インジェクション	セダン	2540	4235×1712×1426	1245	187
1997→	156 1.6 Twin Spark 16V	直列4気筒	1598	120/6300	DOHC／4	インジェクション	セダン	2595	4430×1745×1415	1230	200
1997→	156 1.6 TS 16V Sportw.	直列4気筒	1598	120/6300	DOHC／4	インジェクション	ステーションワゴン	2595	4430×1745×1420	1280	200
1997→	156 1.8 Twin Spark 16V	直列4気筒	1747	144/6500	DOHC／4	インジェクション	セダン	2595	4430×1745×1415	1230	210
1997→	156 1.8 TS 16V Sportw.	直列4気筒	1747	144/6500	DOHC／4	インジェクション	ステーションワゴン	2595	4430×1745×1420	1280	210
1997-2000	156 2.0i Twin Spark 16V	直列4気筒	1970	155/6400	DOHC／4	インジェクション	セダン	2595	4430×1745×1415	1250	216
1997-2000	156 2.0i TS 16V Sportw.	直列4気筒	1970	155/6400	DOHC／4	インジェクション	ステーションワゴン	2595	4430×1745×1420	1300	216
1997→	156 2.5i V6 24V	60°V型6気筒	2492	190/6200	DOHC／4	インジェクション	セダン	2595	4430×1745×1415	1320	230
1997→	156 2.5i V6 24V Q-System	60°V型6気筒	2492	190/6200	DOHC／4	インジェクション	セダン	2595	4430×1745×1415	1350	227
1997→	156 2.5i V6 24V Sportw.	60°V型6気筒	2492	190/6200	DOHC／4	インジェクション	ステーションワゴン	2595	4430×1745×1420	1370	230
1997→	156 2.5i V6 24V Sw. Q.S.	60°V型6気筒	2492	190/6200	DOHC／4	インジェクション	ステーションワゴン	2595	4430×1745×1420	1400	227
1997→	156 1.9 Turbodiesel JTD	直列4気筒	1910	105/4000	SOHC／2	インジェクション	セダン	2595	4430×1745×1415	1270	188
1997→	156 1.9 TD JTD Sportw.	直列4気筒	1910	105/4000	SOHC／2	インジェクション	ステーションワゴン	2595	4430×1745×1420	1320	188
1997→	156 2.4 Turbodiesel JTD	直列5気筒	2387	136/4000	SOHC／2	インジェクション	セダン	2595	4430×1745×1415	1350	203
1997→	156 2.4 TD JTD Sportw.	直列5気筒	2387	136/4000	SOHC／2	インジェクション	ステーションワゴン	2595	4430×1745×1420	1400	203
2002→	156 1.9 JTD 16V	直列4気筒	1910	140/4000	DOHC／4	インジェクション	セダン	2595	4430×1745×1415	1305	209
2002→	156 GTA 3.2 V6 24V	60°V型6気筒	3179	250/6200	DOHC／4	インジェクション	セダン	2595	4430×1765×1400	1420	250
1998→	166 2.0i Twin Spark 16V	直列4気筒	1970	155/6400	DOHC／4	インジェクション	セダン	2700	4720×1815×1416	1420	213
1998→	166 2.0i V6 turbo Super	60°V型6気筒	1996	205/6000	SOHC／2	インジェクション	セダン	2700	4720×1815×1406	1495	237
1998→	166 2.5i V6 24V	60°V型6気筒	2492	190/6200	DOHC／4	インジェクション	セダン	2700	4720×1815×1416	1490	225
1998→	166 3.0i V6 24V Super	60°V型6気筒	2959	226/6200	DOHC／4	インジェクション	セダン	2700	4720×1815×1406	1510	243
1998→	166 2.4 Turbodiesel JTD	直列5気筒	2387	136/4000	SOHC／2	インジェクション	セダン	2700	4720×1815×1416	1490	202
2000→	147 1.6i Twin Spark 16V	直列4気筒	1598	105/5600	DOHC／4	インジェクション	3/5ドアセダン	2546	4170×1729×1442	1190	185
2000→	147 2.0i 16V	直列4気筒	1970	150/6300	DOHC／4	インジェクション	3/5ドアセダン	2546	4170×1729×1421	1250	208
2000→	147 1.9 JTD	直列4気筒	1910	110/4000	SOHC／2	インジェクション	3/5ドアセダン	2546	4170×1729×1442	1270	189
2002→	147 3.2 V6 24V GTA	60°V型6気筒	3179	250/6200	DOHC／4	インジェクション	3ドアセダン	2546	4213×1764×1412	1360	246
2002→	147 1.9 JTD 16V	直列4気筒	1910	140/4000	DOHC／4	インジェクション	3/5ドアセダン	2546	4170×1729×1412	1310	206

テクニカルデータ コンペティションモデル

年式	モデル名	エンジン型式	排気量 (cc)	最高出力 (ps/rpm)	カムシャフト/バルブ数	燃料供給方式	ボディ形式	ホイールベース (mm)	全長×全幅×全高 (mm)	車両重量 (kg)	最高速度 (km/h)
1938-1940	158	直列8気筒	1479	195／7200	DOHC／2	キャブレター＋スーパーチャージャー	シングルシーター	2500	4110×——×1050	620	232
1947	158	直列8気筒	1479	275／7500	DOHC／2	キャブレター＋スーパーチャージャー	シングルシーター	2500	4110	620	270
1950	158	直列8気筒	1479	350／8500	DOHC／2	キャブレター＋スーパーチャージャー	シングルシーター	2500	4110	620	290
1951	159	直列8気筒	1479	425／9300	DOHC／2	キャブレター＋スーパーチャージャー	シングルシーター	2500	4280×1473×1164	710	300以上
1951-1953	1900 C52 Disco Volante	直列4気筒	1997	158／6500	DOHC／2	キャブレター	スパイダー	2220	3950×1780×1064	735	220以上
1952	6C 3.0	直列6気筒	3496	275／6500	DOHC／2	キャブレター	クーペ／スパイダー	2250	3834×1616	930-960	260
1963-1966	Giulia TZ1	直列4気筒	1570	113／6500	DOHC／2	キャブレター	クーペ	2200	3950×1510×1200	660	215
1965-1967	Giulia TZ2	直列4気筒	1570	170／7500	DOHC／2	キャブレター	クーペ	2200	3950×1540×1060	620	——
1966-1969	Giulia Coupe GTA Corsa	直列4気筒	1570	164／7800	DOHC／2	キャブレター	クーペ	2350	3970×1580×1320	760	220
1967-1968	Giulia Coupe GTA C. SA	直列4気筒	1570	220／7800	DOHC／2	キャブレター＋スーパーチャージャー	クーペ	2350	3970×1580×1320	760	240
1967-1969	33/2 Sport Prototipo 2.0	90°V型8気筒	1995	270／9600	DOHC／2	キャブレター	スパイダー	2250	3890×1760×1030	580-780	260-300
1967-1969	33/2 Sport Prototipo 2.5	90°V型8気筒	2462	315／8800	DOHC／2	インジェクション	スパイダー	2250	3890×1760×1030	580-780	260-300
1969-1971	33/3 Sport Prototipo	90°V型8気筒	2998	400／9000	DOHC／4	インジェクション	スパイダー	2240	3700×1900×980	700	310
1971-1972	33 TT 3	90°V型8気筒	2998	440／9800	DOHC／4	インジェクション	スパイダー	2240	3700×1900×980	650	330
1973-1975	33 TT 12	水平対向12気筒	2995	500／11500	DOHC／4	インジェクション	スパイダー	2240	3700×1900×980	650	——
1976-1977	33 SC 12	水平対向12気筒	2995	520／12000	DOHC／4	インジェクション	スパイダー	2500	3800×2000×960	720	330
1977	33 SC 12 turbo	水平対向12気筒	2134	640／11000	DOHC／4	インジェクション	スパイダー	2500	3800×2000×960	770	352
1978-1979	177 Formula 1	水平対向12気筒	2995	520／12000	DOHC／4	インジェクション	シングルシーター	2740	4430×2160×1040	600	——
1979-1981	179 Formula 1 (1981)	60°V型12気筒	2995	525／12300	DOHC／4	インジェクション	シングルシーター	2740	4300×2140×900	585	——
1982	182 Formula 1	60°V型12気筒	2995	525／12300	DOHC／4	インジェクション	シングルシーター	2720	4390×2150×900	580	——
1982	182T Formula 1	90°V型8気筒	1497	600／11200	DOHC／4	インジェクション	シングルシーター	2720	4390×2150×900	540	——
1983	183T Formula 1	90°V型8気筒	1497	650／10500	DOHC／4	インジェクション	シングルシーター	2720	4390×2150×900	540	——
1984-1985	184T-185T Formula 1	90°V型8気筒	1497	700／11000	DOHC／4	インジェクション	シングルシーター	2720	4390×2150×900	530	——
1987-1991	75 1.8i Turbo	直列4気筒	1762	280／5500	DOHC／2	インジェクション	セダン	2510	4330×1678×1300	990	——
1992-1993	155 2.0i Turbo 16V GTA	直列4気筒	1995	400／6500	DOHC／4	インジェクション	セダン	2540	4443×1800×1440	1050	——
1993	155 2.5 V6 TI Turismo D1	60°V型6気筒	2498	400／11500	DOHC／4	インジェクション	セダン	2540	4576×1750×1410	1100	——
1994-1995	155 2.5 V6 TI Turismo D1	60°V型6気筒	2498	420／11500	DOHC／4	インジェクション	セダン	2540	4576×1750×1410	1100	——
1996	155 2.5 V6 TI Turismo D1	60°V型6気筒	2498	460／11500	DOHC／4	インジェクション	セダン	2540	4576×1750×1410	1060	——
1993	155 2.0 TS Turismo D2	直列4気筒	1998	275／8200	DOHC／4	インジェクション	セダン	2540	4443×1717	950	——
1994	155 2.0 TS Turismo D2	直列4気筒	1998	285／8500	DOHC／4	インジェクション	セダン	2540	4443×1717	950	——
1995	155 2.0 TS Turismo D2	直列4気筒	1998	285／8300	DOHC／4	インジェクション	セダン	2540	4443×1717	950	——
1997	155 2.0 TS Turismo D2	直列4気筒	1998	305／8500	DOHC／4	インジェクション	セダン	2540	4443×1717	950	——
1997→	156 2.0 TS Group N	直列4気筒	1970	180	DOHC／4	インジェクション	セダン	2595	4430×1745×1390	1100	——
1999	156 2.0 TS Super Prod.	直列4気筒	1970	215	DOHC／4	インジェクション	セダン	2595	4430×1745×1390	1100	——
1998→	156 2.0 TS Super Turismo	直列4気筒	1995	310／8250	DOHC／4	インジェクション	セダン	2595	4474×1760×1380	975	——
2000→	147 2.0 Super Produzione	直列4気筒	1970	220／7700	DOHC／4	インジェクション	セダン	2546	4170×1729×1400	1110	——

すべてのテクニカルデータは『Tutte le Alfa Romeo - 1910/2000——2001年 Editoriale Domus』より引用。

QUATTRORUOTE Passione auto ALFA ROMEO Le sportive dalla 1900 alla 147 GTA

参考文献

- A.T. Anselmi／L. Boscarelli共著
  1985年Edizioni Libreria dell'Automobile刊
  『Alfa Romeo Giulietta』

- A.T. Anselmi著 1993年Editoriale Domus刊
  『Alfa Romeo 6C2500』

- G. Borgeson著 1990年Giorgio Nada Editore刊
  『Alfa Romeo : i creatori della leggenda』

- A. Cherrett著 1990年Giorgio Nada Editore刊
  『Alfa Romeo Tipo 6C 1500-1750-1900』

- G. Derosa著 1993年Giorgio Nada Editore刊
  『Alfa Romeo Giulietta Spider』

- R. P. Felicioli著 1998年Automobilia刊
  『Walter de' Silva & Centro Stile Alfa Romeo』

- L. Fusi著 1978年Emmeti Grafica刊
  『Alfa Romeo : tutte le vetture dal 1910』

- L. Fusi著 1985年Editrice Dimensione "S"刊
  『Le alfa di Merosi e Romeo』

- G. Garcea著 1993年Giorgio Nada Editore刊
  『La mia Alfa』

- D. Hughes／V. Witting da Prato共著
  1990年Giorgio Nada Editore刊
  『Alfa Romeo Giulieta da corsa』

- B. Pignacca著 1990年Giorgio Nada Editore刊
  『Alfa Romeo Giulia GT』

- Pininfarina編 1979年Automobilia刊
  『Lessico della carrozzeria』

- G. Salvetti著 1998年Fucina Editrice di idee刊
  『Alfazioso』

- M. Tabucchi著 1994年Giorgio Nada Editore刊
  『Alfa Romeo GTA』

- 2001年Editoriale Domus刊
  『Tutte le Alfa Romeo 1910-2000』

- 1982年Edizioni Alfa Romeo刊
  『Giulia, l'ha disegnata il vento』

クワトロルオーテHP：www.quattroruote.it

パッション・オート『アルファ・ロメオ：スポーツカーの系譜（けいふ）』

2004年6月18日　初版第1刷印刷
2004年6月30日　初版第1刷発行
QUATTRORUOTE（Editoriale Domus社）編
翻訳者＝日比谷一雄、上島美香、森 節子
監修者＝川上 完、黛 健司
発行者＝渡邊隆男
発行所＝株式会社二玄社
〒101-8419　東京都千代田区神田神保町2-2
営業部＝〒113-0021　東京都文京区本駒込6-2-1　電話03-5395-0511
印刷＝図書印刷株式会社
製本＝株式会社丸山製本
ISBN4-544-04090-6-C0053　　Printed in Japan
＊定価は函に表示してあります。

JCLS（株）日本著作出版権管理システム委託出版物
本書の無断複写は著作権法上の例外を除き禁じられています。
複写を希望される場合は、そのつど事前に（株）日本著作出版権管理システム（電話 03-3817-5670, FAX 03-3815-8199）の許諾を得てください。

＊本書はEditriale Domus刊『QUATTRORUOTE PASSIONE AUTO：ALFA ROMEO』の日本語版です。

COORDINAMENTO：Roberto Bonetto(vicedirettore), Manuela Piscini
ART DIRECTOR：Vanda Calcaterra
TESTI：Gaetano Derosa - Giuseppe Piazzi
DISEGNI E FOTOGRAFIE：Archivio Quattroruote, Archivio Alfa Romeo
REALIZZAZIONE EDITORIALE：GieffeGi S.r.l. - Milano
EDITORIALE DOMUS S.p.A.
Via Gianni Mazzocchi, 1/3 20089 Rozzano(MI)
e-mail: editorialedomus@edidomus.it　http://www.edidomus.it
©Editoriale Domus, 2003

Tutti i diritti sono riservati. Nessuna parte di quest'opera può essere riprodotta o trasmessa in qualsiasi forma
o con qualsiasi mezzo elettronico, chimico o meccanico, copie fotostatiche incluse, né con sistemi di archiviazione
o ricerca delle informazioni, senza autorizzazione scritta da parte dei proprietari del copyright.